# RÉCENTES PUBLICATIONS
# AGRICOLES

**BELLAIR.** — **Parcs et jardins.** 1 vol. in-16 de 382 pages, avec 226 figures. . . . . . . . . . . . . . . . . . . . . . . . . 18 fr.
— **Les arbres fruitiers.** 3ᵉ *édition*. 1 vol. in-16 de 360 pages, avec 199 figures. . . . . . . . . . . . . . . . . . . . . 15 fr.
**ARNOU (E.).** — **Manuel du confiseur-liquoriste.** *Nouvelle édition.* 1920, 1 vol. in-16 de 388 pages avec 188 figures . . . . . . 15 fr.
**BALLU (T.).** — **La Comptabilité de la ferme.** 1926. 1 vol. in-16 de 250 pages avec tableaux. . . . . . . . . . . . . . . . 12 fr.
**BOIS (D.),** professeur de culture au Muséum. — **Le petit jardin,** 5ᵉ *édition* 1925, 1 vol. in-18 de 476 pages avec 225 figures. 15 fr.
— **Les Plantes d'appartement et les Plantes de fenêtres.** 2ᵉ *édition* 1 vol. in-18 de 444 pages, avec 219 figures. . . . . . . . . 15 fr.
**BONNEFONT (G.),** sous-directeur des haras. — **Élevage et dressage du Cheval.** 3ᵉ *édition*. 1 vol. in-16 de 440 pages, avec 228 figures . . . . . . . . . . . . . . . . . . . . . . . . 18 fr.
**BONNIER (G.).** — **Les Plantes des champs et des bois. Excursions botaniques : Printemps, Été, Automne, Hiver.** *Nouvelle édition.* 1920, 1 vol. in-8 de 600 pages avec 873 figures et 20 planches . . . . . . . . . . . . . . . . . . . . . . . . . 42 fr.
**BOULLANGER.** — **Distillerie agricole et industrielle. Alcools, eaux-de-vie de fruits et rhums,** 3ᵉ *édition*, 2 vol. in-16 de 562 pages avec 94 figures . . . . . . . . . . . . . . . . . . . . 36 fr.
— **Malterie Brasserie.** 3ᵉ *édition*. 1924, 2 vol. in-16 de 400 pages, avec figures. . . . . . . . . . . . . . . . . . . . . . . 36 fr.
**BRUNET (R.).** — **Les Bâtiments vinaires.** 1926, 1 vol. in-16 de 366 pages avec 78 figures. . . . . . . . . . . . . . . . . . 18 fr.
**BUSSARD (L.).** — **Culture potagère et Culture maraîchère.** 5ᵉ *édition*. 1924, 1 vol. in-16 de 524 pages avec 217 figures. . . 24 fr.
**BUSSARD et DUVAL.** — **Arboriculture fruitière.** 4ᵉ *édition*. 1920, 1 vol. in-16 de 522 pages, avec 231 figures. . . . . . . . . 24 fr.
**CAGNY (P.) et GOUIN (R.)** — **Hygiène et maladies du bétail.** 4ᵉ *édition*. 1925, 1 vol. in-16 de 530 pages, avec 187 figures. 24 fr.
**CHENEVARD (W.).** — **L'élevage moderne du Lapin.** 1 vol. in-18 de 132 pages, avec 28 figures. . . . . . . . . . . . . . . . 5 fr.
— **Maladies des Volailles.** 1 vol. in-18 de 90 pages avec fig. 5 fr.
— **Alimentation rationnelle des volailles.** 1 vol. in-18 de 108 pages, avec figures . . . . . . . . . . . . . . . . . . . . . . 5 fr.
— **Culture maraîchère et de primeurs du Sud-Est, du Midi et de l'Afrique du Nord.** 1 vol. in-18 de 125 pages, avec 85 fig. 5 fr.
**COQUIDÉ (E.).** — **Amélioration des Plantes cultivées et du Bétail.** Application de la génétique à la sélection des races et à la production des variétés nouvelles. 1 volume in-16 de 608 pages, avec 120 figures . . . . . . . . . . . . . . . . . . . . . . 24 fr.
**CORD (E.).** — **Géologie agricole.** 2ᵉ *édition*. 1 vol in-16 de 540 pages, avec 316 figures . . . . . . . . . . . . . . . . . . 18 fr.
**COUPAN (G.),** — **Machines de Récolte.** 2ᵉ *édition*. 1 vol. in-16 de 508 pages, avec 358 figures. . . . . . . . . . . . . . . . 18 fr.

*Ajouter pour recevoir franco : France, 10 o/o ; Étranger, 20 o/o*

**GUILLIN (R.).** — Analyses agricoles. 3e *édition*. 1 vol. in-16 de 420 pages, avec 51 figures. . . . . . . . . . . . . . 18 fr.

**HITIER (H.)**, maître de conférences à l'Institut national agronomique. — Plantes sarclées. Pommes de terre et Betteraves. 1 vol. in-16 de 498 pages, avec 26 figures. . . . . . . . 18 fr.

**HERAUD.** — Dictionnaire des plantes médicinales. 6e *édition*. 1 vol. in-8 de 653 pages avec 292 figures. . . . . . . . 36 fr.

**HOMMELL (A.)**, directeur des services agricoles du Haut-Rhin. — Apiculture. 4e *édition*. 1 vol. in-16 de 501 pages, avec 183 figures. . . . . . . . . . . . . . . . . . . . . 24 fr.

**JOLYET (A.)**, professeur à l'École nationale des Eaux et Forêts. — Traité pratique de Sylviculture. 2e *édition*. 1 vol. in-8 de 724 pages, avec 130 figures. . . . . . . . . . . . . 48 fr.

**JOUZIER (E.).** — Économie rurale. 3e *édition*. 1 vol. in-16 de 550 pages, avec figures (*Encyclopédie agricole*). . . . . . 24 fr.

**JUMELLE (H.)**, professeur à la Faculté des Sciences de Marseille. — Les Cultures coloniales. 2e *édition*. 8 vol. in-16. . . 40 fr.
— Les Huiles végétales. 1920, 1 vol. in-16 de 450 pages, avec 120 figures. . . . . . . . . . . . . . . . . . . . . 24 fr.

**KAYSER (E.).** — Microbiologie appliquée à la fertilisation du Sol. 1920, 1 vol. in-16 de 400 pages, avec figures . . . . . 18 fr.
— Microbiologie appliquée à la transformation des produits agricoles. 1920, 1 vol. in-16 de 400 pages, avec figures. 18 fr.

**LARUE (P.).** — Le matériel agricole pour petites et moyennes exploitations. 1920, 1 vol. in-16 de 370 pages, avec 240 figures. 15 fr.

**LE HELLO**, vétérinaire principal des haras. — L'examen du cheval en vente. 1920, 1 vol. in-18 de 342 pages, avec 116 fig. 15 fr.

**LEMAIRE**, lauréat de la Société des agriculteurs de France. — Les ruches. Choix et aménagement. 1 vol. in-18 de 84 pages avec 52 figures. . . . . . . . . . . . . . . . . . . . . 5 fr.
— La conduite du rucher. 1 vol. in-18 de 131 pages, avec 76 fig. 5 fr.
— Les produits du rucher, miel, cire, hydromel, 1918, 1 vol. in-18 de 108 pages, avec 40 figures. . . . . . . . . . . . . 5 fr.
— Les habitants du rucher, 1924, 1 vol. in-18 avec fig. 5 fr.

**LHOSTE.** — Les Succédanés des fourrages. 1918, 1 vol. in-18 de 96 pages. . . . . . . . . . . . . . . . . . . . . . 5 fr.

**MALPEAUX**, directeur de l'École d'Agriculture du Pas-de-Calais. — Les industries de la fécule et de l'amidon. 1 vol. in-18 de 102 pages avec 38 figures. . . . . . . . . . . . . . . 5 fr.

**MARTIN (Ch.)**, ancien directeur de l'École de laiterie de Mamirolle. — Laiterie. 5e *édition*. 1920, 1 vol. in-16 de 404 pages avec 182 figures. . . . . . . . . . . . . . . . . . . . . 18 fr.

**MAZIÈRES (D.)** — La culture des fruits à sécher (figues, pruneaux, abricots). 1 vol. in-18 de 92 pages, avec figures . . 5 fr.
— La culture de l'olivier. 1 vol. in-18 de 92 p. avec 42 fig. 5 fr.
— La culture des orangers. 1 vol. in-18 de 100 p., avec 28 fig. 5 fr.

**MIÈGE.** — La Pratique des engrais et de la fertilisation du sol. 1920, 1 vol. in-16 de 96 pages. . . . . . . . . . . . . . 5 fr.

**MONTANÉ et BOURDELLE**, professeurs aux Écoles vétérinaires de Toulouse et d'Alfort. — Anatomie régionale des Animaux domestiques. 3 vol. gr. in-8. . . . . . . . . . . . . . 280 fr.
— Le Cheval. 1 vol. gr. in-8 de 1.069 pages, avec 5.564 figures noires et coloriées. . . . . . . . . . . . . . . . . . 160 fr.

II. — **Ruminants**. 1 vol. gr. in-8 de 386 pages, avec 250 figures noires et coloriées . . . . . . . . . . . . . . . . . . . . . . 60 fr.

III. — **Porcs**. 1 vol. gr. in-8 de 386 pages, avec 167 figures noires et coloriées. . . . . . . . . . . . . . . . . . . . . . . . 60 fr.

**PACOTTET** (P.), chef de travaux à l'Institut national agronomique. — **Vinification**. 4e *édition*. 1920, 1 vol. in-16 de 471 pages avec 118 figures . . . . . . . . . . . . . . . . . . . . . . . 24 fr.

— **Vins de Champagne et Vins mousseux**. 1 vol. in-16 de 416 pages, avec 135 figures . . . . . . . . . . . . . . . . . . 24 fr.

— **Viticulture**. 4e *édit*. 1920, 1 vol. in-18 de 540 p. avec 208 fig. 24 fr.

**PASSY** (P.). — **Arboriculture fruitière**. 6 vol. in-18. . . 30 fr.

**PERTUS**. — **Le Chien**. Races, hygiène et maladies. 1 vol. in-18 de 420 pages, avec 110 figures . . . . . . . . . . . . . 15 fr.

**PETIT** (A.) — **Électricité agricole**. 3e *édition*. 1920, 1 vol. in-16 de 420 pages, avec 78 figures. . . . . . . . . . . . 24 fr.

**PIETTRE** (M.). — **L'Industrialisation de l'élevage et la fabrication des conserves de viande**. 1 vol. in-8 de 380 p. avec 58 fig. 24 fr.

**PONCINS** (DE), ingénieur agronome, directeur du Syndicat de culture mécanique de l'Union du Sud-Est. — **La Motoculture pratique**. 1 vol. in-18 de 332 pages, avec 100 figures. . . . 15 fr.

**REGNARD** (P.) et **PORTIER** (P.). — **Hygiène de la ferme**. 2e *édition*. 1 vol. in-16 de 440 pages, avec 127 figures . . . . 18 fr.

**ROLET** (Ant.). — **Plantes à parfums et plantes aromatiques**. 1919, 1 vol. de in-16 432 pages, avec 100 figures . . 18 fr.

— **Les conserves de fruits pour la consommation familiale et pour la vente**. 2e *édition*. 1920, 1 vol. in-16 de 460 p. avec 170 fig. 18 fr.

— **Les conserves de légumes, de viandes, des produits de la basse-cour et de la laiterie**. 2e *édition*. 1920, 1 vol, in-16 de 444 pages avec 90 figures. . . . . . . . . . . . . . . . 18 fr.

— **Les Industries annexes de la Laiterie**. Utilisation des sous-produits et résidus 1920, 1 vol. in-16 de 368 p. avec 80 fig. 15 fr.

— **Culture des plantes médicinales**. 1920, 1 vol. in-16 de 636 pages, avec 237 figures. . . . . . . . . . . . . . . . . . 24 fr.

**ROULE** (L ), professeur au Muséum national d'histoire naturelle. — **Traité raisonné de la Pisciculture et des Pêches**. 1 vol. gr. in-8 de 374 pages, avec 301 figures. . . . . . . . . . . . 48 fr.

**SELTENSPERGER**. — **Précis d'Agriculture**. 3e *édition*. 1925, 1 vol. in-18 de 528 pages, avec 424 figures . . . . . . 24 fr.

**THIERRY** (E.). — **Les Vaches laitières**. 3e *édition*. 1920, 1 vol. in-16 de 432 pages avec 126 figures . . . . . . . . . . 15 fr.

**VIEIL** (P.). — **Sériciculture**. 2e *édition*. 1 vol. in-16 de 403 pages avec 71 figures. . . . . . . . . . . . . . . . . . . . 18 fr.

**VILLATTE DES PRUGNES** (R.). — **La Pêche et les Poissons d'eau douce**. 1 vol. in-16 de 490 pages, avec 238 figures. 24 fr.

**VILMORIN** (Ph. de). — **Manuel de Floriculture**. 1 vol. in-16 de 410 pages, avec 324 figures. . . . . . . . . . . . . . . . 15 fr.

**VUIGNER** (R.). — **Comment exploiter un Domaine agricole**. 4e *édition*. 1924, 1 vol. in-16 de 600 pages. . . . . . . . 24 fr.

**WARCOLLIER**, directeur de la Station pomologique de Caen. — **Pomologie et Cidrerie**. 3e *édition*. 2 vol. in-16 de 546 pages, avec 113 figures . . . . . . . . . . . . . . . . . . . . 36 fr.

**WERY** (G.), directeur de l'Institut national agronomique. — **Agenda aide-mémoire agricole**. 1 vol. in-18 de 468 pages . . . 10 fr.

— **Agenda aide-mémoire viticole et vinicole**. 1 vol. in-18 de 468 pages . . . . . . . . . . . . . . . . . . . . . . . . . 20 fr.

*Ajouter pour recevoir franco : France, 10 o/o. Étranger, 20 o/o.*

ENCYCLOPÉDIE AGRICOLE
Publiée sous la direction de G. WERY

PAUL DIFFLOTH

# AGRICULTURE GÉNÉRALE

★

## LE SOL
## ET L'AMÉLIORATION DES TERRES

ENCYCLOPÉDIE AGRICOLE
Publiée par une réunion d'Ingénieurs agronomes
SOUS LA DIRECTION DE G. WERY

# AGRICULTURE GÉNÉRALE

*

## LE SOL
## ET L'AMÉLIORATION DES TERRES

PAR

### Paul DIFFLOTH

INGÉNIEUR AGRONOME
PROFESSEUR SPÉCIAL D'AGRICULTURE

6ᵉ édition revue et corrigée

Avec 131 figures intercalées dans le texte

PARIS

J.-B. BAILLIÈRE ET FILS, ÉDITEURS

19, RUE HAUTEFEUILLE, PRÈS DU BOULEVARD SAINT-GERMAIN

1927

# AGRICULTURE GÉNÉRALE

*

## LE SOL ET L'AMÉLIORATION DES TERRES

## INTRODUCTION

L'agriculture est l'art de tirer du sol, de la manière la plus économique, la plus grande quantité de matières utiles à l'homme.

On peut envisager l'agriculture comme une industrie : la ferme est une manufacture de matières vivantes. Le cultivateur se propose de fabriquer, de la manière la plus parfaite et au prix de revient le plus faible, des produits végétaux, des produits animaux, ou, la plupart du temps, les deux sortes de produits simultanément.

Dès la plus haute antiquité, la culture des terres apparaît comme le plus sûr moyen de développer l'activité humaine, tout en assurant au travailleur sa subsistance, et l'histoire de l'agriculture n'est que le reflet exact des civilisations successives.

Prospère et florissante, lorsqu'un régime de paix favorisait l'application de ses travaux, elle voyait la routine et la tyrannie s'opposer au perfectionnement de ses méthodes dès que les guerres et les intrigues politiques divisaient le pays.

Au Moyen Age, le système féodal condamna l'agriculture française à l'état le plus misérable. Malgré l'influence heureuse exercée par les Croisades, l'affranchissement des Communes, la généreuse protection de Henri IV, la culture reste, en France, dans un état précaire qui s'affirme encore davantage sous les règnes de Louis XIV et de Louis XV.

Les efforts réalisés sous Louis XVI, le mouvement d'émancipation qui suivit la Révolution française, allaient contribuer au relèvement de la première industrie naturelle. Mais c'est surtout au xixe siècle que revient la gloire d'avoir assuré la marche progressive de l'agriculture en posant les premiers fondements scientifiques de l'agronomie et en dégageant nettement les lois de la production agricole.

La découverte des préceptes primordiaux de la chimie, de la physique, de la physiologie, permirent en effet d'appliquer les méthodes de recherche et d'expérimentation scientifiques aux phénomènes si complexes de la végétation. Jusqu'en 1830, on admettait que les plantes se nourrissaient uniquement d'humus. Les travaux de Th. de Saussure, Dumas, Boussingault, etc., montrèrent le rôle de l'acide carbonique de l'air et de l'azote du sol dans l'alimentation générale des végétaux. Les sels minéraux nécessaires à la vie des plantes attirent bientôt l'attention de Sprengel, Liebig, etc. Grâce au génie de ces savants, peu à peu se constituaient les premiers éléments de la chimie agricole, et la théorie des « engrais chimiques » transformait complètement la pratique des opérations culturales et des travaux aratoires en indiquant une nouvelle conception de l'agriculture basée sur une juste compréhension des phénomènes chimiques et biologiques.

Schlœsing et Müntz révélaient plus tard le rôle des ferments dans la transformation de l'azote organique en azote nitrique. Leurs célèbres travaux sur la nitrification attestaient le rôle si important des microorganismes dans les réactions accomplies au sein du sol.

La démonstration de l'absorption directe de l'azote de l'air par les bactéries des nodosités des légumineuses, établie par Hellriegel et Willfarth, venait donner une nouvelle orientation aux recherches agricoles. Par le travail continu de ces microorganismes, le sol pouvait ainsi s'enrichir en azote, puisant cet élément fertilisant à l'atmosphère, source illimitée et gratuite. Les travaux de Bréal, Prazmowski, Maquenne,

Müntz, Prillieux, Franck, Marshall, Beijerinck, confirmaient ces théories et permettaient de concevoir de nouvelles méthodes culturales basées uniquement sur l'apport d'engrais minéraux aux soles de légumineuses (1).

Une nouvelle évolution s'accentuait également à la suite des recherches de Berthelot, révélant le travail incessant de l'électricité atmosphérique silencieuse et l'action continue des microorganismes du sol, algues, moisissures, champignons, s'emparant de l'azote de l'air pour le fixer au sol.

Les remarquables travaux de Risler sur la géologie agricole montraient la relation étroite qui existe entre la constitution d'une terre et les cultures qu'elle supporte. Ainsi s'établissaient les premiers fondements rationnels de l'étude du sol dans ses rapports avec l'agriculture.

***

Dès le début du xixe siècle, le dépeuplement des campagnes était signalé comme un danger social. En Angleterre, en Belgique, en Allemagne, on constatait un mouvement inquiétant d'exode rural. On connaît la gravité de la raréfaction de la main-d'œuvre agricole, aggravée encore par l'héroïsme des paysans français et la mort glorieuse, d'avant la guerre ; c'est une crise dangereuse que s'efforce de pallier le développement du machinisme agricole, un des traits les plus caractéristiques de l'agriculture d'après-guerre.

Malgré l'élévation du coût des instruments agricoles, des engrais, de la main-d'œuvre, l'agriculture apparaît néanmoins comme une industrie assurée d'un avenir des plus prospères.

Il importe donc de montrer aux nouvelles générations le profit réel qui peut résulter de la mise en valeur du sol selon les modes les plus progressifs.

A côté de la démonstration éclatante de l'influence exercée par l'introduction des méthodes scientifiques dans l'exploita-

(1) Le système Solari repose sur l'application de ce principe : les cultures ne reçoivent que des engrais phosphatés, potassiques et calcaires ; l'azote est pris à l'atmosphère par les emblavements de légumineuses intercalaires.

tion du sol, notons le développement de l'idée d'association dans les milieux agricoles.

Inauguré par l'établissement des Syndicats, le principe de l'association se manifeste sous ses formes les plus hautes et les plus généreuses : mutualité, solidarité. Partout s'établissent des Laiteries coopératives, des Fruitières, des Assurances mutuelles contre la mortalité du bétail, des Caisset de crédit agricole bientôt complétées par des Associations pour la vente des produits qui organisent commercialemens l'exportation des produits du sol et leur assurent de larges débouchés.

L'avenir de l'agriculture peut se résumer dans ces deux termes, qui sont comme les symboles vivants de sa perfection et de sa prospérité : « Science et Association ».

# PRÉFACE

L'Agriculture a subi, durant la moitié du siècle dernier, une évolution complète qui a modifié totalement les conditions économiques de la production agricole et contribué à faire de la culture du sol une industrie perfectionnée et progressive égalant, par la précision de ses méthodes et l'esprit scientifique de ses travaux, les industries minières, métallurgiques, électriques, etc.

La généralisation de l'emploi des engrais chimiques, la production des engrais azotés synthétiques, donnaient à l'agriculture une physionomie nettement scientifique, évolution qu'accentuaient encore les rapides progrès de la motoculture.

L'agriculteur est alors apparu non plus comme un esprit routinier et arriéré, sans ambition ni sans rêve, mais comme une intelligence consciente et active consacrant volontairement ses efforts à l'exploitation rationnelle de notre domaine cultural.

Tandis que les populations rurales quittaient le sol natal, attirées vers les villes par la vision du faux luxe et du bien-être factice, un courant d'idées inverse se manifestait dans les classes supérieures et ramenait vers la carrière agricole une partie de la jeunesse studieuse et active que l'encombrement des carrières libérales, les difficultés du commerce, déterminaient à cette nouvelle orientation.

D'autre part, la réorganisation des Écoles pratiques d'agriculture, les offices agricoles, la création des Chaires d'agriculture, les Champs d'expériences, les Conférences agricoles, etc., diffusaient parmi la masse des jeunes agriculteurs les préceptes nouveaux de la culture intensive.

Par ces deux voies différentes : recrutement de jeunes volontés libres et intelligentes, amélioration mentale des nouvelles générations de cultivateurs, l'esprit de l'agriculteur français parachevait son perfectionnement et développait sa force et sa puissance.

C'est à ce public éclairé et averti que sont destinés les divers ouvrages de l'ENCYCLOPÉDIE AGRICOLE, dont les manuels d'*Agriculture générale* constituent les deux premiers volumes.

Il existe déjà de nombreux ouvrages agricoles élémentaires présentant, sous une forme un peu confuse, les principes de la culture du sol. Le présent ouvrage, parvenu à sa cinquième édition et à ses 15e, 16e et 17e mille, étudie plus attentivement les phénomènes complexes de la végétation, la fertilité des sols, et vulgarise les découvertes scientifiques, dont les applications jouent un rôle considérable dans le perfectionnement des méthodes culturales.

Ces ouvrages sont concis, clairs et susceptibles d'être compris par tous, malgré la diversité des sujets traités.

** **

L'accueil bienveillant du public agricole m'a encouragé à développer le cadre primitif de ces manuels d'agriculture. Tenant compte de conseils autorisés et du désir des praticiens, j'ai divisé l'étude de l'*Agriculture générale* en quatre tomes distincts.

Le tome Ier, sous le titre général : LE SOL ET L'AMÉLIORATION DES TERRES, comprend donc les subdivisions suivantes : *Agrologie, Régime des eaux, Analyse du sol, Rapports du sol avec la plante, Amendements* et *Engrais*.

On y trouvera les règles et les principes généraux qui précisent les rapports existant entre la nature d'un sol et les produits qu'on en peut tirer.

Le *sol* a été considéré, tout d'abord, dans sa formation et dans son triple rôle de support, de réserve alimentaire et de milieu. Ainsi ont pu être étudiés les découvertes récentes relatives à la nutrition des végétaux, le rôle des bactéries des nodosités des légumineuses mis en lumière par les études de Hellriegel et Willfarth, Bréal, Prillieux, etc., l'action du ferment nitrique magistralement démontrée par Schlœsing et Müntz, l'influence exercée par les microorganismes dans le maintien ou l'accroissement de la fertilité du sol établie péremptoirement par les travaux de Berthelot, Winogradsky, Mazé, etc.

L'examen du rôle exercé *par le sous-sol* sur la *productivité des terres* précède l'*étude des propriétés physiques et chimiques des sols*.

Les divers procédés permettant de se rendre compte de la *productivité des terres* et de leur *valeur foncière* font l'objet des chapitres suivants : *Analyse physique, Analyse mécanique, Analyse géologique, Analyse chimique, Analyse électrique, Analyses diverses* du sol.

L'*analyse géologique* des terres a retenu plus particulièrement notre attention. La détermination de l'origine géologique des terrains donne en effet les indications les plus précieuses sur la nature de ces sols. Ces recherches, illustrées par les célèbres travaux d'E. Risler, ont permis en effet de constituer les bases rationnelles de l'Agrologie.

L'étude des *rapports de la plante avec le sol* comprend la discussion des causes déterminantes de la fertilité, de la stérilité des terres et l'énumération des sols convenant aux principales plantes cultivées.

La deuxième partie du premier volume est consacrée à l'amélioration des terres et traite successivement des amendements, du fumier de ferme et des engrais chimiques.

Le dernier chapitre passe en revue les nouvelles théories de la fertilisation des terres.

On y trouvera l'étude de l'intoxication du sol, de sa stérilisation partielle, du chauffage du sol, comme aussi des nouveaux engrais catalytiques, radio-actifs, etc.

Le deuxième volume est consacré aux LABOURS et ASSOLEMENTS.

Ayant déterminé la valeur foncière des terres et les principales cultures qui peuvent s'y établir, il s'agit maintenant de décrire rapidement les procédés susceptibles de développer leur productivité. C'est le but du second volume de l'*Agriculture générale*.

La rareté de la main-d'œuvre actuelle influe sur les conditions économiques de la production agricole, et de tous côtés on assiste au développement de la culture mécanique du sol.

Les moteurs agricoles, automobiles, électriques, voient leur emploi se généraliser ; aussi avons-nous développé dans cette nouvelle édition de l'*Agriculture générale* les principes essentiels de la « *culture mécanique du sol* ». La *motoculture*, par son développement rapide, se place en tête des progrès techniques les plus importants et constitue un des facteurs les plus considérables de l'évolution agraire.

Les nouveaux instruments de culture essayés avec succès en

notre pays : charrues à disques, pulvériseurs, etc., ont également retenu notre attention.

La deuxième partie du troisième volume passe en revue les *Assolements*, la *Mise en valeur* des terres *incultes*. Enfin j'ai réuni sous le titre *Nouveaux systèmes de cultures* toutes ces méthodes originales, système Jean, méthode Pion-Gaud, système Deontchinsky, que soulèvent actuellement tant de polémiques.

Le tome III de l'*Agriculture générale*, sous le titre général : LES SEMAILLES et L'ENTRETIEN DES CULTURES, comprend le développement des opérations agricoles allant de l'enfouissement des semences à la veille des récoltes.

La *sélection des semences*, la *germination*, les *semailles* conduisent aux soins d'entretien : *binage, sarclage, hersage, buttage, destruction des plantes nuisibles*. Nous aboutissons finalement, avec le tome IV, RÉCOLTE ET CONSERVATION DES PRODUITS AGRICOLES, aux *récoltes*, à la *conservation des récoltes* et à la *vente des produits du sol*, qui constituent aujourd'hui des éléments d'intérêt de premier ordre.

Il fallait rendre attrayante la lecture de ces chapitres et faciliter la compréhension des questions envisagées : nous avons illustré cet ouvrage de nombreuses photographies puisées dans la riche collection de *la Vie agricole*.

Telles sont, brièvement résumées, les diverses matières étudiées au cours de cet ouvrage que je présente à la bienveillance du public agricole.

PAUL DIFFLOTH.

# PREMIÈRE PARTIE

## AGROLOGIE

---

## CHAPITRE PREMIER

## LE SOL

### I. — FORMATION ET ROLE DU SOL.

*Généralités.* — L'agrologie a pour objet l'étude des terrains dans leur rapport avec l'agriculture. Ainsi pourra-t-on établir les relations étroites qui existent entre la nature d'un sol et les produits qu'on en peut tirer.

L'industrie agricole s'applique, en effet, à transformer, par l'intermédiaire de la plante, les matières fertilisantes des terres en produits échangeables de plus haute valeur. Il importe donc de définir, dès le début, les liens qui unissent ces deux agents de production : la *plante* et le *sol*, placés tous deux sous l'influence directe d'un troisième facteur : le *climat*.

L'action de l'homme pourra s'exercer dans deux voies différentes : améliorer la plante cultivée, obtenir, par sélection ou croisement, des organes végétatifs d'un développement plus rapide et d'un rendement plus élevé, ou bien agir sur le sol, le modifier par des travaux mécaniques judicieusement appliqués, par l'apport de matières fertilisantes.

Pour que cette intervention obtienne toute son efficacité, il est nécessaire de connaître exactement les rapports du sol avec la plante, afin de faire concorder parfaitement les améliorations effectuées.

L'agrologie se présente donc comme la base rationnelle de la science agricole.

DIFFLOTH. — *Le Sol.* I. — 2

**Le sol, sa formation.** — Le sol est la couche de l'écorce terrestre qui fournit aux végétaux le *support* où ils sont fixés, le *milieu* nécessaire au développement de leurs racines et les *réserves alimentaires* utiles à leur existence.

Le sol emprunte ses éléments à différentes sources : aux débris des roches qui constituaient le globe terrestre, aux détritus provenant de la destruction des êtres organisés, aux matières fournies par les eaux et l'atmosphère, etc...

Divers facteurs ont concouru à la formation du sol : les agents *physiques* ou *mécaniques* — action des gelées, corrosion et entraînement par les eaux, dispersion par le vent ; — les agents *chimiques* — attaque continue des minéraux par l'acide carbonique, libre ou dissous dans l'eau, oxydation de certaines roches, etc...

Ces attaques ont déterminé une désagrégation de l'écorce terrestre complétée par l'action des agents *biologiques* : micro-organismes, mousses, lichens utilisant ce premier sol avant l'apparition des végétaux supérieurs.

1° *Agents mécaniques.* — Les actions mécaniques comprennent l'influence des *variations de température, du vent, de la gelée, de la pluie, des glaciers, de la mer*, etc. (1).

*Variations de température.* — Les variations de température exercent une action manifeste, surtout sous les climats secs où l'écart des températures diurne et nocturne suffit parfois à fracturer et émietter des roches de fortes dimensions. C'est ainsi que se constituèrent les déserts de l'Asie Centrale, les landes du nord des États-Unis et du sud de l'Afrique. La fine poussière anguleuse résultant de la désagrégation des roches est transportée par le vent dans les plaines, les vallées, et donne naissance à des sols d'origine « éolienne », comme les immenses dépôts de *lœss* du nord de la Chine provenant des poussières des vastes déserts de l'Asie.

Il est probable que la tendance à la pulvérisation, que l'on constate chez certaines roches, est due à leur brusque refroidissement après leur arrivée à la surface du globe. Quelques feldspaths passèrent ainsi à un état moléculaire spécial où leur alté-

_______

(1) Voy. CORD, *Géologie agricole*, 1909 *Encyclopédie agricole*).

ration se poursuivit rapidement. Ces phénomènes de rupture s'observent d'ailleurs sur les laves qui s'écoulent des volcans.

*Vent.* — Sous nos climats tempérés, le vent enlève également des parcelles des assises rocheuses (fig. 1), pour les rassembler en masses considérables. On trouve normalement de 6 à 7 milligrammes de matières solides par mètre cube d'air, et le poids

Fig. 1. — Argile, quartz et calcaire transportés à grande distance par le vent (Environs de Paris).

des poussières détritiques déposées par le vent à la surface du sol peut être évalué à $1^{kg},5$ par hectare et par an. Des bancs de galets se recouvrent en moins de cinquante ans d'une couche arable suffisante pour maintenir une légère végétation, dont le développement favorise d'ailleurs ultérieurement ces dépôts éoliens.

*Gelée.* — La gelée doit être citée, sous les climats tempérés, comme l'agent le plus actif de désagrégation des roches. L'eau, augmentant de volume en se transformant en glace, exerce ainsi des efforts de rupture d'une puissance considérable. Les roches, mises à nu, retiennent par capillarité une certaine proportion « d'eau de carrière », lorsqu'elles ne sont pas traversées par des fissures ou des plans de stratification qui favorisent le passage des liquides. Cette eau, en se congelant, détache des blocs importants, qui, à leur tour, sont brisés par la congélation de l'eau qui les pénètre.

*Pluie.* — Les débris ainsi formés protégeraient les assises sous-jacentes si la pluie n'entraînait les parties fines dans les vallées, permettant ainsi une nouvelle attaque des roches. La pluie mine, sous les cailloux eux-mêmes qui sont entraînés vers les pentes. Ces matériaux, conduits par les eaux pluviales dans les dénivellations, sont alors triés par les fleuves, les rivières, et se déposent par ordre décroissant de densité. Le gravier et le sable se rassemblent dans le lit même du cours d'eau ; les éléments plus fins sont parfois entraînés sur les rives au moment des débordements.

*Glaciers.* — Les glaciers ont pu, aux époques géologiques lointaines, transporter des dépôts considérables d'argile et de sable. En Écosse et dans le nord de l'Angleterre, ces dépôts contiennent un nombre élevé de « pierres rayées », attestant ainsi l'origine de ces formations.

Dans le mouvement lent, mais continu qui les entraîne des sommets vers les vallées, les glaciers usent, polissent la surface des rochers qui les entourent.

Les fragments de pierre qui tombent à leur surface s'y enfoncent peu à peu par suite de la fusion que provoquent leur pression et l'élévation de leur température au soleil, et quand ils ont pénétré jusqu'au lit pierreux sur lequel glisse le glacier, ils agissent comme un outil solidement encastré, strient et émiettent la roche. Les cailloux, durant ces transports, se frottent, s'usent et donnent naissance à des dépôts arénacés (fig. 2).

*Mer.* — La mer, par ses marées incessantes, couvre également ses grèves de sables provenant de l'usure des galets.

En résumé, la rupture spontanée des roches brusquement refroidies, leur fendillement par contraction, leur exfoliation par la gelée, leur usure durant leur transport par les eaux amènent leur pulvérisation. Ainsi se forme notamment le *sable* que nous rencontrons dans toutes les terres arables.

2° **Agents chimiques.** — Les actions chimiques rassemblent

Fig. 2. — Érosion de roches et culture forestière (Alpes-Maritimes).

les phénomènes de dissolution et d'oxydation accomplis par l'eau, pure ou chargée d'acide carbonique, l'oxygène de l'air, etc.

*L'eau.* — La dissolution, dans l'eau, des roches s'accomplit surtout à la faveur de l'acide carbonique qu'elle contient.

L'eau de pluie contient peu d'acide carbonique. Mais, à mesure qu'elle traverse le sol, elle se charge d'une proportion sensible de ce gaz, provenant de la décomposition des matières organiques.

A une profondeur de 1$^m$,50, on trouve, selon la perméabilité de la terre, la proportion d'humus et l'époque considérée (Wolny), une proportion de 3,84 p. 100 à 14,6 p. 100 d'acide carbonique parmi les gaz du sol.

L'eau d'infiltration dissout ainsi une proportion de gaz carbonique appréciable, et les silicates alcalins, la chaux, la magnésie, l'oxyde de fer entrent en dissolution et forment des bicarbonates solubles, permettant ainsi l'attaque des minéraux contenant ces bases. Les acides organiques provenant de la décomposition des végétaux à la surface du sol aident d'ailleurs à cette dissolution.

Les racines des végétaux, pénétrant dans les moindres fissures, à la suite de l'eau, exercent en se développant une pression sensible qui élargit les crevasses et prépare le cheminement des liquides. Ces racines ajoutent à cette influence l'action dissolvante des sucs acides qu'elles sécrètent (fig. 5).

*L'air.* — L'oxygène, l'acide carbonique de l'air agissent sur les roches renfermant des éléments incomplètement oxydés ou des alcalis. Lorsque ces roches sont alumineuses, le résidu de l'altération constitue un élément important des terres : les *argiles.*

Les oxydations qui se produisent au sein des roches sont nettement perceptibles dans le cas des schistes mélangés de pyrite blanche. Au contact de l'air humide, ces pyrites ou sulfures de fer se transforment en sulfate de fer et donnent en même temps de l'acide sulfurique, qui réagit sur les éléments de la roche et fournit du sulfate d'alumine.

Le protoxyde de fer contenu dans certaines roches volcaniques (basaltes, trachytes) s'oxyde également à l'air, augmente de volume et désagrège la masse.

*Acide carbonique.* — L'action de l'acide carbonique de l'air se perçoit aussi nettement : les feldspaths sont décomposés et transformés en argile (kaolin) et en sable ; la chaux libérée est entraînée à l'état de carbonate, ainsi qu'une partie de la silice qui, séparée à l'état gélatineux, se dissout mal, mais se délaye facilement dans l'eau (Dehérain).

Les basaltes, déjà attaqués par l'oxydation de leurs sels de fer, subissent ensuite l'action de l'acide carbonique, qui dissout les alcalis : silice, chaux, magnésie, potasse, soude.

*Résistance des roches.* — L'altération des roches varie avec

Fig. 3. — Collines calcaires du Jura (Poligny).

l'abondance des matières attaquées : alcalis, protoxyde de fer, qu'elles contiennent.

Leur structure particulière régit également leur facilité de désagrégation. Les schistes micacés, disposés en lames feuilletées, se décomposent aisément. Les trachytes, les basaltes sont d'une dureté qui rend l'attaque moins facile ; le quartz, le gneiss se décomposent difficilement.

Pour les granits, leur altération varie suivant les minéraux qui les constituent ; la nature des terres qui en résultent dépend également de la variété de granit considérée. Dans la Bretagne, les Cévennes, la Corrèze, la prédominance du quartz détermine la création de sols sableux stériles ; au nord de Pompadour, par contre, le granit, riche en silicates, donne une couche végétale argileuse épaisse et fertile capable de supporter de riches cultures.

Les roches calcaires (fig. 3) résistent d'autant mieux aux agents mécaniques qu'elles sont plus dures. Mais elles sont attaquées par les eaux pluviales ou terrestres chargées d'acide

Fig. 4. — Vue sur le Bas-Morvan.

carbonique. Ainsi se constituent, d'après la nature des sols et leur facilité de désagrégation, les différentes régions agricoles de la France (fig. 4).

Les grès purement siliceux sont durs et résistants ; les grès verts, renfermant de l'argile, du fer oxydé, se délitent au contraire aisément.

3° **Agents biologiques.** — Cette désagrégation des couches superficielles est enfin complétée par l'action des êtres vivants.

Les spores des algues, les bactéries entraînées par le vent, se déposent sur la surface du sol, dans les fissures, germent, se développent. Ces microorganismes sont tous, par leur respiration, producteurs d'acide carbonique et aident ainsi à l'altération des roches (1).

L'action des microorganismes peut même s'étendre, par les

Fig. 5. — Pénétration des racines dans un gisement de meulières.

crevasses, jusqu'aux profondeurs de la masse, comme le prouvent les roches dites *pourries*, qui se désagrègent rapidement. Un des massifs des Alpes de l'Oberland, le Faulhorn (*Pic pourri*), est constitué par un calcaire schisteux noir en voie d'émiettement, envahi par le ferment nitrique.

(1) Voy. STANISLAS MEUNIER, *Géologie des environs de Paris*, 1912, 1 vol. gr. in-8 avec figures.

Enfin, la végétation qui s'établit sur ce sol élémentaire résultant de la désagrégation des assises superficielles, exerce son action et poursuit la constitution de la terre arable.

Les mousses et les lichens peuvent subsister sur les roches les plus stériles ; il suffit qu'ils y reçoivent un peu d'humidité. Ces végétaux inférieurs, en vivant, fixent une certaine quantité de carbone, s'assimilent de l'azote, qui, à leur mort, enrichiront la légère couche arable constituée.

Les résidus organiques ainsi obtenus, soumis à l'action lente de l'oxygène atmosphérique, et à des fermentations particulières, donnent ces produits complexes désignés sous le nom d'*humus*.

À l'action de ces végétaux s'associe celle des vers de terre, qui tirent dans leurs trous un nombre considérable de feuilles mortes, de débris de plantes transformés bientôt en humus après leur passage dans le corps de ces vers. Les microorganismes interviennent également, comme nous le verrons plus loin, en fixant l'azote de l'atmosphère.

**Assises du sol.** — Trop souvent, l'agriculteur s'intéresse seulement aux assises superficielles du sol. Il faut, pour connaître exactement la terre, descendre jusqu'aux couches imperméables.

On peut alors discerner, parmi les assises successives, le *sol* et le *sous-sol*.

Le sol est la partie travaillée par les charrues où vivent et se développent les racines des végétaux.

Le sous-sol, qui en diffère par sa contexture, sa couleur, sa nature, s'étend au-dessous jusqu'à la couche imperméable.

Certains auteurs distinguent même, dans les assises du sol, le *sol végétal*, partie superficielle, et le *sol arable*, où pénètrent les instruments aratoires. Cette distinction est sans intérêt pratique.

Au-dessous du sol, le sous-sol exerce sur les phénomènes de la végétation une action nettement définie (fig. 5). Le sous-sol comprend deux assises : la première, qui peut être accessible aux instruments ; la seconde, inaccessible, doit être étudiée sur place.

Chacune de ces parties, sol et sous-sol, joue un rôle différent, qu'il importe d'examiner séparément.

**Rôle du sol.** — Les anciens agronomes croyaient le sol simplement destiné à servir de support aux plantes ; l'eau était l'unique élément nutritif indispensable à leur existence.

Bernard Palissy, le premier, entrevit le rôle des sels solubles dans la détermination de la fertilité du sol. Plus tard, J. Tul

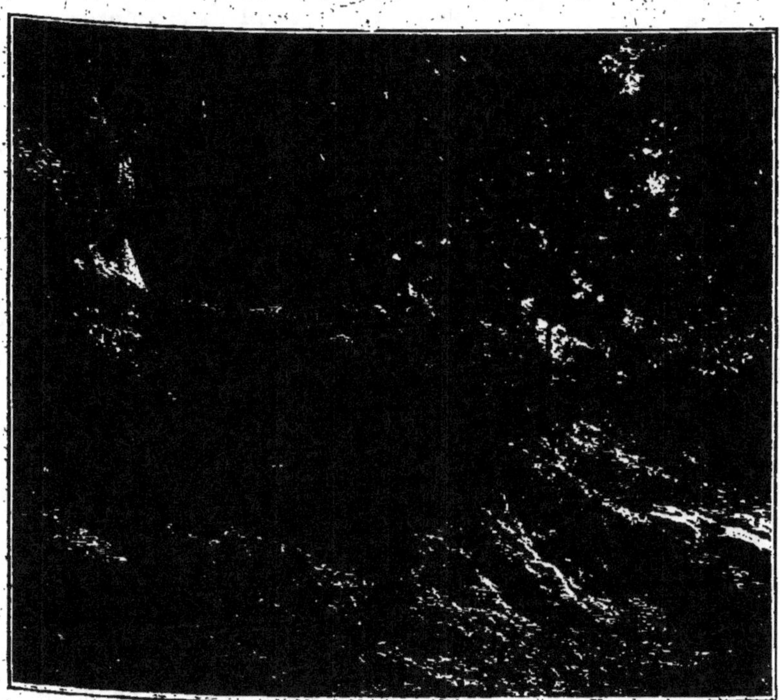

Fig. 6. — Sol discontinu.

démontrait l'influence de la terre fine dans la nutrition des végétaux.

Petit à petit, naissait cette conception nouvelle du sol considéré, non plus uniquement comme *support*, mais également comme *réserve alimentaire*.

La théorie de l'humus vint confirmer ces assertions, et, pendant longtemps, cette substance mal définie fut considérée comme la seule source d'éléments nutritifs.

Sprengel reconnut en 1839 que les matières minérales du

sol servaient à l'alimentation des végétaux. L'année suivante, Liebig déclarait que les plantes tiraient du sol leur *substance minérale* et de l'air leur *substance combustible*.

Ces affirmations trop absolues étaient corrigées par Boussingault, Stokhardt, Wolf, de Gasparin. Enfin s'établissait la théorie exacte de l'alimentation des plantes, dont les parties souterraines puisent dans le sol les matières minérales, l'azote (1), tandis que les organes aériens s'assimilent le carbone, l'oxygène et l'hydrogène de l'atmosphère et de la vapeur d'eau. Il n'y a donc plus actuellement de théorie essentiellement minérale ni essentiellement organique, mais une théorie organico-minérale (Dumont).

En outre, les découvertes récentes des bactériologistes permettaient de considérer le sol à un autre point de vue, comme le milieu favorable à l'existence des microorganismes indispensables à l'établissement des réactions chimiques qui président aux phénomènes d'assimilation.

Le rôle multiple du sol était donc nettement défini ; l'étude complète de l'influence de la nature des terrains sur les conditions générales de la végétation comprenait ces trois points de vue différents :

1º Le sol considéré comme *support* ; 2º comme *milieu* ; 3º comme *réserve alimentaire*.

**1º Le sol considéré comme support**. — La plante doit trouver dans le sol un appui ferme et résistant, sans que la texture des éléments des terres puisse s'opposer cependant à la pénétration des racines et à la libre circulation de l'air et de l'eau.

Considéré comme support, le sol doit réunir quatre conditions : il doit être *pénétrable, perméable, immobile* et *continu*.

Le sol *pénétrable* possède des particules laissant entre elles des intervalles suffisants pour que les racines puissent cheminer à travers les couches superficielles et fixer ainsi la plante. Certains sols compacts ont leurs éléments juxtaposés et soudés

---

(1) Une exception remarquable existe pour les légumineuses, qui, grâce aux bactéries des nodosités de leurs racines, peuvent vivre aux dépens de l'azote atmosphérique.

d'une manière si étroite que ces terrains sont impénétrables aux organes souterrains des végétaux.

Le sol doit également être *perméable*, pour que l'air et l'eau puissent apporter aux racines l'oxygène et les éléments nutritifs nécessaires à la vie des végétaux.

Si les parties fines des terres sont absolument indépendantes, le vent, la pluie, la gelée ou d'autres agents extérieurs pourront

Fig. 7. — Construction et entretien d'une dune littorale.

déterminer des mouvements suffisant à enlever à la plante toute stabilité.

Le type des sols *mobiles* est réalisé par les dunes sablonneuses (fig. 7) et la difficulté de leur mise en exploitation montre bien les inconvénients de ces terrains.

Sous l'influence de la gelée ou des fortes sécheresses, certaines terres se fissurent et se crevassent. Le sol n'est plus alors *continu*, et la plante peut se trouver dans des conditions défectueuses, soit qu'elle ait été « déchaussée », soit que ces failles empêchent la diffusion des liquides et occasionnent la rupture des organes végétatifs.

Le sol doit donc, comme support, présenter les quatre qualités suivantes : pénétrabilité, perméabilité, immobilité, continuité.

2° **Le sol considéré comme milieu.** — *Aération.* — *Humidité.* —

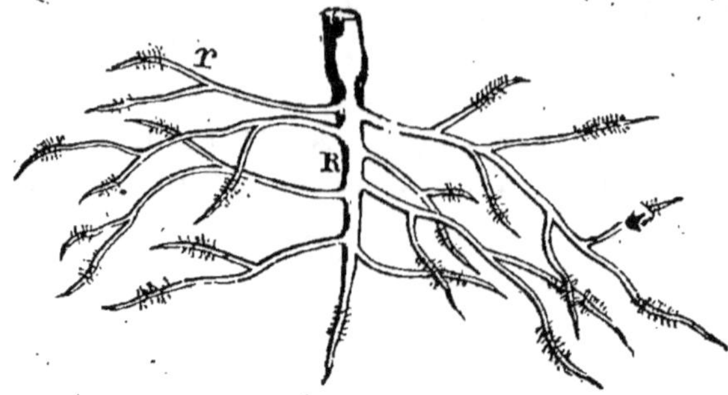

Fig. 8. — Racine fasciculée.

La plante fixée au sol, ses racines tentent alors de pénétrer dans les couches profondes. La terre doit donc réaliser un ensemble de conditions favorables à l'existence de ces organes souterrains.

L'aération sera largement assurée et le degré d'humidité suffisant.

*Rôle des racines.* — On néglige trop souvent en agriculture le rôle important des racines. Ces organes végétatifs sont divisés en deux catégories : les racines *fasciculées*, les racines *pivotantes* (fig. 8 et 9).

Les premières se ramifient en fils ténus formant une masse compacte et rassemblée en grande partie dans les couches superficielles du sol ; la transition entre la tige et ces racines est mal déterminée.

Les racines pivotantes présentent une partie centrale dans le prolongement de la tige, munie de longues racines secondaires ; elles pénètrent plus profondément et intéressent les racines profondes du sol. A la limite, les racines, se ramifiant, sont garnies de poils, assises invisibles à l'œil nu, par lesquels les racines absorbent les sucs nutritifs.

Fig. 9. — Racine pivotante.

L'examen du système radiculaire des plantes donne donc une idée exacte de leur puissance d'absorption. Il est souvent difficile d'isoler complètement ces racines. On ouvrira par exemple une tranchée d'au moins 2 mètres de profondeur et sur la paroi nettement verticale on projettera un jet d'eau qui enlèvera des racines les particules terreuses qui les enserrent ; un système de jalons de bois soutiendra les minces radicelles.

Ainsi pourra-t-on examiner la *profondeur* des racines, leur *diamètre*, leur *direction*, leur *distribution*, leur *poids total* et leur *composition*. Müntz et Girard ont montré que dans un sol sablonneux les racines de colza atteignaient $1^m,50$ de profondeur; les racines fasciculées de l'orge peuvent descendre à $1^m,40$.

En règle générale les racines s'enfoncent à plus d'un mètre si le sol n'est pas trop compact ou si l'on ne joint pas une couche imperméable. Ceci nous indique la nécessité d'approfondir le sol sur une grande épaisseur pour que les plantes bénéficient des ressources alimentaires des terres.

Le blé, la betterave, la pomme de terre présentent des racines au chevelu abondant et ténu ne possédant qu'une puissance de pénétration relative. Les légumineuses comme la luzerne, les crucifères comme le colza, envoient au contraire dans la terre le pivot de leur racine comme un véritable coin. Ces racines en se décomposant divisent le sol, et, sur un défrichement de luzerne, le blé, les betteraves, les pommes de terre développent ensuite le chevelu de leurs racines au grand bénéfice des récoltes. Les racines s'enfoncent verticalement, mais, suivant la théorie du moindre effort, elles cherchent les points de faible résistance et bénéficient ainsi largement de l'approfondissement du terrain.

L'aération, l'humidité, les engrais aident au développement des racines. En « dépotant » une plante, on remarque que la partie inférieure du pot, très aérée, est occupée par un chevelu très dense. Au voisinage des drains, les racines des arbres se développent, pénètrent par les interstices et forment des « queues de renard » susceptibles d'obstruer le passage aux eaux de drainage.

Le même fait se produit au bord des rivières, des ruisseaux. On trouve enfin communément des racines volumineuses et développées au voisinage des engrais.

**Répartition des racines.** — Pour le blé, sur un poids

total de 1 672 kilogr. de racines fasciculées, 55 p. 100 étaient contenues dans la couche superficielle. Sur la même épaisseur de terre (3 mètres) la luzerne présentait un poids de 16 700 kilogr. de racines dont la majeure partie occupait les assises profondes. Ces données montrent l'intérêt de l'approfondissement du sol.

Si les racines de blé laissées dans le sol l'enrichissent peu en éléments fertilisants, étant donnée leur richesse en cellulose, les racines de luzerne laissent aux terres un apport appréciable de principes fertilisants, notamment d'azote puisé dans les couches profondes et ramené vers les assises superficielles.

La surface d'absorption des poils radiculaires est considérable. Sur un mètre carré de surface, le système radiculaire des plantes présente une surface d'absorption voisine de 6 à 7 mètres carrés. Ces poils radiculaires sécrètent un suc acide qui entoure d'une gaine liquide les particules de terre et joue le rôle de pompe aspirante. L'eau ainsi aspirée apporte à la plante les matières nutritives dissoutes grâce à l'action de l'acide carbonique, de l'humus, des microorganismes, etc. Les racines, en vertu d'une action particulière, marchent même à la rencontre des engrais insolubles ou des engrais solubles retenus dans les terres grâce au pouvoir absorbant du sol.

**Les microbes du sol.** — Les travaux récents ont, au surplus, permis de considérer le sol, non plus comme une substance inerte et inactive, mais comme un milieu accessible et favorable aux microorganismes qui jouent un rôle actif dans les phénomènes de la végétation.

*Nitrification.* — Les végétaux sont en effet incapables de s'assimiler directement les matières du sol. Il faut favoriser cette assimilation, que cette matière organique soit décomposée et passe à l'état minéral ou gazeux. Ce sont précisément les microbes du sol qui effectuent ces transformations et font ainsi rentrer ces substances organiques dans le cycle vital. Les microbes du sol décomposent la matière organique en donnant de l'acide carbonique, du formène, de l'hydrogène, de la vapeur d'eau ; les matières azotées produisent de l'azote gazeux, de l'ammoniaque. Les sels ammoniacaux sont enfin oxydés et amenés à l'état de nitrates facilement absorbés par les végétaux. Cette dernière fonction est dévolue à des microbes spéciaux désignés sous le nom de *microbes nitrificateurs*.

Autrefois, on interprétait l'existence de nitrates dans le sol en supposant la condensation et l'oxydation directe de l'ammoniaque de l'air par suite de la porosité du sol. Boussingault montra le premier que la nitrification se produit dans des milieux non poreux, et que les nitrates formés proviennent du sol, non de l'atmosphère.

Schlœsing et Müntz établirent alors le rôle spécial, dans ces phénomènes, d'un microbe défini (fig. 10). Winogradsky démontra bientôt que le phénomène de la nitrification s'effectue en deux phases distinctes sous l'influence : 1° d'un *ferment nitreux*, qui transforme les sels ammoniacaux en nitrite ; 2° d'un *ferment nitrique*, inactif vis-à-vis de l'ammoniaque, mais qui fait passer les nitrites à l'état de nitrates. La transformation de l'azote organique en azote nitrique nécessite donc trois stades successifs :

1° Formation de sels ammoniacaux (ferments *ammoniacaux*);

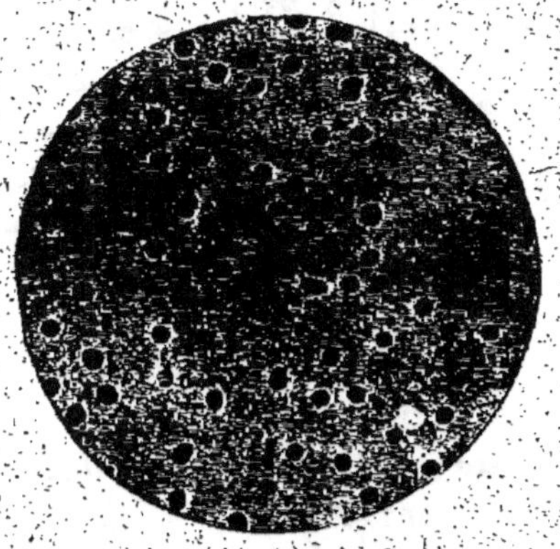

Fig. 10. — Nitrobactéries.

2° Formation de nitrites (ferments *nitreux*);

3° Formation de nitrates (ferments *nitriques*).

L'établissement de la théorie précise de la nitrification explique le rôle bienfaisant des labours, des hersages, des roulages, qui, par les conditions d'aération et d'humidité qu'ils déterminent, favorisent l'action de microorganismes amenant la décomposition des matières organiques azotées et la nitrification qui en dérive.

***Nodosités des légumineuses.*** — Depuis longtemps déjà, la pratique agricole avait reconnu que certaines cultures de légumineuses déterminaient un enrichissement du sol. En 81 0, Georges Ville émit l'hypothèse d'une faculté spéciale d'absorption de l'azote de l'atmosphère, particulière à certaines plantes, notamment aux légumineuses.

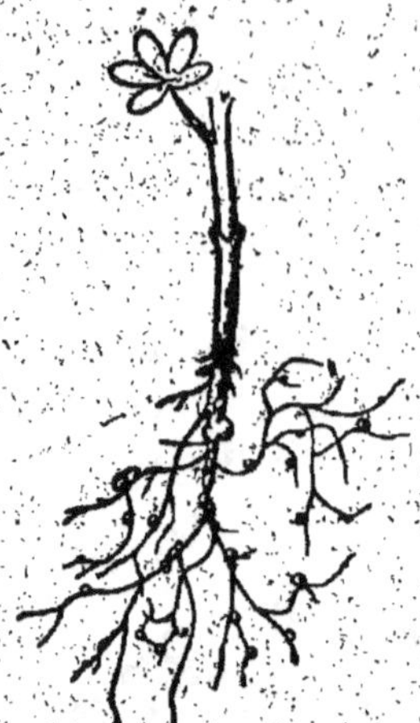

Fig. 11. — Racine de lupin portant des nodosités à bactéroïdes.

Cette hypothèse fut confirmée en 1884 par Hellriegel et Wilfarth, et plus tard par Berthelot, qui montrèrent sur les racines des légumineuses des *nodosités* renfermant des bactéries vivant en « symbiose » avec la plante. Le végétal fournit certains hydrates de carbone aux bactéries, qui, en échange, lui rétrocèdent l'azote puisé directement à l'atmosphère (fig. 11).

**Microorganismes fixateurs d'azote.** — Il existe, de plus, un autre mode de fixation directe de l'azote atmosphérique. Dès 1885, Berthelot montrait que certaines bactéries du sol peuvent absorber directement l'azote de l'atmosphère. Winogradsky isolait même plusieurs espèces de ces bactéries, notamment le *Clostridium Pasteurianum* (fig. 12).

Un troisième mode d'enrichissement du sol aux dépens de l'atmosphère était enfin découvert par l'existence de certaines algues vivant en symbiose avec les bactéries, comme le prouvèrent les travaux de Kossowitch, Kruger et Schneidewind. Beijerinck isola plusieurs microbes aérobies : l'*Azotobacter chroococcum*, l'*Azotobacter agilis* (fig. 13 et 14), qui, soit seuls, soit en association avec d'autres microorganismes, absorbent l'azote gazeux.

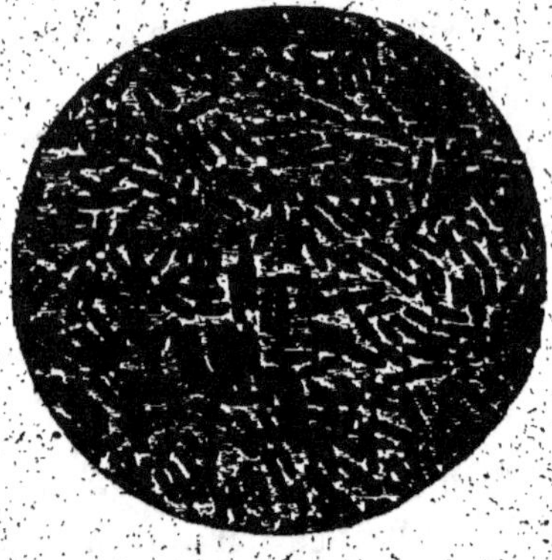

Fig. 12. — Les microbes du sol : *Clostridium Pasteurianum*.

La fixation de l'azote dans la terre est donc, en résumé, la résultante de l'activité de microbes agissant soit isolément, soit associés aux végétaux supérieurs, soit associés aux algues.

***Microbes dénitrificateurs.*** — A côté de l'action bienfaisante de ces bactéries, il faut noter le rôle néfaste de certains microbes, dits microbes *dénitrificateurs*, qui, au contraire, décomposent les nitrates en azote gazeux.

Ces microbes dénitrificateurs sont fréquents dans le sol, et, si leur influence défavorable n'est pas plus marquée, cela tient à ce que les conditions indispensables à leur développement : milieu réducteur pauvre en oxygène et abondance de matières organiques fermentescibles, se trouvent rarement réalisés simultanément.

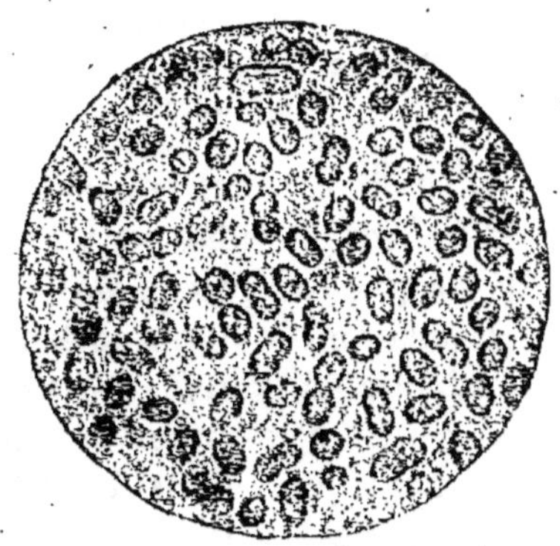

Fig. 13. — *Azotobacter chroococcum.*

***Répartition des micro-organismes du sol.*** — Les microbes occupent les assises supérieures du sol. A la surface, on rencontre les espèces aérobies qui vivent aux dépens des matières organiques complexes. Dans les couches plus profondes, existent les colonies qui s'attaquent aux substances déjà en voie de décomposition, comme les sels ammoniacaux.

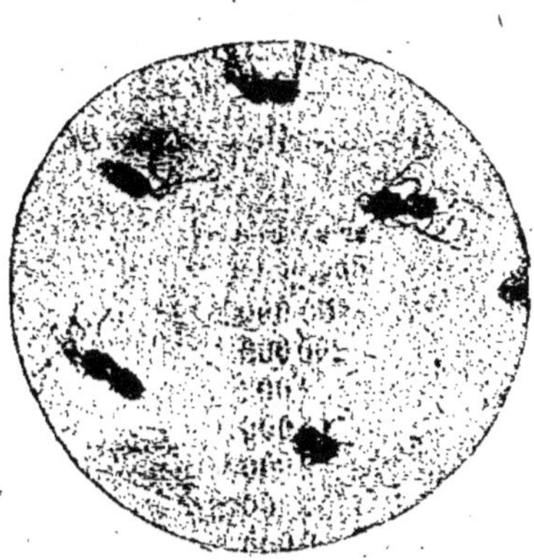

Fig. 14. — *Azotobacter agilis.*

La teneur des terres en germes, toujours très élevée, varie avec les divers sols, et notamment avec l'époque géologique à laquelle le terrain appartient. Elle dépend, entre certaines limites, de la hauteur au-dessus du niveau de la mer. Plus le terrain est ancien, plus son altitude est grande, moins il est riche en microorganismes (Kayser). Le tableau suivant donne des indications à cet égard :

|                      | Microbes par gramme de terre en couche superficielle. | | |
| --- | ---: | :---: | ---: |
| Terrain cultivé | 60 000 | à | 11 275 000 |
| — d'alluvion | 45 000 | à | 128 000 |
| — tourbeux | 17 200 | à | 160 000 |
| Roche volcanique | 27 000 | à | 29 000 |
| — ancienne | 2 800 | à | 10 000 |

On voit le nombre considérable de ces précieux auxiliaires.

Tous ces microbes sont fixés énergiquement sur les particules du sol par des forces d'adhésion capillaire.

Leur nombre diminue à mesure qu'on s'enfonce dans le sol. Tandis qu'on trouve, par exemple, 400 000 à 500 000 microbes par centimètre cube de terre arable à la surface, on n'en rencontre plus dans le même sol que 100 000 par centimètre cube à 1 mètre de profondeur ; 700 microbes existent à peine à 2 mètres de profondeur ; 100, à 3 mètres. Les chiffres suivants donnent des indications générales sur la répartition des microbes du sol.

|  | Microbes par gramme de terre. |
| --- | ---: |
| A 20 centimètres de profondeur | 650 000 germes. |
| A 50 — — | 500 000 — |
| A 100 — — | 36 000 — |

On peut rencontrer parfois des couches stériles entre deux couches peuplées de microbes :

| Profondeur. | Par centimètre cube de terre. |
| --- | ---: |
| 0$^m$,00 | 150 000 |
| 0$^m$,50 | 200 000 |
| 1$^m$,00 | 2 000 |
| 1$^m$,50 | 15 000 |
| 2$^m$,00 | 2 000 |
| 2$^m$,50 | 500 |
| 3$^m$,00 | 3 000 |
| 3$^m$,50 | » |
| 4$^m$,50 | 100 (Frænkel). |

Le maximum correspond donc à 20 à 50 centimètres de profondeur. De 3 à 5 mètres, le nombre de germes devient presque nul, le sol agissant comme un filtre.

Ces chiffres n'ont d'ailleurs qu'une valeur comparative, le

nombre des bactéries variant, dans une même couche, d'une façon continue, par suite de leur déplacement par l'eau, les insectes, les vers de terre, par suite du cheminement le long des racines. Normalement, les germes sont moins nombreux en hiver qu'en été, la température étant inférieure. Les conditions climatériques, les propriétés physiques du sol : gelée, dessiccation, teneur en eau, ameublissement, exercent également une influence sensible.

Ces nouvelles théories donnent une valeur considérable à la conception du sol considéré comme *milieu*. La terre n'est plus le support inactif et neutre envisagé autrefois, c'est un milieu extrêmement actif où, sous l'influence des ferments, s'élaborent les principes alimentaires et se fixent les éléments nutritifs.

**3° Le sol considéré comme réserve alimentaire.** — Par une longue suite de savants travaux, les premiers principes de l'alimentation des plantes purent être définis au début du XIXe siècle, et des règles précises permirent d'établir que le végétal emprunte ses éléments nutritifs à deux sources : l'*air* et le *sol*.

Dans l'atmosphère, la plante puise le carbone (1), l'oxygène et l'hydrogène. Dans le sol, le végétal absorbe l'azote (2) et tous les principes minéraux : acide phosphorique, potasse, chaux, magnésie, fer, chlore, soufre, soude, etc., nécessaires à son existence. Les légumineuses, rappelons-le, possèdent exceptionnellement la faculté d'emprunter l'azote à l'air, grâce aux bactéries des nodosités de leurs racines.

Le rôle du sol considéré comme réserve alimentaire doit être étudié attentivement au cours de cet ouvrage.

Le sol renferme l'azote sous trois formes : l'azote *organique*,

(1) Ce carbone est pris à l'acide carbonique de l'air par suite de l'assimilation chlorophyllienne. Les racines peuvent aussi puiser l'acide carbonique dans le sol, qui en contient de grandes quantités, mais cet acide carbonique n'est utilisé par la plante comme source de carbone qu'après son passage dans les feuilles, où il subit l'action de la lumière solaire sous l'influence de la chlorophylle.

(2) Exception faite pour la famille des légumineuses, qui peu absorber l'azote de l'air. Les feuilles ont également la faculté d'utiliser directement l'ammoniaque qui se trouve à l'état gazeux dans l'atmosphère.

résidu de la vie animale ou végétale, l'azote *ammoniacal* et l'azote *nitrique*, provenant de l'action des ferments nitreux et nitrique (fig. 10). Les deux dernières formes seules sont directement assimilables.

Les matières minérales utiles à l'alimentation des végétaux, acide phosphorique, potasse, chaux, se rencontrent dans les terres en quantités variables. On trouve également dans certains végétaux, à l'état de traces, les oxydes de lithium, de rubidium, de cæsium, le zinc, le cuivre, etc., provenant du sol ; le brome, l'iode, le fluor peuvent exister à très faibles doses.

Parmi ces principes minéraux, les uns sont *solubles*, c'est-à-dire directement assimilables. Les autres sont *solubilisés* par les sucs acides sécrétés par la racine ou par l'eau du sol chargée d'acide carbonique. Dans un certain nombre de cas, cette transformation est l'œuvre des microorganismes ou la résultante de réactions chimiques complexes.

## II. — LE SOUS-SOL.

*Composition et formation.* — Au-dessous du sol se trouvent placées les premières assises du sous-sol.

Si la couche arable a été formée sur place (sol *autochtone*), le sous-sol est de même nature que le sol et offre simplement tous les degrés de transition entre la terre fine parfaitement désagrégée et la roche non divisée.

Dans ce cas, le sous-sol est toujours plus compact, moins aéré, d'une perméabilité plus faible. On y dose moins de matière organique et plus de chaux, le calcaire ayant été déplacé par l'eau chargée d'acide carbonique.

Si la terre a été amenée par divers phénomènes géologiques à occuper une situation différente de celle de sa formation, le sous-sol est d'une nature dissemblable (sol *hétérochtone*).

La transition entre le sol et le sous-sol est, ordinairement, graduellement aménagée. Néanmoins la démarcation, située à 2 ou 3 centim. au-dessous de la limite ordinaire des façons culturales, s'établit assez nettement par suite du changement de couleur dû à la proportion moins élevée de matière organique décomposée, c'est-à-dire d'humus ; la tonalité, légèrement brune, s'éclaircit à mesure que la proportion d'humus diminue.

Malgré sa compacité relative, le sous-sol est exposé à l'action des agents atmosphériques grâce au travail des racines qui

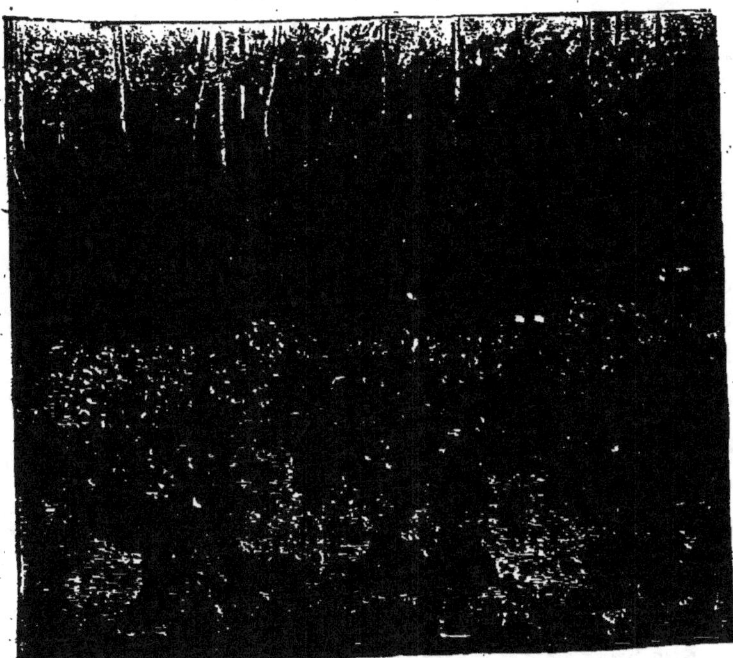

Fig. 15. — Transition du sol au sous-sol.

conduisent insensiblement dans les assises profondes l'air et l'eau. Les vers de terre aident d'ailleurs cet ameublissement jusqu'à une profondeur de 1ᵐ,50 et facilitent par leurs excréments la formation d'une couche superficielle de terre fine, riche en matière organique. On peut dire que, pour une prairie en sol crayeux, grâce au travail des vers de terre, la totalité des éléments fins du sol, sur une épaisseur de 25 centimètres, passe entièrement à la surface du sol dans l'espace de cinquante ans. Ces excréments de terre légère affinée par son passage à travers le tube digestif des vers, dispersés ensuite par le vent et la pluie, couvrent ainsi les pierres, les amendements épandus à la surface du sol; au bout de quinze ans, l'ancienne couche superficielle peut se trouver à 7 centimètres au-dessous (Darwin). Mais on se rappellera que ces invertébrés ramènent également à la surface les spores des bactéries charbonneuses du corps des animaux enfouis et constituent ainsi des zones d'infection localisées.

Les contextures du sol et du sous-sol les différencient facilement sous les climats humides où le sol est formé ordinairement d'éléments plus grossiers que le sous-sol par suite de l'entraînement des particules fines dans les couches profondes par les eaux de pluie ou vers les pentes par les eaux de ruissellement. Dans les régions sèches, au contraire, la texture du sol et celle du sous-sol paraissent souvent semblables.

Cette déperdition des assises supérieures en éléments fins est d'autant plus accentuée que le travail plus approfondi et plus intense du sol permet plus librement la circulation de l'eau. Le travail des vers de terre contrarie en partie cette déperdition.

Il convient d'examiner le sous-sol à deux points de vue: 1° relativement à l'influence qu'il peut exercer sur le sol; 2° relativement à sa propre action.

*Action du sous-sol sur le sol.* — Si ces deux couches géologiques sont de même nature, aucune influence ne saurait s'exercer. On pourra simplement, par des labours d'une profondeur croissante, augmenter l'épaisseur du sol cultivé.

Lorsque le sous-sol est de nature différente, il peut exagérer ou diminuer les défauts du sol. En mélangeant un sol compact et humide avec une légère couche de sous-sol sableux, on allégera la terre, tout en facilitant la pénétration de l'eau. Si le sous-sol au contraire est argileux, l'assainissement du terrain sera rendu plus difficile encore.

Le mélange du sous-sol au sol peut donc constituer une amélioration foncière recommandable. Mais il importe d'effectuer ces labours de défoncement avec circonspection. Le sous-sol est souvent pauvre en éléments fertilisants. Même dans les cas les plus favorables, c'est toujours un milieu peu aéré, non divisé et ne contenant aucun de ces microorganismes indispensables à l'établissement des réactions chimiques. On devra donc, dans les cas où cette opération serait jugée avantageuse, opérer graduellement, mélanger au sol une faible épaisseur du sous-sol et établir des cultures sarclées, qui permettent, par les binages, la division du sol et la répartition des engrais toujours apportés abondamment à ces récoltes.

**Rôle direct du sous-sol.** — On néglige trop souvent d'exa-

Fig. 16. — Sous-sol calcaire.

miner le rôle que peut jouer le sous-sol dans la production végétale.

Comme support, il peut offrir à la plante une consolidation nouvelle et un appui plus sûr.

Quand il est ameubli, le sous-sol exerce les fonctions de *régulateur d'humidité*, emmagasinant l'eau que le sol reçoit en trop grande abondance au moment des grandes pluies, pour la restituer lentement pendant les sécheresses persistantes.

La perméabilité du sous-sol, comprimé par le passage des animaux et des instruments aratoires, est plus faible que celle du sol. Le sous-sol n'est pas soumis aux mêmes oscillations de température que le sol. Sa température varie très régulièrement. Aux points de vue humidité et chaleur, c'est donc un milieu plus régulier, plus homogène.

Le rôle du sous-sol est faible au point de vue bactériologique, les ferments et les microorganismes se rencontrant en faible proportion dans les couches profondes. Les nodosités des légumineuses y sont moins nombreuses. On n'y rencontre pas de mauvaises semences comme dans le sol ; on y trouve moins d'insectes.

Le sous-sol est une terre morte, inactive, non aérée, sans ferments ni bactéries. Si l'on cultive la même plante dans deux pots, l'un rempli de la terre du sol, l'autre du sous-sol, les résultats obtenus dans le second pot sont bien plus précaires.

Les plantes cultivées sont susceptibles d'émettre des racines d'une longueur considérable, qui puisent dans les couches profondes des principes nutritifs. Mais comme réserve alimentaire, le sous-sol est en général peu riche en azote à cause de la diminution de la matière organique. L'acide phosphorique et la chaux peuvent y exister en quantités assez considérables par suite de leur entraînement par les eaux tenant l'acide carbonique en dissolution. La potasse se présente parfois en proportion appréciable dans le sous-sol.

Le cultivateur doit connaître l'épaisseur du sous-sol, c'est-à-dire l'importance de l'assise comprise entre le sol et la couche imperméable.

La valeur d'une terre augmente en effet avec la profondeur du sous-sol. Le tableau suivant donne quelques précisions à cet égard :

| Profondeur en centimètres. | Augmentation p. 100 en centimètres. | Valeur comparative. |
| --- | --- | --- |
| 4 | 10 | 0 |
| 12 | 5 | 80 |
| 16 | 3 | 100 |
| 27 | 2 | 135 |
| 50 | 1 | 179 |

Ces chiffres n'ont qu'une valeur relative, évidemment. En Algérie, au Maroc, par exemple, l'importance de la profondeur du sol est bien plus nette que sur les côtes hollandaises au climat humide. Mais, en principe, il faut toujours étudier le sous-sol, surtout la partie accessible aux instruments aratoires.

## III. — PROPRIÉTÉS PHYSIQUES DU SOL.

Nous examinerons ici les principales caractéristiques des terres.

*Pesanteur.* — Le poids de l'unité de volume d'un sol peut

Fig. 17. — Zone aride au Maroc.

dépendre de deux facteurs différents : de sa composition ou de son degré de tassement. Cependant la densité des terres varie peu et se trouve voisine de 2,75.

Lorsqu'un sol est composé de particules très fines ne laissant entre elles aucun vide, le poids spécifique est élevé. Si la proportion de graviers augmente, la densité diminue au contraire.

L'humidité de la terre agit dans le même sens que le tassement et détermine un accroissement sensible de la pesanteur du sol.

*Ténacité.* — La ténacité est la résistance qu'une terre offre à la pénétration des instruments aratoires.

Le travail du sol compte beaucoup dans les dépenses nécessitées par l'élévation des rendements ; aussi est-il intéressant de déterminer la ténacité des terres.

Gasparin avait proposé de mesurer la ténacité des sols en laissant tomber d'une hauteur définie une bêche à arête tranchante : la profondeur d'enfouissement donnait une idée exacte de la facilité de pénétration. On a remplacé cette méthode empirique par des instruments dynamométriques plus précis.

Les renseignements ainsi obtenus ne sont pas toujours comparables : il faut tenir compte de l'influence des agents extérieurs, qui peuvent modifier momentanément la ténacité dans un sens ou dans l'autre, et de la proportion d'humus apportée par les fumures récentes. La gelée, par exemple, ameublit les terres fortes que la chaleur crevasse et durcit.

La composition des sols peut renseigner sur la valeur de leur ténacité. Mais, dans un même groupement de terrains, la grosseur des éléments joue un rôle important, la proportion des particules fines ou impalpables pouvant déterminer pratiquement la valeur de la ténacité (Boitel). Les meilleurs renseignements seront, en définitive, obtenus par une enquête auprès des cultivateurs voisins (Schribaux).

On peut modifier la ténacité des sols par l'apport d'amendements, les fumures appropriées, la combustion des chaumes ou l'application des travaux aratoires judicieusement pratiqués.

*Cohésion.* — La cohésion est la propriété en vertu de laquelle les éléments constitutifs du sol s'agglomèrent entre eux.

Les terres *légères* sont ordinairement composées de particules indépendantes entre elles et n'offrent par conséquent aucune cohésion. Lorsque ces éléments s'unissent et se soudent étroitement, on obtient les terres *liantes*, qui peuvent constituer les terres *fortes*, puis, à la limite, les terres *compactes*.

Ces dernières se laissent difficilement pénétrer par l'air et par l'eau ; la germination des graines s'y trouve moins assurée ; le développement des plantes peut être retardé par la difficulté de pénétration des racines.

***Adhésion ou adhérence.*** — L'adhésion des terres exprime la force avec laquelle elles s'attachent aux instruments aratoires.

Certains sols très adhésifs peuvent nécessiter un matériel spécial et des versoirs de charrue à profil approprié. Les varia-

Fig. 18. — Terre fraîche. Herbage en Saône-et-Loire.

tions de température influent sur l'adhésion des sols, et l'humidité augmente sa valeur.

Les terres non adhésives polissent les instruments de culture, ce qui diminue les frottements et rend le travail moins pénible. La facilité des travaux mécaniques du sol dépend donc de ces propriétés physiques : *ténacité, cohésion, adhérence.* Des essais dynamométriques permettent de se rendre compte exactement de l'effort de traction nécessaire à la marche des instruments aratoires dans les différents sols.

***Perméabilité.*** — L'eau pluviale qui tombe à la surface du sol coule à sa surface ou s'infiltre dans les couches profondes.

Dans le premier cas, la terre est dite *imperméable* ; elle est *perméable* au contraire dans le second cas.

La perméabilité du sol est sous la dépendance de sa constitution physique et de sa division moléculaire. On peut classer à ce point de vue les particules constitutives en *éléments ordinaires* et en *impalpable*. L'imperméabilité serait assurée lorsqu'on trouve 30 parties d'impalpable sur 100 (Boittel) ; la perméabilité reparaît et se montre d'autant plus nette que la proportion d'impalpable diminue. Les terres composées de fines particules retiennent une grande quantité d'eau, mais s'opposent à sa circulation. Les sols pierreux et graveleux, par contre, se laissent aisément traverser par l'eau.

La perméabilité des terrains répartit les eaux pluviales en *eau d'infiltration* et en *eau de ruissellement*, dans des proportions très différentes. Ainsi se trouve modifié le degré d'humidité des sols.

L'infiltration s'exerce avec des vitesses et des intensités variables selon la constitution des terres, et l'entraînement de ces eaux dans les couches profondes détermine une déperdition considérable des sels solubles.

Le ruissellement peut être contrarié par le travail du sol ou la modification de l'imperméabilité des terres grâce aux amendements.

La perméabilité du sol régit son degré d'humidité. On classe à ce point de vue, d'après la proportion croissante d'humidité, les terrains en terres *sèches*, terres *fraîches* (fig. 18), terres *humides*, terres *marécageuses*.

On peut se rendre compte de la perméabilité d'un sol, en remarquant que l'automne, durant les fortes pluies, l'eau ne séjourne pas à la surface des terres perméables.

*Aération*. — La terre doit être également perméable aux gaz. L'oxygène est utile à la vie des racines ; l'acide carbonique dissous aide à la décomposition des principes insolubles.

Les gaz toxiques résultant des actions chimiques secondaires doivent pouvoir se dégager dans l'atmosphère. L'azote pénètre dans les couches inférieures pour que s'exerce la propriété fixative des légumineuses.

En principe, l'oxygène circule librement parmi les particules terreuses ; l'atmosphère du sol ne doit, en aucun cas, constituer un milieu réducteur. La présence de méthane, de sulfures, l'existence de pyrites est un obstacle à toute végétation.

L'eau stagnante, s'opposant à la circulation des gaz du sol, exerce des propriétés asphyxiantes, comme on le voit sur les rayures séparant les planches des terrains imperméables où aucun végétal ne pousse.

Si, au laboratoire, on étudie les cultures dans l'eau, il faut changer l'eau souvent et l'aérer abondamment.

Les plantes des marais qui se satisfont d'un sol humide présentent une organisation spéciale.

*Hygroscopicité.* — L'hygroscopicité est la propriété physique que possède le sol de retenir l'eau qui a pénétré dans son sein par perméabilité.

L'eau est le facteur essentiel de la fertilité des terres et la condition première de leur productivité (1). Divers phénomènes viennent régler et modifier la répartition et le mouvement de l'eau dans le sol ; les terrains renferment des quantités d'eau variables suivant leur nature et les conditions extérieures.

Après les pluies, le sol peut s'imbiber d'une masse d'eau considérable (2), mais ces réserves d'humidité disparaissent

(1) Nous verrons plus loin qu'il faut environ 300 kilogrammes d'eau pour former 1 kilogramme de substance végétale. La proportion d'eau nécessaire à la croissance d'un végétal est considérable, mais varie avec le sol et la plante considérée. Pour les céréales, par exemple, l'avoine se montrerait plus exigeante et exigerait 90 p. 100 de la proportion d'eau que contient la terre saturée ; le blé, 80 p. 100 ; le seigle, 75 p. 100 ; l'orge, 62 p. 100 (*Experimental Station Record*. — A. Mayer).

Les feuilles des arbres absorbent une quantité appréciable d'eau. Pour 100 grammes de feuilles, il faut une quantité d'eau indiquée par les chiffres suivants :

85gr,6 pour le frêne ; — 74,9 pour le hêtre ; — 58,6 pour l'érable ; 13,5 pour le pin ; 9,4 pour le sapin.

Ceci montre les exigences moindres des arbres en humidité et la possibilité, bien connue déjà, de boiser en résineux les terrains secs et arides. — On comprend ainsi l'action régulatrice des forêts : 1 hectare de hêtres absorbe chaque jour 25 000 à 30 000 kilogrammes d'eau correspondant à une hauteur de pluie de 75 à 100 millimètres par an.

(2) Cette proportion peut s'élever jusqu'à 600 tonnes d'eau sur une profondeur de 1m,50.

rapidement. Deux causes déterminent la déperdition de l'eau : l'*infiltration*, qui l'entraîne dans les couches profondes, et l'*évaporation*, qui favorise son départ dans l'atmosphère.

Ces actions ont d'ailleurs un utile effet en empêchant la stagnation des eaux qui s'opposeraient à la pénétration de l'air.

Les terres, pour être mises en culture, ne doivent pas être saturées d'eau, elles ne doivent contenir que 50 à 60 p. 100 environ de la quantité d'eau maximum qu'elles peuvent retenir. La proportion la plus favorable semble être de 23 à 25 p. 100 d'eau sur une épaisseur de 30 centimètres. Le sol devient défavorable aux plantes si cette teneur descend à 10 p. 100, et la végétation cesse complètement si l'on atteint 6 à 9 p. 100.

Ces chiffres sont d'ailleurs sous la dépendance de la constitution du sol : les sols compacts cessent d'alimenter les végétaux s'ils renferment moins de 9 p. 100 d'eau ; pour les terres légères, cette limite atteint le chiffre de 6 p. 100 cité précédemment (P.-H. King).

Les besoins des plantes varient avec les phases de leur développement. D'après Hellriegel, pour que la croissance se poursuive bien, il faut que la terre renferme, depuis les semailles jusqu'à la floraison, 30 à 60 p. 100 de ce qu'elle peut contenir quand elle est saturée, et 20 p. 100 seulement de la floraison à la maturité.

Pour les essais de germination, la proportion de 12 p. 100 d'eau seulement suffit à imprégner convenablement du sable fin.

L'eau du sol est donc sollicitée par deux forces inverses : l'*infiltration*, qui l'attire dans les couches profondes ; l'*évaporation*, qui tend à la dissiper dans l'atmosphère sous forme de vapeur d'eau.

Pour que l'ascension de l'eau d'évaporation ait lieu, dans le sol, contrairement aux lois de la pesanteur, il faut qu'une nouvelle force entre en jeu : c'est en effet la *capillarité* qui permet à l'eau de parvenir des profondeurs du sol aux couches superficielles.

**Capillarité.** — La capillarité est la propriété physique en vertu de laquelle les liquides peuvent s'élever dans des tubes de faible diamètre, d'une quantité inversement proportion-

nelle au diamètre de ces canaux. En d'autres termes, l'ascension
de l'eau, par exemple, sera d'autant plus considérable que le
tube sera plus petit. Or, les particules du sol, laissant entre elles
des espaces remplis d'air, constituent des canaux capillaires
d'une sinuosité plus ou moins accentuée, mais d'un diamètre

Fig. 19. — Étangs de la Dombes : chevaux au pâturage.

assez petit pour permettre le libre jeu de ces phénomènes.

Par capillarité, l'eau montera donc vers les couches superficielles du sol, à une hauteur qui dépendra de l'état de la terre.

Toute préparation du sol qui tend à ameublir la terre diminue, en rapprochant les éléments constitutifs, le diamètre de
ces réseaux capillaires, et détermine une ascension plus active
de l'eau des couches profondes. Les pertes d'eau par infiltration sont donc beaucoup plus faibles dans les sols travaillés,
puisque la capillarité exerce son action compensatrice. Une
terre non travaillée laisse les eaux s'écouler par infiltration (1).

Le degré de tassement du sol modifie les phénomènes capil-

(1) Pendant le mois de mai, un sol argileux non travaillé peut
perdre, sur une profondeur de 0m,90, la quantité considérable de
74 tonnes par hectare (P.-H. King).

Diffloth. — Le sol.                    I. — 4

laires. En plombant le sol à l'aide du rouleau, on attire, pour la même raison, l'humidité vers les couches superficielles (1).

Les sarclages et les binages s'opposent, pour des raisons inverses, à l'ascension de l'eau et à sa perte par évaporation ; l'humidité reste donc dans les couches moyennes du sol et entretient la vitalité des plantes. Ceci justifie le dicton : « Un sarclage vaut un arrosage » (2).

L'eau du sol est donc continuellement en mouvement ; l'étude de ces phénomènes est extrêmement importante, étant donné le rôle de l'eau dans la croissance des végétaux.

On aurait tort de penser que la proportion d'eau qui s'élève du sous-sol par capillarité est minime et d'une faible utilité culturale. Dans certaines terres, la proportion d'humidité ainsi prélevée est largement suffisante aux besoins de la récolte durant les périodes de sécheresse.

Comme conséquence pratique, nous pouvons remarquer que les graviers et les sables grossiers souffriront tout d'abord des sécheresses, non pas parce qu'ils renferment moins d'eau au début, puisqu'ils peuvent, contrairement aux argiles qui retiennent énergiquement l'eau, céder aux plantes la presque totalité de l'humidité qui les imprègne, mais bien parce que, en raison de la grossièreté de leurs particules, le sable grossier et le gravier favorisent peu l'ascension de l'eau du sous-sol par capillarité.

Si les sécheresses continuent, les sols argileux ne peuvent suffire à leur tour au besoin des végétaux ; l'eau monte bien par capillarité du sous-sol, mais elle circule si lentement dans les couches supérieures, que la plante se trouve dans des conditions défavorables.

Les sols qui ont le moins à souffrir de la sécheresse sont les terres argilo-siliceuses profondes, de texture uniforme, à grains assez fins pour favoriser l'ascension de l'eau, sans cependant être assez ténus pour gêner sa circulation.

(1) Dans nos terres arables, la capillarité peut faire remonter à la surface l'humidité existant à une profondeur de 0$^m$,70 à 1 mètre.

(2) Le binage, pour exercer une action efficace dans la conservation de l'humidité des sols, doit atteindre au moins une profondeur de 3 centimètres.

*Évaporation*. — Toutes les terres se dessèchent par évaporation, et l'intensité de ce phénomène dépend de divers facteurs.

L'évaporation est d'autant plus active que la surface exposée à l'air est considérable. Le roulage du sol, en régularisant la couche superficielle, diminue cette surface et réduit l'évaporation. Ces faits nous expliquent l'utilité du roulage après les semailles ; par capillarité, l'eau monte, et son départ par évaporation se trouve amoindri. Ces deux phénomènes agissent dans un même sens et retiennent en définitive l'humidité dans les couches superficielles du sol où se trouve la graine.

Les hersages, en exposant à l'air une plus grande surface du sol, facilitent la dispersion de la vapeur d'eau dans l'air, lorsque le sol est gratté simplement ou sillonné à sa surface. Cependant, si la superficie totale est recouverte d'une petite épaisseur de terre sèche isolante (2 à 3 centim. environ), l'évaporation peut être réduite (1).

Le fumier enfoui isole la couche superficielle, l'expose à une dessiccation plus complète et augmente l'évaporation. Mais, au bout de quelque temps, transformé en humus, il se mélange à la terre et entretient la fraîcheur ; la proportion d'humidité des couches superficielles s'accroît alors sensiblement.

La composition des sols exerce une action évidente sur l'intensité de l'évaporation. Très faible sur les terres légères, elle devient très active sur les terres fortes humides.

La végétation qui couvre le sol augmente considérablement l'évaporation (Wollny), chaque feuille évaporant activement. Une terre garnie de plantes perd beaucoup plus d'eau qu'un sol nu. Cet accroissement de l'évaporation est proportionnel au développement de la végétation, au rapprochement des plants et à la durée de leur croissance.

L'élévation de la température favorise l'évaporation ; mais cette influence peut être combattue par l'état nuageux du ciel et l'absence du vent. La formation de vapeur d'eau

(1) C'est sur la constitution de cette petite couche meuble isolante, le *mulch* des Américains, que reposent la plupart des systèmes de culture en région sèche, le *dry-farming* notamment (Voy. DIFFLOTH, *Les nouveaux systèmes de culture, Agriculture générale*, 3e volume).

est active si l'air est sec, le vent fort et s'il y a peu de nuages.

Le pouvoir évaporateur dépend des autres propriétés physiques du sol : une terre perméable ou susceptible d'emmagasiner de l'eau évaporera avec intensité, puisque la capillarité travaille sans cesse à alimenter l'évaporation de l'eau.

D'autre part, plus la terre est de texture grossière et ouverte à l'air, plus le départ de l'eau sous forme de vapeur sera rapide et actif.

*Humidité du sol.* — Ces diverses actions régissent la portion d'humidité contenue dans le sol. L'eau est indispensable à la vie des végétaux, mais la proportion d'eau nécessaire diminue avec l'âge du végétal, contrairement à la proportion de chaleur indispensable.

L'eau absorbée par les racines apporte à la plante les éléments nutritifs solubles, facilite leur absorption, détermine les échanges intercellulaires, développe l'activité fonctionnelle des cellules avant de sortir par les feuilles sous forme de vapeur d'eau. Elle aide à la migration caractéristique des principes nutritifs des parties basses de la tige vers le grain lors de la maturité.

La quantité d'eau nécessaire pour produire 1 kilogr. de matière sèche végétale est considérable : en terre fertile, 300 kilogr. d'eau sont nécessaires; pour les terres pauvres, 800 kilogr. sont indispensables (1). Sur de pareils sols, une botte de foin de 5 kilogr. exigerait donc 4 000 kilogr. d'eau. Considérons une récolte de 40 hectolitres à l'hectare de blé pesant 80 kilogr. l'hectolitre, soit 3 200 kilogr. de grains. Comptons un poids double de paille, c'est-à-dire 6 400 kilogr. La récolte totale comprend donc pour la partie aérienne (3 200 + 6 400 =) 9 600 kilogr. En estimant la proportion d'eau voisine de 14 p. 100, cette récolte dose 86 p. 100 de matière sèche; soit, pour la récolte envisagée : $\left(\dfrac{9\,600 \times 86}{100}\right) = 8\,256$ kilogr. de matière sèche à l'hectare, qui exigeront, en terre fertile : (8.256 × 300 =) 2 476 800 kilogr., c'est-à-dire plus de 2 400 000 litres d'eau, plus de 2 400 mètres cubes représentant une couche d'eau de 24 centimètres.

(1) D'après les expériences du dry-farming, il faudrait, en contrée aride, 750 kilogr. d'eau pour constituer 1 kilogr. de matière sèche.

On voit donc l'importance de l'eau dans les phénomènes de la végétation. Les terres du Midi donnent, à fertilité égale, des rendements plus faibles que les terrains septentrionaux qui ne pourront, par contre, supporter des variétés tardives.

Pour reconnaître, *a priori*, l'humidité d'un sol, on peut considérer la forme du labour en planches étroites permettant l'écoulement de l'eau par les raies, la végétation spontanée spéciale, l'épaisseur du gazon autour des routes, la nature des cultures (betteraves, maïs, prairies, luzernes), etc...

*Couleur*. — Selon leur nature, les sols présentent des colorations variant du blanc pur (terrains *calcaires*) (fig. 20) au noir foncé (terrains *humifères*), en passant par toutes les nuances intermédiaires. La présence du fer donne lieu à une teinte rougeâtre caractéristique.

La couleur influe sur les conditions thermiques du sol. Les terres noires ou de nuance foncée s'échauffent en effet plus facilement ; la végétation y est plus active et la décomposition des matières organiques plus rapide.

Les sols de couleur claire réfléchissent les rayons du soleil et absorbent moins facilement la chaleur solaire. Ces mêmes terres se refroidissent vite, et les gelées y sont à craindre.

D'autres circonstances peuvent modifier les conditions thermiques du sol : le degré d'humidité, l'orientation, l'inclinaison, le pouvoir conducteur des éléments constitutifs. L'eau possédant une chaleur spécifique élevée, les terres humides se réchaufferont plus difficilement que les sols légers et secs. Les premières sont dites *terres froides*, et sur ces terrains l'évaporation, toujours très active, amène un nouvel abaissement de température.

*Orientation*. — L'orientation régit, dans la plupart des cas, les conditions thermiques du sol. —

A l'est, la terre s'échauffe dès le matin, les brouillards et la rosée se dissipent rapidement, et ces variations brusques de température (de 0 à 10 degrés parfois) peuvent occasionner de sérieux dommages à la végétation, surtout à la vigne.

L'exposition au nord diminue la quantité de chaleur reçue ; les terres sont froides, on y entretiendra des prairies, des bois. A l'ouest, la terre s'échauffe tardivement, les rayons solaires

n'exerçant leur action que vers le soir : l'humidité est souvent
excessive, les variations rapides de température sont parfois
à craindre.

Sous nos climats, l'exposition du midi permet un échauffement graduel. Le sol ne parvient à exercer son influence bien-

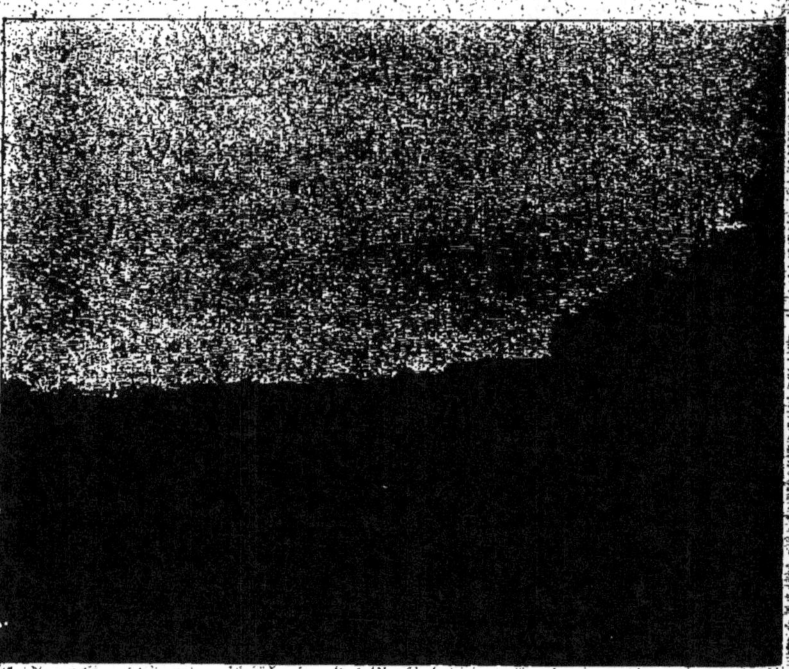

Fig. 20. — Friches crayeuses de Champagne.

faisante qu'après avoir d'abord rasé obliquement le sol ; il
décline ensuite lentement, et l'abaissement de température
suit une marche régulière.

*Inclinaison.* — En général, les pays de plaine sont moins
exposés à de brusques variations de température ; dans les
contrées vallonnées, il est fréquent, au contraire, d'observer
des changements considérables.

Les plus fortes gelées surviennent au fond des vallées, particulièrement sensibles aux gelées précoces de l'automne ou
tardives du printemps. Ceci tient à ce que l'air, refroidi par
rayonnement nocturne, augmente de densité, s'accumule

ainsi dans les dépressions et détruit la végétation des vallées, souvent hâtive et délicate, par suite de l'échauffement plus grand pendant le jour et de l'humidité plus considérable durant la nuit.

Les versants résistent moins aisément aux grandes sécheresses que les cultures en plaine : les eaux pénètrent difficile-

Fig. 21. — Plateaux bourguignons reposant sur un sous-sol imperméable.

ment et n'y séjournent pas. Les pluies, accumulant au bas des pentes les particules fines, ne laissent subsister sur les coteaux que les éléments grossiers susceptibles de se dessécher rapidement et de s'échauffer.

La température des terres est plus élevée sur les pentes inclinées vers le sud que pour toute autre exposition.

L'inclinaison du sol exerce une influence réelle sur la facilité des travaux aratoires. Une terre légèrement inclinée s'égoutte mieux, les raies du labour tracées dans le sens de la pente permettant l'écoulement des eaux. Dès que l'inclinaison augmente, les façons culturales nécessitent des efforts considérables. Pratiquement, la pente ne doit pas dépasser 5 centimètres par mètre (2°,5) : des sols présentant une inclinaison de 10 à 11 centimètres par mètre (5° à 6°) sont d'un accès si difficile aux animaux de trait que leur mise en culture offre les plus sérieux inconvénients. Il est un cas cependant où la pente du terrain peut être une condition favorable, lorsqu'une terre perméable repose sur un sous-sol imperméable : l'assainissement du terrain est ainsi assuré par l'écoulement des eaux surabondantes (fig. 21).

*Température du sol.* — La température du sol influe nettement sur les conditions de la végétation, soit directement durant l'époque de la germination, soit indirectement en modifiant les conditions de la nutrition générale des plantes, l'activité des microorganismes du sol, etc...

La graine, pour germer, exige une certaine température (température *minima*), qui ne doit pas dépasser certains chiffres (température *maxima*). Il existe enfin une température *optima* plaçant la graine dans les meilleures conditions. Le tableau suivant donne des indications à cet égard :

| | TEMPÉRATURE DE GERMINATION | | |
| --- | --- | --- | --- |
| | Temp. minima. | Temp. optima. | Temp. maxima. |
| Blé.......... | 0° à 5° | 25° à 31° | 31° à 43°,5 |
| Orge.......... | 4°,5 | 24° à 31° | 38° à 43°,5 |
| Avoine.......... | 0° à 5° | » | 31° à 38° |
| Pois.......... | 3° à 5° | » | » |
| Haricot.......... | 9°,5 | 35° | 46° |
| Maïs.......... | 9°,5 | 35° | 46° |
| Melon.......... | 17° | 35° | 45° |

Une certaine température est ensuite nécessaire aux manifestations de l'activité vitale des plantes ; cette température varie d'après les végétaux considérés et avec leur âge.

Pratiquement, la vie des végétaux se trouve suspendue au-dessous d'une température voisine de 5° C. pour la plupart des plantes cultivées. Les phénomènes vitaux augmentent en général d'intensité à mesure que la température croît jusqu'à un certain « optimum », au delà duquel cette intensité décroît jusqu'à la limite supérieure où la vie du végétal cesse également.

Il existe donc une température de végétation minima, maxima
et optima pour chaque plante, la température optima réali-
sant les conditions les plus favorables. Le tableau ci-dessous
résume (1) quelques données.

|  | TEMPÉRATURE minima. | TEMPÉRATURE optima. | TEMPÉRATURE maxima. |
|---|---|---|---|
| Orge......... | 5°,0 | 28°,6 | 37°,6 |
| Blé.......... | 5°,0 | 28°,6 | 42°,5 |
| Maïs......... | 9°,5 | 33°,6 | 46°,1 |
| Fève......... | 9°,4 | 33°,6 | 46°,1 |
| Melon........ | 18°,3 | 33°,0 | 43°,9 |
| Moutarde..... | 0°,5 | 27°,2 | 37°,2 |

En principe, la quantité de chaleur nécessaire croît progressivement de l'éclosion à la maturité. A Madagascar, l'irrégularité de la température occasionne parfois la formation d'épis
de blés amincis vers la partie médiane.

Nous avons vu que la couleur du sol, son orientation, son
inclinaison modifiaient ses conditions thermiques. La profondeur des assises intervient également ; pour les profondeurs
assez considérables, la variation de température est d'environ
1° par 30 mètres de profondeur, mais la connaissance de ces
variations est sans intérêt pour le cultivateur, qui ne travaille
que la couche superficielle de l'écorce terrestre.

L'absorption de l'eau par les racines est influencée par l'élévation de la température du sol.

Bien que certaines plantes, comme le chou, continuent à
absorber l'eau au voisinage de zéro degré, la plupart demandent
une température plus élevée. Le tabac et les plantes à moelle
se fanent pendant la nuit si la température du sol tombe
au-dessous de 4° (Sachs).

Il est donc intéressant de connaître les conditions d'échauffement du sol qui régissent la proportion de chaleur accordée
à la plante.

(1) *Le sol en agriculture*, par A.-D. HALL, directeur de la station
agronomique de Rothamsted, édit. franç. par A. Demolon ; préface de G. WERY, 1906, 1 vol. in-18 (Librairie J.-B. Baillière et fils).

*Échauffement du sol.* — La surface du sol s'échauffe : 1° par rayonnement direct du soleil ; 2° par dégagement de calories provenant des eaux de pluies chaudes ou de la condensation des vapeurs de l'atmosphère ; 3° par transmission partielle de la chaleur centrale du globe terrestre ; 4° par suite des réactions et des fermentations qui se livrent au sein du sol.

La source de chaleur du sol de beaucoup la plus importante est celle qu'il reçoit du soleil par rayonnement. Par heure et par mètre carré, la terre reçoit environ 1.000.000 de calories, lorsque le soleil est vertical et le ciel pur (Langley).

A ces causes d'échauffement, on oppose les causes de déperdition suivantes : 1° par rayonnement ; 2° par conduction, la surface du sol cédant ainsi de la chaleur aux couches sous-jacentes de l'atmosphère ; 3° par l'évaporation de l'eau du sol.

C'est de la résultante de ces actions inverses que dépend la température du sol à un instant donné.

Une partie de la chaleur absorbée est ainsi perdue par rayonnement avec une vitesse variable suivant les conditions. L'air chargé de vapeur d'eau retient les radiations obscures émises par la terre ; au contraire, la température du sol baisse rapidement la nuit, lorsque le ciel est pur et l'air sec. Les terres *paresseuses* sont celles qui s'échauffent lentement sous l'influence des conditions extérieures. Cette catégorie comprend les sols septentrionaux, les terres gorgées d'eau, etc... On ne pourra y cultiver des plantes granifères, mais des espèces fourragères, des betteraves, carottes, etc.

La capacité calorifique des divers éléments du sol est à peu près fixe, mais l'eau exige une quantité de calories bien plus considérable (5 fois plus environ) pour s'échauffer.

Les sols imprégnés d'eau évaporent cet élément et voient ainsi leur température baisser d'une façon sensible. Les vents desséchants du début du printemps refroidissent considérablement le sol, toutes les fois que son humidité peut s'évaporer librement (Hall). C'est en vertu de ce principe qu'on couvre le sol, en jardinage, par des paillis, des fumiers. Les pierres jouent un certain rôle protecteur à ce point de vue. Une terre protégée contre le rayonnement par la végétation est plus

chaude qu'un sol nu. Le drainage, enlevant les eaux surabondantes, facilite l'échauffement du sol.

En principe, la température moyenne annuelle du sol est,
dans presque tous les cas, supérieure à la température corres-
pondante de l'air. Les sols légers sont plus chauds de 1°,5
environ que l'air ; les sols compacts possèdent une température moyenne supérieure de 2 dixièmes de degré seulement à
celle de l'atmosphère. Ces dernières terres sont meilleures con-
ductrices de la chaleur, et les variations de température s'y
propagent à des profondeurs plus grandes que dans les sols
légers (Mellish).

Les températures de l'air et du sol sont en définitive à peu
près égales. En hiver, le sol est parfois un peu plus chaud,
jusqu'à la fin de janvier. Pendant les deux mois suivants, l'air
a une température plus élevée ; mais en été le sol est plus
chaud que l'air, la différence pouvant atteindre 3° C. dans nos
régions. En hiver, la neige joue un rôle protecteur parfaitement reconnu (1).

Les oscillations de température se transmettent dans les
couches superficielles du sol, mais s'affaiblissent dans les
régions profondes. Les variations de la température du sol
diminuent d'intensité avec la profondeur. Les assises situées à
15 mètres environ au-dessous du niveau du sol ne sont plus
influencées par les modifications des saisons ; la température
demeure fixe pour un niveau donné et varie avec la profondeur
selon la loi connue.

La température maxima de l'année à une profondeur de
0ᵐ,50 se trouve atteinte un peu plus tard que pour la profondeur de 0ᵐ,15, par suite de la lenteur avec laquelle la chaleur
se propage.

Les variations diurnes s'éteignent avant la profondeur de
0ᵐ,90 ; les variations horaires disparaissent également à 0ᵐ,80,
sauf dans le cas où des pluies abondantes se produisent sur un
sol perméable (Hall).

(1) La neige protège les racines quatre fois et demie mieux que
le sol nu gelé (Abels). Dans l'épaisseur même de sa couche, la
neige est à une température de 1° à 1°,5 plus élevée que l'air envi-
ronnant (M.-L. Satke).

L'état de culture d'un sol influe sur ses conditions thermiques. Dans un sol nu, les maxima et minima de température, ainsi que les oscillations, sont plus grands que dans un sol couvert de végétation (1).

En été, les plantes qui garnissent la terre laissent arriver au sol presque toute la chaleur reçue ; en hiver, elles assurent une protection efficace contre la déperdition de la chaleur par rayonnement. Durant la saison estivale, la terre enherbée est de 1° C. plus froide que l'air ; en hiver, elle est de 1 dixième de degré plus chaude que sur un champ découvert (Mellish).

*Précocité et tardivité des sols.* — Les conditions de précocité d'un sol résument la situation la plus favorable au développement *hâtif* des végétaux : échauffement facile et perméabilité satisfaisante. Un tel terrain, retenant peu d'eau, possède une chaleur spécifique faible et s'échauffe aisément ; cette faible proportion d'humidité évite le refroidissement de la terre par évaporation de l'eau contenue.

Ces terres se travaillent de bonne heure ; aussi peut-on arrêter l'ascension de l'eau des couches profondes par capillarité et réduire la perte de chaleur intérieure par conduction. L'aération satisfaisante de ces sols, leur température favorable, aident de plus aux fermentations, à la nitrification.

La présence de pierres n'est pas un signe fâcheux pour des sols hâtifs : les solides étant meilleurs conducteurs de la chaleur que les poussières, le sol s'échauffe plus vite. Les grains grossiers présentant une surface comparativement plus petite que de menus fragments, la même proportion d'humus produit dans ces terres une coloration plus intense qui aide encore à l'échauffement du terrain.

C'est ordinairement parmi les sols d'alluvion, sur les bords des cours d'eau, qu'on rencontre ces formations constituant en général les terres maraîchères au voisinage des grandes villes ou les cultures de primeurs.

La nature particulière de ces terrains les expose, par contre, à de brusques variations de température et, par suite, aux gelées.

(1) Les maxima en sol nu atteignent à peu près la même hauteur que dans l'air ; les maxima sont très notablement atténués par le sol.

En été, les sécheresses y sont funestes, à moins qu'un système d'irrigation bien établi n'y remédie (fig. 22).

Par opposition, les sols retenant une proportion élevée d'eau seront difficiles à échauffer, pénibles à travailler au début des saisons et, par conséquent, *tardifs*. La période de végétation s'y trouve souvent prolongée.

Il est intéressant de noter la différence des produits obtenus.

Fig. 22. — Vallée cultivée après irrigation (États-Unis).

sur les sols tardifs et précoces. Pour les pommes, par exemple, les fruits sont petits, plus verts, plus riches en sucre, en acide, et d'un arome plus fin, s'ils viennent en terrains argileux tardifs au lieu de terrains sablonneux précoces. Le blé des terres argileuses est en général préféré à celui des sols légers. L'orge des terrains hâtifs, par contre, est recherchée des brasseurs pour sa haute teneur en hydrates de carbone et sa faible proportion de matière azotée.

On peut expliquer ces différences : sur les terres légères, les plantes se desséchant hâtivement cessent rapidement d'emprunter au sol des principes nutritifs ; l'alimentation minérale arrêtée, l'atmosphère seule continue à pourvoir aux besoins des organes végétatifs. La maturation, c'est-à-dire l'exode des substances élaborées parmi les tissus végétaux, dans la substance du grain, commence plus tôt et se poursuit moins longtemps. Pour ces deux motifs, le grain poussé en sol précoce sera plus riche en hydrates de carbone fournis par l'atmosphère et relativement pauvre en matières albuminoïdes livrées par le sol.

*Profondeur du sol.* — La profondeur du sol arable détermine en grande partie sa fertilité. Les ressources qu'il met à la disposition des plantes sont d'autant plus considérables que l'épaisseur de la terre cultivée est plus grande.

La sécheresse et l'excès d'humidité sont moins à craindre dans les sols profonds. L'épaisseur de la couche arable dans laquelle peuvent s'étendre les racines a une influence directe sur les rendements (Garola). On peut en effet rencontrer des racines à une distance considérable du niveau du sol (1).

La profondeur du sol meuble est donc une condition indispensable au parfait développement des végétaux ; elle devient de plus en plus nécessaire à mesure qu'on s'avance vers le Midi où la sécheresse est plus à craindre.

Thaër a, le premier, essayé d'exprimer théoriquement l'augmentation de valeur résultant de l'approfondissement du sol. En évaluant à 100 la fertilité d'une terre à 16 centimètres de profondeur, on obtiendrait une augmentation de valeur de 3 p. 100 par centimètre au-dessus de 16 centimètres jusqu'à 27 centimètres. La décroissance s'effectuerait dans la même proportion pour les épaisseurs plus faibles que 16 centimètres.

Gasparin a modifié ces données en admettant, nous l'avons vu, que la fertilité croît de 5 p. 100 par centimètre pour des profondeurs variant de 12 à 16 centimètres, de 3 p. 100 entre 16 et 27 centimètres et de 2 p. 100 pour un approfondissement de 27 à 50 centimètres.

Pour les couches superficielles, voisines de 12 centimètres, la fertilité décroît de 2 p. 100 par centimètre, et de 8 p. 100 par

_________

(1) Les racines fasciculées de blé peuvent atteindre $1^m,10$ de long (Risler), même $2^m,30$ (Schubart) et 3 mètres (de Gasparin).

centimètre pour les épaisseurs comprises entre 12 centimètres et le niveau du sol.

Il semble difficile de réglementer mathématiquement des phénomènes aussi complexes. Sans vouloir définir exactement la valeur des terres de diverses profondeurs, il faut simplement considérer l'approfondissement du sol arable comme une des premières conditions de la fertilité naturelle et l'une des pratiques les plus recommandables (fig. 23).

Mais il faut pratiquer ces opérations avec méthode. Si le

Fig. 23. — Labour superficiel dans la région de Fez.

sous-sol ne présente pas de discontinuité avec le sol, on peut l'y mélanger. Mais on se souviendra que le sous-sol est un milieu neutre, sans activité et d'une richesse médiocre. On mélangera au sol une légère couche du sous-sol et on épandra de fortes fumures, surtout du fumier de ferme, en adoptant des cultures sarclées qui aident au mélange et à l'aération des assises associées. Ces opérations, mal conduites, peuvent être ruineuses pour le cultivateur. Le praticien tentera une expérience en établissant dans un champ trois bandes de terrain : dans la première on mélange le sol au sous-sol ; dans la deuxième on se contente d'ameublir le sous-sol en le laissant en place ; la troisième, la plus large, est cultivée à la manière ordinaire. La comparaison des récoltes donne des indications définitives.

## IV. — PROPRIÉTÉS CHIMIQUES DU SOL.

*Pouvoir absorbant des terres vis-à-vis des matières nutritives.* — Un des phénomènes les plus remarquables de la chimie agricole consiste dans la propriété que possèdent les terres, dans certaines conditions, de retenir les éléments fertilisants *solubles* qu'on y incorpore. On conçoit aisément l'inconvénient qui résulterait de l'entraînement par les pluies de ces principes solubles avant leur utilisation par les plantes, si les sols ne possédaient ce pouvoir absorbant.

Le pouvoir absorbant ne s'exerce que vis-à-vis de certaines matières fertilisantes, l'ammoniaque, la potasse et l'acide phosphorique principalement. L'azote, la chaux, la soude traversent les terres sans que leurs dissolutions s'appauvrissent ; on retrouve dans les eaux de drainage les nitrates, sulfates, chlorures, etc., de ces bases qui n'ont pu être retenues par le pouvoir absorbant du sol.

Pour que cette propriété des sols se manifeste, il faut que les terres présentent dans leur constitution physique de l'argile, de l'humus et du calcaire, la fixation dans le sol n'ayant en outre lieu qu'après plusieurs doubles décompositions. Les substances fertilisantes ainsi fixées dans le sol sont absorbées par les racines des plantes, par dialyse ou sous l'influence des sucs acides qu'elles sécrètent.

Grâce à ces réserves accumulées, les terres constituent des stocks de matières alimentaires, des « vieilles forces », qui, lentement, rentrent dans la circulation générale par les récoltes successives.

Gazzeri, Huxtable, Thomson et Way, etc., démontrèrent les premiers que certains sols enlèvent aux solutions la plupart des substances qu'elles renferment, empêchant ainsi les principes nutritifs solubles de passer dans le sous-sol ou les conduits de drainage.

On put constater l'exactitude de ces assertions en analysant les eaux des drains, qui renferment généralement des nitrates, des sulfates et des chlorures de calcium et de sodium, avec une proportion élevée de bicarbonate de chaux. En aucune situation on ne trouve dans ces eaux des quantités élevées d'ammoniaque, d'acide phosphorique, de potasse, mais simplement des traces.

Le pouvoir absorbant des sols est dû à la fois à une action *chimique* et à une action *mécanique*. Au point de vue chimique, l'absorption est la résultante de réactions chimiques assez complexes, qui nécessitent la présence dans le sol de carbonate de chaux, de silicates hydratés et d'oxydes.

Il est loisible de comprendre qu'au point de vue mécanique l'agrégation et la nature des particules du sol jouent un rôle évident. Cette influence est actuellement assez mal définie, mais on sait qu'une couche épaisse de sable, substance inerte au point de vue chimique, enlève à une solution saline le chlorure de sodium qu'elle renferme. Il est probable également que les substances colloïdales du sol, les hydrates de fer, d'alumine, par exemple, entraînent et précipitent les substances organiques en solution, en vertu du phénomène qui permet le collage du vin par des substances colloïdales.

***Pouvoir absorbant des sols vis-à-vis des gaz.*** — Les terres possèdent également la propriété d'absorber les gaz, et l'intensité de ce phénomène dépend de la surface absorbante et de la composition du sol.

L'oxygène peut être fixé et donner lieu à des oxydations plus ou moins actives au sein de l'humus qui l'absorbe ; les labours et le drainage favorisent cette fixation.

L'acide carbonique est retenu par l'hydrate de chaux des terres. L'ammoniaque est fixée par l'humus, qui jouit vis-à-vis de ce gaz d'un pouvoir absorbant élevé.

Nous savons enfin que l'azote de l'air peut contribuer à l'enrichissement du sol, soit que cette action fixatrice soit due à la présence de l'argile et s'exerce plus activement en été qu'en hiver, à la lumière que dans l'obscurité, soit que cette absorption soit l'œuvre de microorganismes· (Berthelot). Le rôle de ces microorganismes sera d'ailleurs examiné attentivement dans le second volume de l'*Agriculture générale*, « Le travail du sol ».

# CHAPITRE II

# RÉGIME DES EAUX

## I. — L'EAU ET LA FERTILITÉ DES SOLS.

*Généralités.* — A côté de la nature et de la richesse du sol, du sous-sol, en principes nutritifs, conditions primordiales de fertilité, il importe d'examiner attentivement la situation particulière des terrains vis-à-vis de la circulation des eaux pluviales à leur surface ou dans leurs assises.

Le rôle de l'eau dans la fécondité des terres se révèle, en effet, considérable et justifie les développements que nous donnons à l'examen du régime des eaux, dès le début de cette étude.

On peut dire que la capacité d'un sol pour l'eau régit sa productivité. Seuls les principes nutritifs solubles sont, en effet, directement assimilés par les plantes.

L'eau du sol ne dissout que de faibles quantités de matières minérales solubles, de sorte que les végétaux doivent absorber des quantités considérables de liquide, que l'appareil évaporatoire des plantes, les feuilles, rejette dans l'atmosphère. La récolte de 1 hectare de blé peut puiser dans le sol, nous l'avons calculé, jusqu'à 2 476 800 litres d'eau. On voit quel rôle considérable joue l'eau dans les phénomènes de la végétation.

Les diverses cultures montrent, à ce point de vue, des exigences différentes, comme l'atteste le tableau suivant :

*Quantité d'eau absorbée par hectare jusqu'à la récolte.*

|  | D'après Haberland. | D'après Risler. |
|---|---|---|
|  | kilogr. | kilogr. |
| Blé | 1 179 920 | 2 471 000 |
| Seigle | 834 890 | 2 210 000 |

Orge...................   1 236 710        2 123 000
Avoine.................   2 277 760        4 180 000 (1)

L'établissement de ces faits montre également l'utilité de l'irrigation dans l'accroissement de la fertilité des sols (2).

La quantité d'eau nécessaire au développement normal des plantes cultivées est donc extrêmement élevée, comme on le constate en examinant les tableaux ci-dessous.

*Quantité d'eau nécessaire aux récoltes pour constituer 1 kilogramme de matière sèche.*

|  | LAWES et GILBERT | HELL-RIEGEL. | WOLLNY. | KING. | RISLER. |
|---|---|---|---|---|---|
|  | kg. | kg. | kg. | kg. | kg. |
| Blé.............. | 225 | 318 | » | » | 300 |
| Orge............ | 262 | 310 | 393 | 774 | » |
| Avoine.......... | » | 376 | 557 | 645 | 250 |
| Trèfle incarnat. | 249 | 310 | 453 | » | 263 |
| Pois............ | 233 | 273 | 477 | 447 | » |

|  | POIDS de récolte. — Tonnes par hectare. | PRO-PORTION d'eau p. 100. | POIDS de matière sèche. — Tonnes par hectare. | EAU ÉMISE par la transpiration durant la végétation. | |
|---|---|---|---|---|---|
|  |  |  |  | Tonnes par hectare. | Hauteur d'eau tombée. |
|  |  |  |  |  | mm. |
| Blé.............. | 6,0 | 18 | 4,92 | 1 476 | 155 |
| Orge............ | 5,0 | 17 | 3,98 | 1 195 | 125 |
| Avoine.......... | 6,0 | 16 | 5,04 | 1 512 | 158 |
| Foin de graminée. | 3,6 | 16 | 3,02 | 907 | 95 |
| Foin de trèfle.... | 5,0 | 16 | 4,03 | 1 209 | 127 |
| Rutabagas....... | 40,8 | 88 | 4,90 | 1 479 | 154 |
| Betteraves...... | 72,0 | 88 | 8,64 | 2 592 | 272 |
| Pommes de terre. | 18,0 | 75 | 4,49 | 1 346 | 141 |
| Fèves........... | 5,0 | 17 | 3,98 | 1 195 | 125 |

(1) Ces différences d'évaluation tiennent à la variabilité des climats où ces expériences avaient lieu. Ces chiffres n'en attestent pas moins le volume considérable d'eau nécessaire.

(2) Voy. l'excellent traité de MM. RISLER et WÉRY, *Irrigations et Drainage.*

En négligeant les divergences de quelques résultats, on peut constater la proportion élevée d'eau indispensable à la croissance régulière de ces végétaux. En moyenne, *nos plantes cultivées doivent évaporer 300 kilogrammes d'eau pour constituer 1 kilogramme de matière sèche* sur un sol fertile. Sur des terres infertiles (fig. 24) cette proportion d'eau atteint, nous l'avons vu, jusqu'à 800 kilogrammes.

La quantité d'eau vaporisée par la récolte est une fraction notable de la chute de pluie annuelle. Cette proportion atteint, pour les plantes-racines, la moitié des eaux pluviales. Mais toute l'eau de pluie ne reste pas à la disposition des végétaux ; une certaine quantité ruisselle à la surface, s'écoule dans les fossés, s'infiltre et disparaît dans les assises profondes, pour ressortir plus loin sous forme de sources. L'évaporation directe enlève également une proportion sensible d'eau, si bien qu'en définitive la quantité d'eau disponible est rarement suffisante pour les besoins des végétaux cultivés.

On peut donc poser ce principe absolu, d'une importance capitale : en agriculture, les rendements obtenus dépendront, en dehors de la fertilité naturelle, bien plus du régime des eaux du sol que des autres facteurs de la végétation : engrais, chaleur, lumière, etc.

**Régime des eaux.** — C'est la répartition des eaux pluviales au sein de la terre qui domine l'étude hydrologique des pays et détermine la configuration des terrains, la répartition des habitations, le régime des cultures et même la situation hygiénique de la contrée.

La répartition, l'abondance des cours d'eau d'une région est en relation directe avec la formation géologique du lieu. Belgrand remarque judicieusement que, dans les vallées du bassin de la Seine, appartenant aux étages suivants : granit, lias, crétacé inférieur, argile tertiaire, toujours un cours d'eau occupe les dépressions du sol. Au contraire, sur les formations du calcaire oolithique, de la craie blanche, du calcaire grossier, du calcaire de Beauce, des sables de Fontainebleau, on ne remarque aucun ruisseau dans le voisinage des thalwegs ; souvent même la culture s'étend jusqu'au fond, sans réserver aucun lit d'écoulement pour les eaux pluviales.

Les premiers terrains offrent des ponts avec des *débouchés mouillés* (1) très considérables, contrairement aux constructions fluviales des terrains de la seconde catégorie.

Ces divergences caractéristiques permettent donc de dis-

Fig. 24. — Terrain stérile sur les sables de Fontainebleau.

tinguer deux sortes de terrains : les premiers sont dits *imperméables* ; les seconds, *perméables*.


## II. — TERRAINS IMPERMÉABLES ET PERMÉABLES.

*Généralités.* — Les terrains imperméables se caractérisent par les points particuliers suivants : chaque sillon, en temps de pluie, devient un ruisseau ; chaque repli du sol, un torrent.

(1) Le débouché mouillé d'un pont est la section, sous ce pont, de la plus grande crue connue du cours d'eau.

Le fond de chaque vallée est occupé par une rivière, un fleuve et, comme conséquence générale, ces terrains sont sillonnés d'un nombre très grand de cours d'eau (H. Hitier).

Sur les sols perméables, au contraire, les eaux pluviales sont absorbées sur place et ne jaillissent en sources que dans le fond des vallées les plus profondes. Ces vallées constituent ainsi de grands drains qui assèchent non seulement les plateaux, mais encore toutes les dépressions secondaires ; les cours d'eau sont donc très peu nombreux sur les terrains perméables.

On peut montrer ces différences par le nombre comparatif de cours d'eau suivant les différentes formations du bassin de la Seine.

*Terrains imperméables.*

|  | | kilomètres carrés. |
|---|---|---|
| Granit | 1 cours d'eau par | 3,3 |
| Lias | — | 3,8 |
| Crétacé | — | 2,1 |
| Brie | — | 4,5 |
| Marnes kimméridgiennes | — | 5,3 |

*Terrains perméables.*

|  | | | kilomètres carrés. |
|---|---|---|---|
| Calcaires oolithiques (Bourgogne) | | 1 cours d'eau par | 15 |
| Craie blanche. | Champagne | — | 99 |
| | Pays de Caux | — | 126 |
| | Bassin de l'Eure | — | 193 |
| | Picardie | — | 95 |
| | Bords de l'Yonne | — | 96 |
| Sables de Fontainebleau | | — | 231 |

**Crues.** — Dans les terrains imperméables, les rivières sont donc innombrables, à courant rapide, à crues violentes, intenses et de courte durée. Ces cours d'eau, dépourvus de sources abondantes, sont, par contre, asséchés pendant l'été (fig. 25).

Les crues des terrains perméables montent au contraire lentement, descendent de même et sont de plus faible amplitude, de plus longue durée. Ces rivières sont alimentées au fond des vallées par des sources nombreuses et se montrent rarement asséchées durant les chaleurs.

La différence de la violence des crues des deux types de cours d'eau nous est démontrée par l'examen des crues de la Loire en 1846 et de la Seine en 1854.

A Roanne, en 1846, en six jours, la Loire s'était élevée de

Fig. 25. — Cours d'eau asséché en été.

$0^m,90$ à $6^m,34$, pour descendre en moins de quatre semaines à $0^m,68$ (fig. 26). La Seine, en 1854, à Montereau, partant de $0^m,50$, mettait vingt-cinq jours pour atteindre l'étiage de $2^m,20$ et trente-cinq jours à redescendre à 1 mètre (fig. 27).

Ces considérations sur l'abondance ou la rareté des cours d'eau selon la perméabilité des sols permettent de reconnaître, par le seul aspect d'une carte topographique, le régime souterrain des eaux pluviales d'une contrée.

Le nombre élevé des ruisseaux, leur faible importance, l'allure capricieuse des ravins circulant en tous sens, indiquent nettement que le sol ne se laisse pas pénétrer par les infiltrations : c'est un terrain imperméable. Au contraire, des cours d'eau importants et distants révèlent un sol perméable. Par une application curieuse de ces observations, on peut voir que les différentes zones cencentriques qui encadrent si régulièrement le bassin de Paris sont alternativement « perméables » et « imperméables » et indiquent, par la disposition raréfiée ou abondante des rivières qui les arrosent, leur nature géologique aussi nettement que les teintes de nuances différentes des cartes géologiques.

**Eaux souterraines dans les terrains imperméables.** — Les cours d'eau circulant à la surface du sol donnent des indications précieuses sur le régime hydrologique d'une contrée agricole ; mais

Fig. 26. — Inondation de la Loire en 1846.

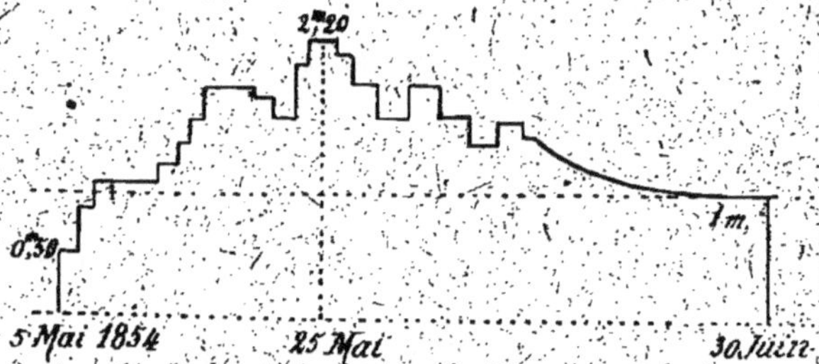

Fig. 27. — Inondation de la Seine en 1854.

il importe d'examiner attentivement le mouvement des eaux souterraines

Les sources qui jaillissent à flanc de coteau sont alimentées par des courants souterrains qui circulent dans les fissures des roches dures ou les interstices des grains de sable des terrains arénacés. Dans les terrains imperméables, *il n'existe donc pas de nappes d'eau à proprement parler*, on y rencontrera uniquement des suintements. C'est ainsi que le creusement des galeries du tunnel sous la Manche, établies dans les couches de craie marneuse imperméable, ne montrera que des zones étanches, bien que la mer ne soit distante que de quelques mètres au-dessus. Dans la mine de Bollalack, près de Lands-End, en Cornouailles, aucune infiltration de nappe souterraine ne se produisit, bien qu'on entendît sur la voûte rouler les galets de la mer, proche du sommet de la galerie (1). La percée du mont Cenis n'a rencontré aucune nappe d'eau importante.

**Eaux souterraines dans les terrains perméables.** — L'examen du régime souterrain des eaux dans ces sols nécessite la distinction des terrains perméables en eux-mêmes (sables, graviers) et des terrains perméables par suite des fissures de la roche qui les constitue (calcaires). On dénomme les premiers *terrains d'imbibition* ; les seconds *terrains de suintement*.

**Terrains d'imbibition.** — Les roches perméables d'imbibition comprennent : 1° les *roches non cohérentes* ou *meubles* ; leurs éléments, indépendants les uns des autres, ne sont réunis par aucun ciment naturel ; elles constituent des amas de matériaux très aisément séparables : graviers, sables, terre végétale, galets, moraines, dépôts glaciaires, etc. ; 2° les *roches poreuses et vacuolaires*, renfermant des vides plus ou moins visibles à l'œil, permettant à l'eau d'y filtrer plus ou moins rapidement : grès sableux, craies de certaine nature, pierres ponces ou pouzzolane, tufs, tourbe, produits volcaniques, laves, trachytes, domites.

Sur les terrains perméables, les eaux pénétrant dans le sol s'évaporent d'autant plus difficilement qu'elles atteignent les couches profondes. Les assises éloignées se saturent donc d'humidité, et ainsi se constituent des nappes d'infiltration. Ces *nappes souterraines*, ou nappes phréatiques, s'épandent au

(1) DAUBRÉE, *Les eaux souterraines.*

dehors sous forme de source chaque fois que leur niveau est atteint par une dépression du sol.

Les eaux d'infiltration, dans le cas d'une plaine horizontale, constitueront une nappe également horizontale, d'autant plus voisine de la surface du sol que les infiltrations auront été abondantes. Si cette plaine vient à être entamée de dépressions profondes, ces vallées exerceront sur la nappe souterraine une sorte de drainage, et les eaux emmagasinées s'écouleront vers les deux thalwegs. La surface supérieure de la nappe sera donc relevée sous la ligne de partage des eaux, où elle est le plus efficacement protégée contre l'évaporation superficielle.

Par conséquent, les nappes d'infiltration dans un terrain imperméable présentent une surface ondulée qui reproduit

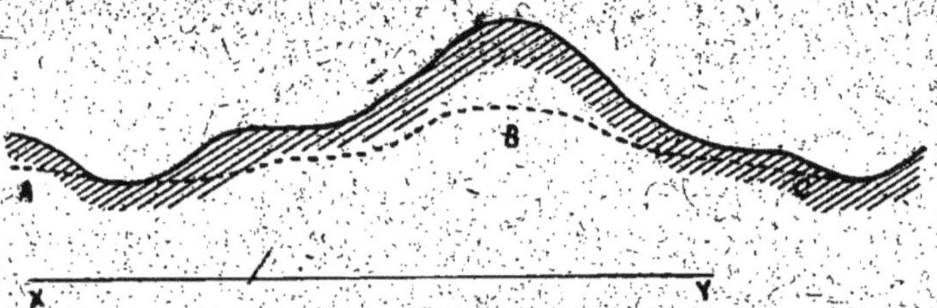


Fig. 28. — Nappe d'infiltration dans un terrain imperméable.

comme une sorte d'écho affaibli (Belgrand) les accidents extérieurs du sol (fig. 28). Partout où elles sont rencontrées par un thalweg, elles s'y écoulent en donnant naissance à un ensemble de sources et de suintements.

Dans le cas des rivières, on voit que l'eau qui circule dans les graviers des berges des cours d'eau ne provient pas de la rivière, mais des nappes souterraines. Le sable et le gravier qui tapissent le lit du fleuve s'engorgent d'ailleurs comme les filtres, deviennent imperméables et ne laissent plus passer l'eau en quantité notable. Les eaux des cours d'eau et les eaux des galeries filtrantes ouvertes le long de cette rivière diffèrent donc totalement, et on a pu ainsi alimenter Lyon, Toulouse, Fontainebleau, à l'aide de galeries ouvertes dans les graviers du bord du Rhône, de la Gascogne, de la Seine. Au point de vue hygiénique, nous voyons l'importance de la surveillance du bassin d'alimentation de ces eaux d'infiltration.

L'allure ondulée des nappes souterraines offre une autre particularité : dans les puits creusés au bord des grandes vallées, le niveau de l'eau est d'autant plus élevé qu'on s'éloigne davantage du cours d'eau qui occupe la vallée.

*Terrains de suintement.* — Ces terrains doivent leur perméabilité non à la porosité de la roche, mais aux fissures qui la traversent. C'est ainsi que des calcaires très compacts, comme le calcaire lithographique, peuvent se laisser traverser par les eaux (fig. 28).

Dans ces roches fissurées, les eaux ainsi filtrées s'accumulent

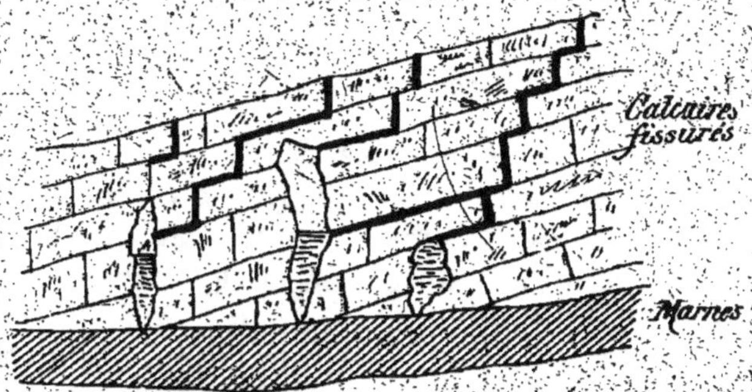


Fig. 28. — Infiltration des eaux dans les calcaires fissurés.

rarement dans des citernes aux voûtes spacieuses, mais bien plus souvent dans des puits verticaux, des poches, des canaux à section réduite, situés naturellement au niveau des joints.

Tandis que les sables présentent des suintements tout le long de la ligne d'affleurement de la nappe d'infiltration, l'écoulement des nappes discontinues formées en sols calcaires se fait par de véritables points d'élection, et l'eau qui s'écoule ainsi parfois en abondance a dû souvent accomplir avant sa sortie un long trajet souterrain.

Le type le plus connu de ces sortes de sources étant la *fontaine de Vaucluse*, on les a souvent qualifiées de *vauclusiennes*. On rencontre également de ces jaillissements abondants au pied des causses.

Cette considération a pratiquement une importance considérable, car elle montre la difficulté de trouver de l'eau en creusant ces terrains. Il se peut qu'on fore au voisinage d'un de ces puits verticaux sans cependant trouver trace de nappe souterraine. Rien n'est plus irrégulier, en général, que le régime hydrologique des formations qui ne doivent leur perméabilité qu'à des fissures ; l'existence de poches inconnues formant des rivières qui se perdent pour reparaître plus loin rend difficile la connaissance de la circulation des eaux dans le sol. Au point de vue hygiénique, les eaux sortant des calcaires fissurés sont douteuses, puisqu'elles n'ont pas été filtrées. Elles peuvent devenir dangereuses, comme l'a montré l'expérience très connue de la ville de Sauve, dans le Gard (1).

*Classification des sources.* — On appelle communément *lieux de sources* les surfaces ou les lignes de terrain suivant lesquelles jaillissent les sources ; ces lieux sont toujours discontinus.

Pour les terrains imperméables, il n'y a pas de nappes souterraines à proprement parler ; le *lieu des sources* est donc la surface même du pays. Comme la plus grande partie des eaux pluviales ruissellent à la surface du sol, les sources sont faibles et d'autant plus distantes les unes des autres que le terrain est plus imperméable. Dans le granit du Morvan, à surface fendillée, les sources sont plus nombreuses que dans le lias de l'Auxois, très argileux.

Lorsque le sol d'une région est entièrement perméable, la partie des eaux pluviales qui n'est ni évaporée, ni absorbée par les végétaux, constitue des nappes souterraines *discontinues* dans les terrains calcaires, *continues* parmi les sols sableux, comme nous l'avons vu, et donne naissance à des sources alimentant les rares cours d'eau sillonnant ces régions. Toutes ces considérations sont particulièrement utiles dans la pratique de l'irrigation.

Les lieux de sources sur les sols perméables sont donc les prairies humides et même tourbeuses qui tapissent le fond des grandes vallées, et, sur une carte, ces lieux sont représentés assez exactement par les lignes représentatives des cours d'eau. Il importe de rappeler que, sur ces terrains perméables, il n'y a pas d'autres sources ; les vallées moins profondes, les coteaux,

(1) MARTEL, *L'eau, étude hydrologique*, in *Traité d'hygiène* de BROUARDEL et MOSNY, 1906.

les plateaux restent à sec en toute saison, et cette répartition des sources constitue un des caractères les plus nets des sols perméables.

On rencontre, en effet, des sources abondantes le long de tous les cours d'eau traversant les terrains oolithiques de la Basse-Bourgogne, de la craie blanche de la Normandie, des calcaires de Beauce, des sables de Fontainebleau. A l'origine d'une rivière traversant un sol perméable, on trouve toujours une source qui, ordinairement, se tarit durant la saison sèche.

Ces sources, qui jaillissent au sein même des vallées, donneront donc de l'eau excellente, si on les capte avant qu'elles

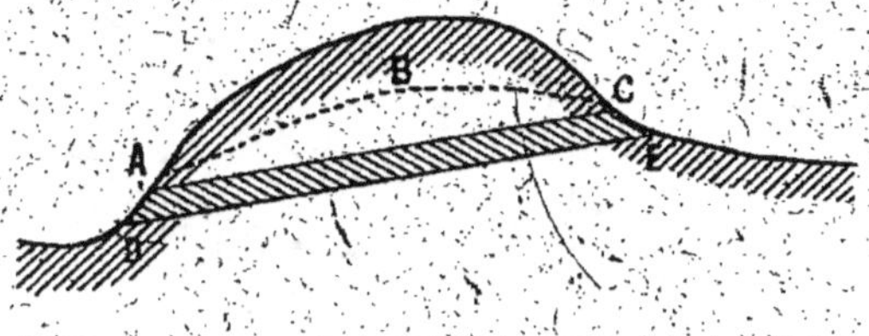

Fig. 30. — Source à l'affleurement d'une couche imperméable.

n'aient été souillées par les marais, à l'aide de puits de forages, de galeries.

*Niveaux d'eau.* — Lorsqu'un terrain perméable repose sur un terrain imperméable situé à un niveau supérieur à celui du fond d'une vallée, il s'établit à leur plan de contact ce que l'on appelle vulgairement un niveau d'eau (fig. 30). Les eaux d'infiltration s'arrêtent à ce plan et donnent naissance à un *lieu de source* correspondant à la ligne d'affleurement du terrain imperméable.

Ces sources sont en général nombreuses, et leur débit, par suite assez faible, dépend de l'épaisseur du réservoir perméable qui surmonte la couche imperméable. On rencontre des exemples de cette nature dans les formations du lias surmontant l'oolithe (Auxois, Bourgogne, Lorraine), de la craie blanche dominant le crétacé (Champagne, Vexin, pays de Bray), du calcaire grossier reposant sur l'argile plastique (Soissonnais).

*Sources artésiennes.* — Ces sources se présentent lorsqu'on atteint, par un forage, une nappe d'eau emprisonnée sous une couche de terrain imperméable ; l'eau s'élève alors et peut même jaillir au-dessus du sol (fig. 31).

Les sources artésiennes sont rares dans le bassin de la Seine ; elles existent nombreuses dans le terrain néocomien.

Il n'est pas absolument nécessaire que la nappe jaillissante se trouve enfermée entre deux couches imperméables, si la nappe est profonde ; la surface supérieure doit seule être comprimée par une couche d'argile : en vertu de l'état de saturation de l'écorce terrestre, l'eau de la nappe n'a en effet aucune raison d'être attirée vers les régions inférieures.

La déperdition d'une nappe souterraine ne serait à craindre

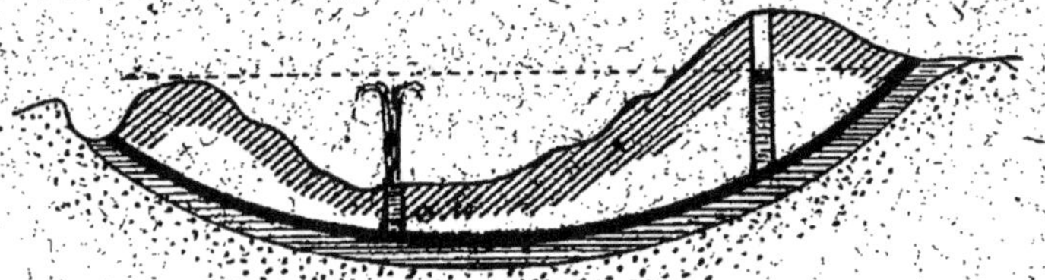

Fig. 31. — Sources artésiennes.

que si la couche perméable qui la renferme lui fournissait un écoulement vers la mer. Toutes les fois qu'il s'agit de nappes existant à une notable profondeur au-dessous du niveau de l'océan, l'assise d'argile qui couronne la masse doit suffire à assurer l'ascension de l'eau dans le trou de sonde.

*Couche imperméable*. — En définitive, la situation de la couche imperméable régit la fertilité du sol.

Si cette couche est près de la surface, la terre, trop humide, réalise un milieu asphyxiant Lorsqu'elle est trop profonde, le terrain risque d'être infertile par sécheresse.

La profondeur du plan d'eau est déterminée par la nature géologique des terres, le climat, etc...

Il faut distinguer les plantes exigeant une humidité uniforme et celles qui demandent une humidité décroissante à mesure que la maturité s'avance. Les premières prospéreront sur un sol où la couche imperméable est à une profondeur minima de 50 centimètres. Dans le second cas, celui des végétaux à graines, il faut assainir à 1 mètre ou 1$^{m}$,20.

Parfois certains sols sont noyés l'hiver et très secs l'été, simplement parce que la couche imperméable, très mince, est près de la surface. Il suffit alors de la briser. Le même fait se produit dans les Landes. La couche imperméable, l'*alios*, est, dans ces régions, constituée par du grès lié par un ciment organique. On rompt la couche d'alios en la brisant d'une manière continue si elle est voisine du sol, ou en la rompant par places dans le cas contraire. C'est ainsi qu'on a pu reboiser les Landes avec des pins.

Lorsque la couche imperméable est à une grande profondeur, il n'est pas utile de l'atteindre exactement par une tranchée creusée sur le sol. Son éloignement est un symptôme rassurant. Les sondages peuvent rendre à ce point de vue de grands services et il est bon de toujours suivre le creusement d'un puits ; rien ne saurait donner de meilleure indication. On étudiera enfin avec soin la formation géologique du terrain. En dehors de l'indication des couches aquifères, on connaîtra ainsi la possibilité de trouver de la marne, du sable et de la pierre à bâtir, etc.

## III. — RÉGIME DES EAUX EN FRANCE.

**Généralités.** — L'agriculteur doit connaître exactement, nous l'avons dit, le régime des eaux qui gouverne son pays et sa région. En France, il tombe par an une hauteur moyenne de pluie de $0^m,75$, représentant un volume de 417 milliards de mètres cubes d'eau.

Sur cette énorme quantité d'eau, 230 milliards disparaissent par absorption ou évaporation, tandis que 187 milliards de mètres cubes vont alimenter les cours d'eau. Notons que, si cette quantité d'eau était entièrement consacrée à l'agriculture, elle suffirait à irriguer 18 000 000 d'hectares, représentant environ le tiers de la surface de notre pays.

Ce n'est pas seulement l'eau des rivières qui représente un élément de fertilité, mais encore les matières limoneuses qu'elles charrient et qui, déposées sur des terrains incultes, les transforment en terres arables. Le Var et la Durance transportent chaque année 20 millions de tonnes de limon, qui permettraient de disposer sur 20 000 hectares une couche suffisante pour constituer un sol arable d'un excellent rapport.

La proportion d'eau restant des pluies ne peut être totalement utilisée par l'agriculture, puisque l'industrie d'une part, l'alimentation et les besoins sanitaires des populations d'autre part, nécessitent une quantité d'eau assez élevée.

Pour concilier ces divers intérêts, on a dû établir des réglementations spéciales, et l'aménagement des cours d'eau est réglé par des lois précises.

On a pu déterminer, pour chaque bassin, le rapport du *ruissellement* à l'*imbibition* représentant assez exactement le coefficient de sécheresse de ces régions.

Pour la Seine, ce rapport est de 33 p. 100 ; pour la Garonne, de 65 p. 100. Pour l'ensemble de la France, il est de 43 p. 100.

Les fleuves et les rivières, en France, n'emmènent donc à la mer que 57 p. 100 de l'eau tombée ; l'évaporation en enlève 43 p. 100 (1).

La répartition des eaux pluviales en eaux de ruissellement et en eaux souterraines dépend d'ailleurs de l'humidité du terrain où elles tombent, de l'état du sol, gelé, sec, ameubli, en friche, etc.

***Cours d'eau français.*** — Poursuivant l'étude générale des bassins français au point de vue de l'hydraulique agricole, nous pouvons les classer de la manière suivante d'après leur surface et le nombre des cours d'eau qui les sillonnent :

| SURFACE des bassins. | NOMBRE des cours d'eau | | LONGUEUR en kilomètres | |
|---|---|---|---|---|
| | absolu | p. 100. | absolue. | p. 00. |
| 0 à 1 000 hectares. | 44 809 | 74 | 98 420 | 37 |
| 1 000 à 2 000 — | 6 661 | 11 | 31 920 | 12 |
| 2 000 hect. et au-dessus. | 9 082 | 15 | 135 660 | 51 |
| Totaux........ | 60 552 | 100 | 266 000 | 100 |

On remarque ainsi l'importance en notre pays des petits

(1) DIENERT, *Hydrologie agricole* (*Encyclopédie agricole*).

cours d'eau à bassin étroit d'une longueur moyenne de 2 à 5 kilomètres qui intéressent spécialement l'agriculture ; leur importance est de (74 + 11 =) 85 p. 100 en nombre et de (37 + 12 =) 49 p. 100 en longueur.

**Crues d'hiver et crues d'été.** — Si le régime des cours d'eau intéresse l'agriculture au plus haut point, il est également indispensable de connaître la nature, l'importance et la fréquence des crues, qui peuvent totalement bouleverser le régime hydrologique d'une contrée.

On distingue, au point de vue hydraulique, la saison chaude (mai, juin, juillet, août, septembre, octobre) et la saison froide (novembre, décembre, janvier, février, mars, avril). Une première loi détermine ainsi le rôle des saisons : *les pluies de la saison chaude ne profitent pour ainsi dire pas aux cours d'eau.*

Pour que les pluies soient déversées en abondance vers les cours d'eau, il faut que le *point de saturation,* c'est-à-dire l'état d'imbibition des terrains perméables au moment où les eaux pluviales commencent à profiter aux nappes souterraines, soit dépassé.

Or le point de saturation est rarement atteint en été ; il faut pour cela des pluies abondantes et continues. Sans ces *pluies préparatoires,* les crues d'été sont faibles et rares ; le point de saturation atteint, il suffit d'une sécheresse de quelques jours pour détruire cet état.

Au contraire, en hiver, où l'évaporation est faible ou nulle, l'état de saturation du sol est presque continu ; de faibles pluies peuvent déterminer des crues sensibles.

**Régime des bassins français.** — Dans son ensemble, le bassin de la Seine est perméable, sauf dans la vallée de l'Yonne ; les crues sont lentes, prolongées, peu dangereuses.

La Loire a d'ordinaire un régime torrentiel, dans sa partie haute ; les versants granitiques imperméables arrêtent les vents pluvieux de l'ouest et du nord-ouest.

Le Rhône est soumis à l'influence des fontes de neige ; mais le lac de Genève exerce sur son cours une action régulatrice puissante, dont l'atténuation se fait sentir jusqu'à Lyon. En aval de cette ville, ses affluents sont torrentiels et lui communiquent ce caractère ; les crues sont fréquentes aux équinoxes de printemps et d'automne.

Le régime de la Garonne est analogue à celui du Rhône ; mais ce fleuve est plus torrentiel dans la partie supérieure de son cours. Un de ses affluents, le Tarn, coulant dans une

Phot. A. Rolet.

Fig. 32. — La récolte des melons en Vaucluse.

région imperméable, donne lieu à des crues d'une soudaineté et d'une violence imprévues.

**Climat.** — Le climat doit être considéré comme un facteur essentiel de la production agricole, et il convient d'examiner le climat *général* et le climat *local*.

Le vent particulier à une région, le mistral du Midi, par exemple, exerce une action évidente. Certaines terres de Roscoff donnent, grâce à leur protection, leur inclinaison, leur orientation, des primeurs huit jours avant les terres voisines. L'île de Batz protège du vent certaines régions de la côte voisine, etc.

On peut tenter de réagir contre les influences du climat local par les abris artificiels. Dans les vallées de la Garonne, du Rhône, c'est grâce à la protection de ces abris (haies, rideaux de roseaux, thuyas et cyprès du Midi) qu'on peut obtenir des primeurs (fig. 32). Un abri de 1 mètre peut protéger 10 mètres de culture. L'île de Belle-Isle, où le vent dénude le plateau, obtient de bonnes récoltes et cultive la vigne en protégeant ces cultures du vent par des rideaux de pins maritimes.

# CHAPITRE III

## ANALYSE DU SOL

### I. — PRISE DES ÉCHANTILLONS.

L'agriculteur, poursuivant l'examen du sol qu'il cultive, doit tenter d'en déterminer la fertilité et les conditions mêmes de sa productivité.

Divers modes d'investigation s'offrent à lui, groupés sous le titre d'*analyses du sol*. Ces analyses peuvent être sommaires, superficielles, rapides, ou approfondies et détaillées. Elles peuvent s'appliquer plus exactement à la constitution physique du sol, à sa texture mécanique, à son origine géologique, à sa composition chimique, etc. Nous étudierons successivement ces différentes méthodes de recherches. Mais, quel que soit le mode opératoire choisi, il importe de prélever l'échantillon de terre à examiner dans les conditions les plus rationnelles.

La technique opératoire varie sensiblement suivant les pays.

**Méthode anglaise.** — En Angleterre, on prélève les échantillons jusqu'à une profondeur de $22^{cm},5$, correspondant conventionnellement au sol cultivé. Cette épaisseur paraît être un peu considérable, et le chiffre de 15 centimètres répondrait plus exactement à la réalité (Hall). En règle générale, on ne doit pas dépasser l'assise où la contexture et la couleur changent visiblement.

Il existe deux méthodes pour prélever l'échantillon. A Rothamsted, on utilise un étui d'acier à bords tranchants, à section carrée, de 15 centimètres de côté ; la hauteur totale est de $22^{cm},15$ (fig. 33). On râtelle et nivelle la surface du sol à prélever; puis on enfonce la boîte à l'endroit préparé, à l'aide d'une masse, jusqu'à ce que le bord supérieur soit au ras du sol. La terre renfermée dans la boîte est alors retirée avec soin, mise dans un sac, où elle sera ensuite mélangée avec la terre provenant de deux ou trois autres échantillons du champ.

Pour prélever un échantillon du sous-sol, on enfonce à nouveau la boîte métallique, après l'avoir vidée de la terre qu'elle contenait et avoir dégagé ses alentours.

On peut encore dessiner sur le sol un carré de $22^{cm},5$ de côté et dégager la terre tout autour et en profondeur de façon à isoler un cube de $22^{cm},5$ de côté, que l'on entoure d'un étui de bois, tandis qu'une bêche tranche la face inférieure.

Lorsque le sol contient peu de pierres, on prend l'échantillon avec une tarière d'acier de 30 centimètres de longueur, et munie d'une rainure de 2 centimètres de large. On enfonce la tarière en

Fig. 33. — Instruments utilisés pour la prise d'échantillons de terre.

lui imprimant un mouvement de rotation jusqu'à la profondeur voulue. L'instrument retiré amène à l'air un cylindre de terre mis dans un sac, où seront réunis cinq ou six échantillons prélevés de la même façon.

Ces échantillons de terre sont émiettés à la main au laboratoire et séchés (à 40° C. au maximum), avant de commencer les diverses manipulations et les dosages.

*Méthode française.* — Les techniques suivies en France pour la prise de l'échantillon diffèrent sensiblement selon le but poursuivi.

S'il s'agit d'une étude d'ensemble destinée à déterminer la composition générale des terrains d'une formation géologique définie, on s'attachera à prendre les échantillons de telle sorte que les grandes lignes de ses caractères soient seules mises en évidence, sans tenir compte des faits accidentels : améliorations foncières, chaulage, marnage, fumures abondantes, etc., qui ont pu influencer la composition des terres. Dans ce cas, c'est dans les sols les moins modifiés, les terres vierges, qu'on prélèvera l'échantillon. Cet échantillon pourra être unique si l'endroit choisi représente la formation géologique considérée, bien qu'un certain nombre d'expériences de contrôle soient utiles à envisager.

La question se présente différemment s'il s'agit de fournir au cultivateur des renseignements sur les domaines qu'il exploite ; il importe alors de considérer la terre à l'état actuel, avec les modifications qu'ont pu y apporter les causes naturelles ou les pratiques culturales (1). On devra donc diviser le domaine, par la pensée, en autant de parties qu'il y a de sols de constitution, de rendement différents.

Les échantillons prélevés en ces divers points du domaine ne devront pas être mélangés, chacun des échantillons sera au contraire analysé séparément.

L'examen de la terre, à la vue, à la main, l'aspect des récoltes, la végétation spontanée permettent en général de distinguer, dans tout domaine, les parcelles de nature et de composition *a priori* dissemblables. Sur chacune de ces parcelles, on pré-

(1) *Méthodes d'analyses des terres* (Comité consultatif des stations agronomiques et des laboratoires agricoles).

dèvera un nombre d'échantillons de terre variable avec l'étendue du terrain et son homogénéité apparente. Pour chaque parcelle on réunira les divers échantillons afin de constituer un lot unique et moyen.

Chaque échantillon devra représenter la terre arable proprement dite, c'est-à-dire celle qui est retournée par les instruments de labour, sur une profondeur voisine de 20 à 30 centimètres, profondeur qui doit être toujours indiquée avec les résultats des analyses.

Voici la technique suivie : on commence par enlever à la surface du sol la légère végétation qui le couvre. On creuse ensuite avec une bêche un trou carré d'environ 50 centimètres de côté, d'une profondeur dépassant celle de la couche arable. Puis, sur chacune des quatre faces de ce trou, on enlève à la bêche une tranche prismatique également épaisse sur toute la profondeur et qu'on coupe à la base par un coup de bêche horizontal, à la limite de la terre végétale. Toutes les tranches obtenues dans les différents trous d'une même parcelle sont réunies, mélangées soigneusement pour constituer l'échantillon. S'il y a des grosses pierres, des cailloux, on les trie à la main *et on en détermine la proportion par la pesée.*

Lorsque l'on veut prélever un échantillon du sous-sol, il conviendra de creuser une tranchée assez profonde, environ 1 mètre. On déblaie les parois de la tranchée de la terre arable proprement dite. Puis on prélèvera ensuite sur les parois de la tranchée des tranches prismatiques d'une profondeur variable, mais qu'il est nécessaire d'indiquer et qui sera en général de 60 à 80 centimètres au-dessous de la couche arable, parce qu'il est démontré que les racines de toutes les plantes vont au moins jusqu'à cette profondeur.

Le lot de terre ainsi prélevé comme échantillon du sol ou du sous-sol sera d'un poids d'autant plus élevé que l'échantillon est moins homogène et qu'il contient visiblement des parties différentes, graviers, cailloux, débris végétaux, etc. L'échantillon destiné à l'analyse pèsera de 1 kilogramme à 1$^{kg}$,500.

On assure tout d'abord la dessiccation de cet échantillon en étendant la terre à l'air pendant quelques jours, jusqu'à ce qu'on puisse la manier sans l'agglutiner. Puis on effectue les diverses opérations afférentes à chacun des modes d'analyse, envisagés : analyse physique, mécanique, chimique, etc.

## II. — ANALYSE PHYSIQUE DES TERRES.

*Généralités.* — Un examen attentif des terres nous révèle la présence, dans tous les sols, de quatre éléments : le *sable*, le *calcaire*, l'*argile*, l'*humus*, existant en proportions différentes, mais constituant par leurs mélanges divers tous les terrains cultivés.

Délayant dans un petit volume d'eau un échantillon de terre quelconque, nous voyons tomber au fond des particules plus lourdes : le *sable*.

Parmi les fragments grossiers qui s'accumulent à la partie inférieure, on peut remarquer des éléments d'une moindre dureté, de couleur claire et donnant une vive effervescence lorsqu'on les attaque par un acide ; c'est le *calcaire*.

Dans la masse même du liquide se trouvent de fines particules qui troublent sa limpidité et constituent l'*argile*.

Enfin, la terre soumise à la calcination en vase clos livre un résidu noir carbonisé qui provient de la matière organique ou *humus*.

Il convient d'étudier séparément chacun de ces éléments.

1° **Sable.** — Le sable, ou silice, est constitué par des particules plus ou moins fines de quartz ou silice.

Rude au toucher, il est d'une dureté remarquable et offre, dans les sols, tous les degrés de ténuité, depuis la poussière impalpable jusqu'aux graviers.

Le sable provient du quartz des roches, séparé, désagrégé, ameubli, arrondi, drainé, par l'action des agents atmosphériques et des eaux courantes.

Ces éléments se déposent en des stations différentes selon leur grosseur et la vitesse du courant qui les entraîne. Par des expériences précises on a pu déterminer la vitesse que doit avoir un courant pour charrier des grains de sable de différents poids.

Le tableau suivant résume ces données :

| Diamètre des grains en millimètres. | Vitesse du courant en millim. par seconde. |
| --- | --- |
| 0,5 | 64 |
| 0,3 | 32 |
| 0,16 | 16 |
| 0,12 | 8 |
| 0,072 | 4 |
| 0,047 | 2 |
| 0,036 | 1 |
| 0,025 | 0,5 |

Fig. 34. — Carrières de grès sur les rives de l'Orne.

On rencontre dans le sable, surtout dans les sables très fins, outre les grains de quartz, des fragments de minéraux, de roches primaires : paillettes de mica, particules de feldspath, d'oxyde de fer, de zircon, etc.

Le sable s'échauffe et se refroidit vite. Il communique cette propriété aux sols qui le renferment en forte proportion. Normalement, l'eau qui l'imprègne s'évapore rapidement ou s'écoule dans les couches profondes ; les sols sablonneux sont secs et légers.

Par sa constitution même, il n'offre aux plantes aucun élément nutritif proprement dit, et son pouvoir absorbant est faible vis-à-vis des matières fertilisantes. Cependant la silice concourt à former la charpente solide des végétaux et paraît jouer un rôle actif dans la constitution et la répartition des substances nutritives des graines (Berthelot).

La silice est naturellement insoluble et se trouve dans la terre en majeure partie sous la forme de silicates dérivant de la décomposition des roches primitives (1).

2° **Argile.** — L'argile est un silicate d'alumine hydraté. Blanche quand elle est pure, elle se montre ordinairement colorée par des oxydes métalliques (fer et manganèse). On la trouve souvent mélangée avec de la potasse, de la soude, de la chaux, de la magnésie. Très avide d'eau, l'argile sèche happe à la langue et forme une pâte liante pouvant retenir 70 p. 100 de son poids d'eau.

La sécheresse durcit et fendille l'argile. Si la dessiccation est rapide, cette substance perd la propriété de se délayer à nouveau dans l'eau.

L'argile est facile à couper, à rayer et susceptible de se polir. Associée la plupart du temps à des sels de potasse, de chaux, de magnésie, de soude, elle offre aux végétaux les principes nutritifs nécessaires à leur croissance. De plus, l'alumine existe en proportion sensible dans les cendres des plantes annuelles pourvues de racines profondes, telles que la luzerne, le liseron, etc. (Berthelot).

Pendant la dessiccation, l'argile subit un retrait appréciable. Deux traits distants de 15 centimètres tracés sur une brique

_______

(1) Les méthodes d'analyse du sol doivent cependant distinguer la silice soluble dans l'eau pure, la silice soluble dans la potasse étendue à froid, la silice soluble dans la potasse étendue à chaud, la silice totale (Berthelot).

d'argile se rapprochent au bout de quinze jours de séchage à 14$^{cm}$,25, ce qui correspond à un retrait de 5 p. 100.

Au point de vue chimique, les argiles sont des silicates d'alumine hydratés, provenant de la décomposition des feldspaths, unis à des éléments extrêmement fins de quartz, à des oxydes de fer, parfois à des silicates (glauconie), qui lui communiquent une teinte foncée.

Lorsqu'on délaye de l'argile dans l'eau, une certaine proportion d'argile trouble l'eau et ne se dépose pas au fond du vase, même au bout d'un long délai. Schlœsing en avait déduit l'existence d'une certaine proportion d'une argile spéciale, dite *argile colloïdale* (1 à 2 p. 100 environ de la totalité), à laquelle seraient dues les propriétés caractéristiques de l'argile. On sait que les corps dits *colloïdes*, par opposition aux *cristalloïdes*, la silice hydratée, l'amidon, l'albumine, les gommes par exemple, tout en formant de véritables dissolutions, ne peuvent diffuser à travers une membrane et forment par évaporation des masses solides non cristallisées.

Des travaux récents ont permis cependant d'identifier les colloïdes aux particules extrêmement fines des corps en suspension dans un liquide. Ces éléments sont d'une dimension trop réduite pour se déposer ou se laisser arrêter par un filtre : mais un rayon de lumière traversant la masse liquide révèle néanmoins leur présence. L'argile colloïdale ne serait donc que le dernier degré de ténuité de l'argile ordinaire et ne jouirait ni d'une nature ni de propriétés spéciales.

Cependant si, au point de vue chimique, les différentes formes de l'argile n'offrent aucune différenciation, il faut reconnaître qu'au point de vue agricole on peut distinguer, relativement à leur influence sur la texture des sols, deux formes différentes, l'argile *coagulée* et l'argile *colloïdale*, la première se déposant au fond du vase, la seconde troublant seulement l'eau qui la dissout.

Sous la première forme, l'argile n'est pas entraînée par l'eau et laisse la terre sous forme de particules séparées ne se touchant que par quelques points. Sous la seconde forme, au contraire, ses particules se soudent les unes aux autres, forment des boues qui suivent sans résistance le mouvement de l'eau et s'y maintiennent suspendues en bouchant tous les pores du sol.

On voit toute l'importance de cette distinction. Une terre où l'argile est coagulée conserve sa structure poreuse. Elle se transforme en boue si l'argile prend la forme colloïdale. C'est la chaux qui, dissoute, maintient l'argile à cet état coagulé, précieux pour la facile pénétration de l'eau et de l'air dans le sol.

Si l'on veut approfondir l'étude des argiles, on voit qu'il existe une transition naturelle de l'argile au sable, à mesure que les éléments siliceux augmentent. Certains auteurs pensent que les propriétés caractéristiques de l'argile tiendraient bien plus à son état de ténuité extrême qu'à la nature des particules qui la composent.

Il est intéressant de noter ici une des propriétés les plus caractéristiques de l'argile. En présence de l'eau, les fines particules qui la constituent peuvent s'agréger en flocons sous l'action d'une faible proportion de sels dissous, d'acides, de chaux (Schlœsing). C'est par application de ce principe que l'apport de calcaire améliore les sols en modifiant leur contexture.

La présence de l'argile associée à l'humus et à la chaux assure l'action du pouvoir absorbant des terres.

3° **Calcaire**. — La chaux existe dans le sol à l'état de carbonate, de sulfate, etc.

Le calcaire est extrêmement répandu dans la nature. On le rencontre dans tous les sols, à l'exception des sables siliceux, des terrains tourbeux.

La proportion de chaux des terres varie de 60 p. 100 (limons légers provenant du calcaire oolithique) à 1 p. 100 environ (terres argileuses).

Le calcaire du sol est d'ailleurs en continuelle migration par suite de son enlèvement par les eaux chargées d'acide carbonique ou par les acides organiques provenant de la décomposition des matières végétales.

Une action compensatrice est heureusement exercée par les plantes cultivées, qui ramènent à la surface du sol, par leurs racines, la chaux des assises inférieures et qui, empruntant aux solutions minérales du sol plus d'acides que de bases, laissent un résidu qui se combine à l'acide carbonique émis par les racines (Hall).

On rencontre le calcaire soit à l'état compact, soit sous forme de fines particules. La chaux à l'état d'oxyde est caus-

Fig. 35. — Sol riche en humus : pâture normande.

tique et peu soluble ; elle se combine à l'acide carbonique de l'air.

L'eau est retenue dans le sol par le calcaire, lorsque celui-ci est pulvérulent. La propriété la plus remarquable de la chaux consiste à déterminer la coagulation de l'argile et à modifier ainsi les propriétés physiques du sol. Nous étudierons plus loin, en détail, ce rôle particulier (*chaulage*).

Les eaux chargées d'acide carbonique dissolvent le calcaire du sol et aident à sa diffusion. La solubilité du calcaire dépend de sa composition et de sa constitution moléculaire, la dissolution s'effectuant d'autant plus facilement que la roche est poreuse; le calcaire compact est à peine attaqué. L'effervescence produite par l'attaque des acides peut fournir une indication sur la structure intime du calcaire : les calcaires poreux donnent une ébullition tumultueuse avec l'acide chlorhydrique étendu d'eau. Si l'attaque est vive sans infiltration dans la masse, le calcaire est compact et difficilement assimilable. Si le minerai offre une résistance assez nette, le calcaire est magnésien ou ferrugineux.

La couleur peut également renseigner sur ce point particulier : les calcaires de nuance claire sont en général plus assimilables. La connaissance de ces faits est très précieuse pour l'agriculteur, car une certaine proportion seule du calcaire du sol joue un rôle actif (*calcaire actif*).

Le calcaire sert d'aliment aux plantes, aide à la décomposition des matières organiques et agit sur les propriétés physiques du sol.

**4° Humus.** — L'humus est produit par la décomposition lente des matières organiques sous l'influence de l'humidité, de la chaleur, de l'oxygène et de certaines bactéries.

Cette décomposition, que nous étudierons plus loin en détail, donne naissance à de l'acide carbonique, qui favorisera la dissolution des éléments insolubles du sol, de la chaux, et à des matières humiques qui restent dans les terres.

De couleur brune ou noire, l'humus peut se présenter sous diverses apparences, selon l'état plus ou moins avancé de décomposition des substances organiques.

L'humus fournit aux végétaux des éléments fertilisants et facilite l'attaque des principes minéraux fixes. L'ammoniaque est fixée par l'humus.

L'humus est essentiellement un produit d'origine microbienne ; les microorganismes sont les agents actifs des décompositions végétales.

Les bactéries très nombreuses qui se développent à l'abri de l'air (*anaérobies*) attaquent les tissus de végétaux, spécialement les hydrates de carbone, en donnant du méthane, de l'acide carbonique et de l'hydrogène.

Les bactéries vivant à l'air libre (*aérobies*) brûlent ensuite complètement la matière organique et donnent de l'acide carbonique.

Ceci explique pourquoi il y a plus d'humus dans une pâture (fig. 35) que dans une terre arable, continuellement travaillée et aérée. C'est pour la même raison que les sols argileux imperméables à l'air et à l'eau ont une proportion d'humus plus élevée que les sols sablonneux. En passant à la limite, c'est-à-dire aux terrains tourbeux, gorgés d'eau et privés d'air, nous rencontrons les conditions les plus favorables à la production et au maintien de l'humus.

La composition chimique de l'humus est souvent mal définie. C'est une association de diverses substances, elles-mêmes très complexes. Une partie de l'humus est de nature acide (acide humique) ou se trouve dans le sol à l'état de sels.

L'analyse chimique révèle, dans l'humus, du carbone, de l'hydrogène, de l'oxygène, de l'azote, ainsi qu'une faible proportion de phosphore et de matières minérales.

L'humus contient toujours plus de carbone et moins d'hydrogène et d'oxygène que les végétaux qui lui ont donné naissance. Ces divergences s'accentuent à mesure que l'on pénètre dans les couches profondes, comme le montre le tableau suivant :

| | HERBE. | DÉTRITUS superficiels. | TOURBE à 2$^m$,10. | TOURBE à 4$^m$,20. |
|---|---|---|---|---|
| Carbone ............ | 50,3 | 57,8 | 62,0 | 64,0 |
| Hydrogène........... | 5,5 | 5,4 | 5,2 | 3,0 |
| Oxygène............ | 42,3 | 36,0 | 30,7 | 26,8 |
| Azote.............. | 1,8 | 0,8 | 2,1 | 4,1 |

La présence de l'azote explique le rôle important joué par l'humus dans la fertilité des sols.

Au point de vue physique, l'humus agit comme ciment faible en agglomérant les particules du sol.

Les propriétés physiques des sols sont favorablement modifiées par l'humus. Cette substance, tout en entretenant la fraîcheur du sol, remédie aux défauts extrêmes ; elle commumunique aux terrains une ténacité moyenne en allégeant les terres compactes et en donnant plus de poids aux sols légers.

**Rôle des éléments constitutifs au point de vue physique.** — Toutes les terres présentent, en différentes proportions, le mélange des quatre éléments : *sable, calcaire, argile, humus.*

C'est de l'association diverse de ces principes et de la prédominance de l'un d'entre eux que dépendent les propriétés physiques du sol.

L'*argile* lie les particules du sol. Elle donne du corps aux terres, les rend plus lourdes, moins perméables, d'une aération moins aisée et d'un échauffement plus lent.

Le *sable* divise au contraire les sols, accroît leur légèreté ou corrige leur ténacité. La perméabilité s'accentue, l'aération est plus active, l'échauffement plus rapide.

Le *calcaire* coagule l'argile et contribue donc à alléger les sols compacts. Relativement à son influence sur la perméabilité, l'intensité de son action dépend de sa constitution chimique et de son état de division.

L'*humus* entretient les terres dans un état de ténacité « moyenne » en donnant de la légèreté aux sols lourds et de la compacité aux terrains légers. L'humidité des terres est maintenue par l'humus, et la perméabilité augmente, ainsi que l'aération et la rapidité d'échauffement.

Théoriquement, une terre serait donc composée de petites molécules de *sable* et d'*humus* cimentées par l'*argile* coagulée par les sels de *chaux* dissous. Le sol étant bien travaillé, ces particules sont séparées par de nombreux espaces, dans lesquels circulent l'air et l'eau.

**Perméabilité.** — Tant que les petits agrégats résistent à l'action des pluies prolongées, la circulation est assurée. Mais, si l'abondance des eaux pluviales arrive à dissoudre les sels de chaux solubles, l'argile se délaie, les pores se bouchent, la circulation d'eau s'affaiblit, la terre devient imperméable.

Il importe donc de maintenir une certaine proportion de calcaire nécessaire à la coagulation de l'argile, et les chaulages ou marnages s'imposent dès que l'on voit les eaux pluviales séjourner à la surface des champs.

**Poids.** — Le *poids* d'une terre varie peu selon la proportion des divers éléments constitutifs, car les densités de ces substances sont voisines, comme l'indique le tableau suivant :

*Densité.*

| | |
|---|---|
| Sable calcaire | 2,82 |
| — siliceux | 2,75 |
| Gypse | 2,35 |
| Argile maigre | 2,70 |
| — grasse | 2,65 |
| Carbonate de chaux | 2,47 |
| Humus | 1,25 |
| Terre de jardin | 2,33 (Schubler). |

| | Volume occupé par 100 grammes. | Densité des éléments. |
|---|---|---|
| Sable siliceux | 38cc,8 | 2,75 |
| Calcaire | 41cc,5 | 2,46 |
| Argile | 4cc,4 | 2,59 |
| Humus | 81cc,6 | 1,12 (Dehérain). |

L'humus seul accuse un faible poids spécifique.

**Adhésion.** — L'*adhésion* des sols dépend au contraire de leur teneur en éléments constitutifs. Les proportions adhésives du sable calcaire, de l'argile, de l'humus, montrent des valeurs sensiblement différentes :

*Adhésion.*

| | |
|---|---|
| Sable siliceux | 0,19 |
| — calcaire | 0,20 |
| Terre calcaire | 0,71 |
| — argileuse | 0,86 |
| Argile pure | 0,32 |
| Terre de jardin | 0,28 |

Le sable diminue donc l'adhésion, qui augmente au contraire avec la proportion d'argile.

**Ténacité.** — La *ténacité* d'une terre est sous la dépendance étroite de sa constitution physique. Le tableau suivant des ténacités comparatives montre que l'argile augmente la ténacité des sols, que le sable, le calcaire, l'humus diminuent au contraire.

Diffloth — *Le Sol.* 7

Ténacité.

| | |
|---|---|
| Sable siliceux | 0 |
| Terre calcaire fine | 1 |
| Sable calcaire | 0 |
| Gypse | 1,33 |
| Terreau | 1,58 |
| Argile maigre | 10,44 |
| — grasse | 13,53 |
| Terre argileuse | 18,22 |

***Absorption de l'eau.*** — La vitesse de pénétration de l'eau, dans les divers éléments constitutifs des sols : sable, argile calcaire, humus, est variable.

L'eau s'écoule rapidement à travers le sable, qui n'en retient qu'une faible partie dès que la masse totale du sable est imprégnée d'eau. Au contraire, le calcaire, qui absorbe une notable proportion du liquide, se laisse lentement pénétrer. L'argile, traversée très lentement, retient une quantité d'eau élevée. L'humus, au travers duquel l'eau s'écoule rapidement, retient néanmoins une proportion très considérable d'humidité (Dehérain).

Les résultats de ces recherches peuvent se résumer ainsi :

| | Pénétration de l'eau au travers des éléments. | Absorption de l'eau par les éléments. |
|---|---|---|
| Sable | Rapide. | Très faible. |
| Calcaire | Lente. | Notable. |
| Argile | Très lente. | Très considérable. |
| Humus | Très rapide. | Très considérable. |

Cet examen doit être complété par l'étude de la pénétration par les eaux souterraines, qui, contrairement aux eaux pluviales, remontent par capillarité de bas en haut. L'expérience démontre que ces eaux souterraines s'élèvent très facilement et très rapidement à travers le sable, moins aisément à travers le calcaire, et très difficilement à travers l'argile.

La vapeur d'eau de l'atmosphère se condense en petite quantité sur les terres, dans une proportion qui dépend de la nature des éléments de constitution. Dans des conditions semblables, un même poids de 5 grammes d'argile, de sable calcaire, d'humus, de terre arable, de sable siliceux, absorbe les quantités suivantes de vapeur d'eau :

|  | Poids de vapeur d'eau absorbée. |
|---|---|
| Argile............................... | 0gr,245 |
| Sable calcaire........................ | 0gr,015 |
| Humus................................. | 0gr,50 |
| Terre arable.......................... | 0gr,100 |
| Sable siliceux........................ | » |

*Évaporation de l'eau.* — Les éléments du sol, imprégnés d'eau de pluie, imbibés de l'eau du sous-sol, ou enrichis de la vapeur d'eau condensée, perdent par évaporation une certaine quantité de cette humidité.

L'expérimentation montre que l'évaporation de l'argile et de l'humus est plus forte que celle d'une surface liquide de même dimension, par suite de la porosité de ces substances.

Les résultats précis sont consignés dans le tableau suivant (Masure) :

|  | Temps nécessaire aux divers éléments pour cesser de perdre de l'eau par évaporation spontanée. | Hauteur d'eau évaporée en millimètres. | Quantité d'eau que retiennent encore les éléments qui ne perdent plus rien par évaporation spontanée. p. 100. |
|---|---|---|---|
| Sable......... | 3 jours. | 3,7 | 2,1 |
| Calcaire...... | 7 — | 3,5 | 3,6 |
| Argile........ | 7 — | 4,3 | 7,0 |
| Humus......... | 3 — | 4,5 | 41,0 |

Une certaine proportion d'eau reste ainsi dans le sein des sols constitués par ces divers éléments et ne peut être enlevée par évaporation. L'humus est, à ce point de vue, particulièrement remarquable, puisqu'il cesse de perdre de l'eau par évaporation, *alors qu'il renferme encore 41 p. 100 d'eau.*

Les racines des plantes peuvent cesser d'utiliser l'eau retenue par les divers éléments, lorsqu'ils en contiennent cependant une proportion encore sensible. L'eau du sol, en effet, s'étend à la surface des particules constituant la terre, formant autour de ces éléments une mince couche fixée par la tension super-

ficielle (1). Lorsque, sur un point, la racine absorbe de l'eau
(fig. 36), elle agit comme une pompe aspirante ; la pellicule
d'eau ininterrompue qui s'étend sur les particules du sol garde
le contact avec ces éléments et diminue simplement d'épaisseur.
Il arrive alors un moment où, la couche étant devenue très
mince, la racine ne peut plus lutter contre la force attractive qui retient la pellicule d'eau contre la particule de terre ; la plante souffre alors de la sécheresse, bien que la terre renferme encore une certaine quantité d'eau.

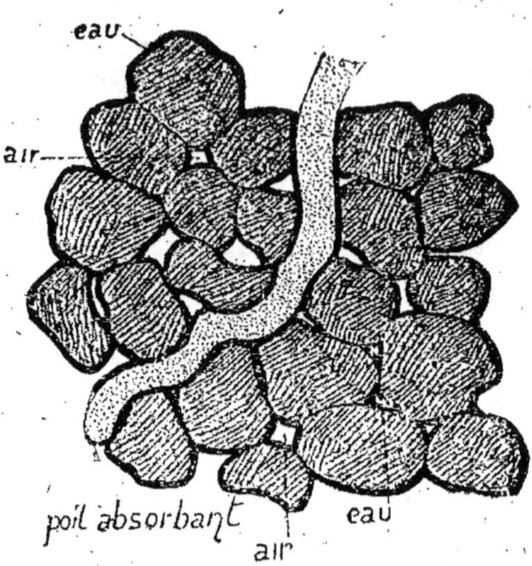


Fig. 36. — Absorption de l'eau par les plantes.

*Aération.* — Une terre maintenue humide modifie rapidement l'atmosphère confinée dans laquelle elle se trouve ; l'oxygène est graduellement résorbé, et, si l'air ne pouvait à nouveau pénétrer dans le sol, les racines périraient rapidement par manque d'oxygène. Il importe donc de déterminer avec précision la facilité de pénétration des terres suivant leur constitution physique.

La perméabilité, relativement à l'air, des quatre éléments du sol se révèle très différente (Dehérain et Demoussy).

Le sable sec, mouillé et même traversé par l'eau, est essentiellement perméable aux gaz. L'argile, au contraire, se laisse très difficilement pénétrer par l'air, surtout si son état d'humidité est nettement défini. Le calcaire terreux est également

(1) Schribaux et Nanot, *Botanique agricole.* — André, *Chimie vegétale.*

imperméable, surtout s'il est humide ; l'humus est facilement imprégné d'air.

En résumé, sur les quatre éléments constitutifs des terres, deux sont nettement perméables à l'air (sable, humus). Deux au contraire, lorsqu'ils sont humides et non fendillés, opposent au passage de l'air un obstacle absolu, plus durable pour l'argile que pour le calcaire.

*Échauffement du sol.* — La chaleur spécifique des principes constituants des sols est en général faible et oscille entre 0,12 et 0,20, comme le montre le tableau suivant :

| | CHALEURS SPÉCIFIQUES. | | |
| ÉLÉMENTS PHYSIQUES. | Poids égaux à l'état sec. | Volumes égaux | |
| | | à l'état sec. | à l'état humide. |
| --- | --- | --- | --- |
| Eau | 1,00 | 1,00 | » |
| Humus | 0,14 | 0,20 | 0,72 |
| Limon | 0,15 | 0,18 | 0,53 |
| Argile | 0,14 | 0,15 | 0,41 |
| Sable | 0,10 | 0,12 | 0,34 |

L'humus présente la chaleur spécifique la plus élevée, le sable possède la moindre. En notant que les densités de ces éléments varient dans l'ordre inverse, on voit que les quantités de chaleur nécessaires pour amener à une même température une couche d'épaisseur donnée des divers éléments sont à peu près égales.

Ces chaleurs spécifiques sont faibles comparativement à celle de l'eau, égale à l'unité. Par conséquent, c'est la capacité d'une terre pour l'eau qui déterminera son échauffement. Les sols contenant beaucoup d'eau s'échaufferont lentement [terrains froids : argileux, humifères (fig. 37)] ; les sols secs, peu humides, s'échaufferont vite (terrains chauds : sablonneux, calcaires).

Les terres argileuses lentes à se chauffer se refroidiront également avec lenteur ; la végétation s'y poursuivra plus longtemps à l'automne.

*Retrait par dessiccation.* — La mesure exacte de prismes de terre humide, avant et après leur dessiccation à l'ombre, donne la valeur du retrait chez les divers principes constituants des sols :

|  | 1.000 parties cubes se réduisent à |
|---|---|
| Calcaire................................ | 950 |
| Argile maigre........................... | 940 |
| — grasse............................... | 817 |
| Humus................................... | 846 |
| Sable................................... | Aucun retrait. |

**Rôle des éléments consécutifs au point de vue chimique.** — Le premier agronome qui ait étudié le pouvoir absorbant du sol, Gazerri, en 1819, remarquait déjà le rôle important joué par l'argile dans ces phénomènes.

Les recherches de Huxtable et Thompson, Way, Liebig, Schlœsing, Müntz et Girard, montrèrent nettement que le pouvoir absorbant du sol ne s'exerçait librement qu'en présence des trois éléments : *argile, calcaire, humus.*

L'absorption des composés azotés organiques par le sol est nettement établie et justifie l'épuration terrienne des eaux d'égout. Cette absorption se révèle d'autant plus considérable que le sol est riche en humus et en argile. Si l'on emploie couramment comme terrain d'épandage des sols sableux et très perméables, cela tient simplement à la nécessité d'utiliser des terrains qui puissent s'aérer suffisamment pour détruire ensuite, par fermentation, les substances organiques absorbées.

L'ammoniaque libre en solution est fixée directement par le sol dans les mêmes conditions que les matières azotées organiques. Quant aux sels ammoniacaux, sulfates, chlorures, nitrates, ils sont au préalable décomposés sous l'influence du carbonate de chaux du sol ; l'acide du sel se combine avec la chaux, et l'argile, l'humus retiennent alors le carbonate d'ammoniaque formé.

Le carbonate de chaux, l'humus et l'argile sont donc indispensables à la fixation des sels ammoniacaux, et il importe de noter qu'à cette absorption des sels ammoniacaux correspond un appauvrissement du sol en chaux qui disparaît sous

forme de sels solubles dans le sous-sol. L'application continue des sels ammoniacaux peut donc entraîner une *décalcification* des terres telle qu'aucune récolte ne pourrait y prospérer sans un apport d'amendements calcaires.

La potasse caustique et le carbonate de potasse sont absorbés
directement par le sol. Mais le sulfate, le nitrate, le chlorure de
potassium doivent subir au préalable une double décomposi-

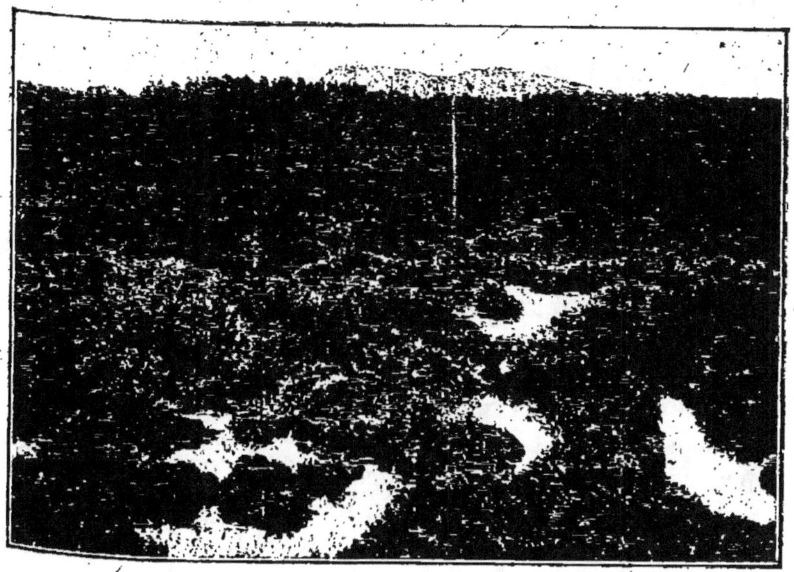

Fig. 37. — Terrain froid : tourbière.

tion sous l'influence du carbonate de chaux des terres ; la
potasse est retenue sous forme de carbonate, la chaux forme
du sulfate, nitrate, ou chlorure de calcium. L'argile, dans
cette fixation de la potasse, paraît jouer un rôle important.
Il semble que le carbonate se soit plus facilement retenu que
le sulfate (Wœlcker).

Dans les couches du sol cultivé, la potasse fixée se réparti-
rait approximativement ainsi : la moitié de la potasse apportée
se concentre dans les assises superficielles (23 à 25 centimètres) ; un quart se rassemble dans les couches du sous-sol
embrassant une épaisseur de 65 centimètres ; le reste serait
fixé dans les assises plus profondes.

L'acide phosphorique est retenu dans le sol grâce à sa combinaison avec le carbonate de chaux, l'oxyde de fer, les silicates d'alumine hydratés, contenus dans les terres et qui donnent des phosphates insolubles. Le sable et les silicates pulvérisés, pauvres en ces éléments fixateurs, retiendront donc faiblement l'acide phosphorique.

La formation de l'un ou l'autre des phosphates insolubles, phosphate de chaux, phosphate de fer ou phosphate d'alumine, n'est pas indifférente. Le phosphate bicalcique est facilement soluble dans l'eau chargée d'acide carbonique, ou dans les acides organiques; il sera donc parfaitement disséminé dans le sol à un état de ténuité extrême et sous une forme facilement utilisable par les végétaux.

Les phosphates de fer, d'alumine, qui se forment en l'absence du calcaire, sont, au contraire, insolubles dans l'eau chargée d'acide carbonique et peu solubles dans les dissolutions salines ou les acides organiques faibles; l'utilisation de l'acide phosphorique par la plante est ainsi rendue plus malaisée.

L'étude de ces phénomènes nous montre la déperdition considérable de chaux corrélative à l'absorption par le sol des éléments fertilisants. La proportion de chaux ainsi enlevée peut atteindre 250 à 400 kilogrammes par hectare et par an.

Relativement à l'absorption des gaz, l'humus joue un rôle actif en retenant l'oxygène nécessaire aux combustions lentes qui s'effectuent dans son sein et en fixant l'ammoniaque. La chaux absorbe l'acide carbonique de l'air, et l'argile paraît présenter une affinité particulière pour l'azote.

Le sable n'exerce aucune action particulière dans la fixation des principes fertilisants dans le sol.

Chaque élément doit contribuer à l'entretien de la fertilité des terres; l'argile apporte la potasse nécessaire à l'alimentation des plantes, ainsi que des traces de fer, de magnésie, de manganèse; le calcaire joue un rôle important dans la constitution des tissus végétaux; l'humus, par les composés complexes qu'il offre à la nutrition des plantes, est le principal élément de richesse. Quant au sable, là encore il n'exerce qu'une action très secondaire sur le maintien de la fertilité naturelle des sols.

**Classification des sols.** — La prédominance de l'un des éléments sur les trois autres communique aux sols des propriétés caractéristiques, et nous pouvons classer, d'après ces données, les terres extrêmes en catégories nettement définies : terres *sablonneuses* ; terres *argileuses* ; terres *calcaires* ; terres *humifères*.

Il nous restera ensuite à étudier les sols rencontrés le plus fréquemment et qui, sous le nom de terres *franches*, terres *argilo-calcaires*, terres *silico-argileuses*, etc., jouissent d'un ensemble de propriétés intermédiaires.

**Terres siliceuses ou sablonneuses.** — Les terres sablonneuses, siliceuses sont caractérisées par la prédominance du sable et participent des propriétés spéciales de cet élément.

*Propriétés physiques.* — Friables, elles donnent au toucher l'impression de particules indépendantes douées d'une grande dureté. Leur pauvreté en éléments fertilisants les rend stériles.

L'eau n'est pas retenue sur les sols siliceux qui ne contiennent au maximum que 25 p. 100 de la quantité d'eau correspondant à l'état de saturation. Les sols sableux sont perméables et s'échauffent rapidement ; les végétaux sont exposés à y souffrir de la sécheresse, les phénomènes de capillarité étant peu actifs (1). L'aération y est très active, ce sont des *terres sèches* (fig. 38). C'est leur plus grave défaut, mais elles sont chaudes et l'on peut y établir des primeurs. Les gelées y sont parfois à craindre.

Par suite de leur faible ténacité, les terrains sablonneux sont faciles à travailler, et les opérations culturales s'effectuent par les temps les plus variés. Afin de conserver, au printemps, l'humidité nécessaire à la végétation, il faut travailler ces sols principalement à l'automne, hâter les semis de printemps et enfouir les graines assez profondément.

Le fumier se décomposant rapidement, les éléments nutritifs élaborés étant facilement entraînés dans les couches profondes,

(1) Relativement à la sécheresse, il faut distinguer les sables purement siliceux des sables calcaires. Ces derniers sont doués d'une porosité et d'une avidité pour l'eau qui, dans les saisons sèches, rend l'évaporation beaucoup plus rapide qu'elle ne l'est dans les sables siliceux.

il convient d'apporter fréquemment de petites doses de fumier bien consommé; le fumier pailleux, augmentant encore la porosité de ces sols, exagérerait leurs défauts.

*Propriétés chimiques.* — A cause de leur pauvreté en éléments fertilisants, les engrais chimiques solubles ont, sur ces terres, une grande efficacité au printemps et le nitrate de soude doit être préféré au sulfate d'ammoniaque (Damseaux). Les engrais azotés organiques offrent l'avantage d'apporter l'humus qui fait souvent défaut. Le pouvoir absorbant de ces sols est à peu près nul.

On préfère employer, comme engrais phosphatés, la farine d'os, les phosphates précipités, et surtout les scories qui apportent la chaux qui manque. Les superphosphates, très solubles, pourraient être entrainés avant leur utilisation par les plantes. Les sels potassiques impurs, carnallite, kaïnite, moins chers, jouent un rôle efficace; les chlorures qu'ils renferment augmentent l'hygroscopicité de ces sols toujours secs. On préférera la marne à la chaux. On chaulera légèrement, 2 000 kilogrammes de chaux au maximum à l'hectare.

Les conditions météorologiques et climatériques influent sur la valeur de ces terres. Dans les régions septentrionales elles sont recherchées, tandis que dans le Midi il faut remédier à leur sécheresse par les irrigations.

Les récoltes obtenues sur les sols sableux sont proportionnelles à leur humidité. En Bretagne, en Angleterre, dans les contrées à climat humide, dans les régions où l'irrigation est possible, on peut y obtenir à peu de frais des récoltes élevées. Sous les climats secs, ces terres siliceuses sont désertiques.

On améliorera les terrains sablonneux par l'approfondissement du sol qui régularise la circulation de l'eau, par les amendements argileux, les engrais verts, le marnage, l'application de fumiers humides et froids, et enfin l'irrigation. Lorsque ces terres sont stériles, il faut effectuer des boisements de résineux : pin sylvestre, pin maritime, pin noir d'Autriche ; au bout de trente ans on peut tirer revenu de ces boisements. Pour un rendement plus immédiat, il faudrait essayer d'établir des pâtures.

Ces sols sablonneux se rencontrent en Sologne, le long des

dunes du Nord, etc. Les landes de Gascogne présentent, au-dessous de couches sableuses, une bande de ciment argilo-ferrugineux, l'*alios*, qui rend le boisement difficile ; le même cas se présente dans les Flandres et la Campine belge, les landes de l'Allemagne du Nord, etc.

Les terres noires de la Russie méridionale (*tchernozene*) sont

Fig. 38. — Sol sableux.

des sables riches en humus, auquel ils doivent leur coloration et leur fertilité (2,3 à 10,4 p. 100 de matière organique).

*Façons culturales.* — Sur les sols siliceux les récoltes se montrent peu abondantes, mais les dépenses de mise en culture sont faibles.

On labourera au polysoc et ces façons aratoires ne doivent pas être répétées très souvent, afin d'éviter d'exagérer l'aéra-tion, l'échauffement, l'ameublissement. Les labours auront lieu de préférence avant l'hiver.

Les fumures, fréquentes mais peu abondantes, seront enfouies assez profondément pour les soustraire à une aération et, par suite, à une décomposition trop active et pour assurer en outre une certaine humidité.

Les façons culturales auront surtout pour but de briser la couche superficielle pour maintenir le sol meuble à la surface et empêcher aussi la capillarité de faire remonter l'eau perdue ensuite par évaporation.

Le sous-sol peut corriger heureusement la sécheresse de ces terres ; pour être fertiles, ces sols doivent être profonds.

Notons aussi l'influence du climat local. Les sols siliceux peuvent être excellents au bord de la mer. Les abris exercent une action heureuse et ces terrains ne doivent pas être inclinés ni placés à une exposition chaude.

*Cultures.* — Les principales cultures à établir sur ces sols sont la pomme de terre (Vosges, Allemagne du Nord) ; le topinambour dont la valeur est trop souvent méconnue en France ; le navet, sur les sables frais, fournit un légume apprécié ou un fourrage hâtif.

Les céréales des sols sablonneux sont le seigle (Bretagne, Landes), l'orge (l'orge d'hiver de préférence), le sarrasin, plante printanière précoce. Ces terres, fumées, chaulées et irriguées, supportent de bonnes cultures de blé.

Les plantes fourragères peuvent se contenter d'un terrain sablonneux si on les choisit avec discernement, ainsi peut-on produire du fourrage jusqu'en juillet.

Les cultures fourragères d'hiver à recommander sont des plantes précoces ou garnies de longues racines qui résisteront à la sécheresse estivale : le colza, la navette d'hiver, qui donnent des fourrages hâtifs ; puis viennent ensuite, par ordre de récolte, le seigle-fourrage, la vesce velue, trop rarement utilisée, le trèfle incarnat avec ses trois variétés : précoce, tardif, extra-tardif ; la vesce d'hiver, la gesse, qu'on devrait cultiver plus couramment, la minette, l'anthyllide (trèfle jaune des sables).

Comme culture d'été, citons la serradelle qui fuit les sols calcaires ; le lupin, très précieux comme engrais vert, et qui demeure à ce titre la plante d'or des sables ; la spergule, qu fleurit fin mai ; la moutarde blanche, récoltée après deux mois de culture.

Parmi les plantes vivaces, on pourra cultiver l'ajonc (sur des sols profonds). Les pâtures sur sols siliceux comprennent l'*avoine élevée*, le *brome des prés*, les *petites fétuques*, la *houlque*

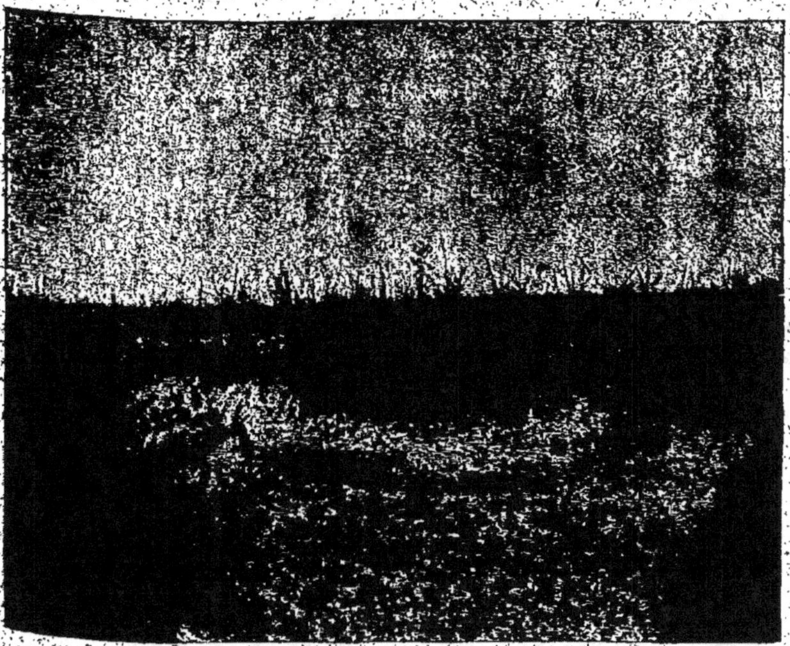

Fig. 39. — Argile à silex.

*laineuse*, le *millefeuille*, la *centaurée jacée* dont l'ensemble constitue de bonnes pâtures à moutons.

La flore spontanée des sols sablonneux réunit le châtaignier, l'ajonc, le genêt, les bruyères, la digitale, la spergule.

***Terres argileuses.*** — Il faut peu d'argile pour constituer un sol argileux. Une proportion de 20 p. 100 d'argile suffit à donner à une terre les propriétés caractéristiques des terres argileuses. Dès que la teneur s'élève à 50 p. 100, la mise en culture n'est plus possible.

***Propriétés physiques.*** — La ténacité, la cohésion, l'adhérence des terrains argileux sont des plus accentuées ; on les dénommé, pour cette raison, terres *tenaces, fortes, compactes*. Ces sols sont imperméables; ils peuvent contenir 80 p. 100 d'eau. Sur ces terres froides, la végétation est tardive.

Un sous-sol léger et perméable peut corriger ces défauts auxquels le drainage remédie plus sûrement. L'excès d'humidité favorise le développement des mauvaises herbes, détermine la verse des céréales et les expose aux attaques des maladies cryptogamiques.

*Propriétés chimiques.* — Ces terres sont en général fertiles et présentent une richesse moyenne en principes nutritifs. Leur teneur en potasse est souvent considérable, mais leur pauvreté en chaux manifeste.

La nitrification s'y montre peu active, mais le pouvoir absorbant de ces sols est élevé. La lenteur de la nitrification, la force du pouvoir absorbant ont fait dire que ces sols « disputent la nourriture aux plantes ».

Le fumier de ferme se décompose lentement dans ces terres froides et peu aérées. On doit l'enfouir longtemps à l'avance et à doses massives, le pouvoir absorbant de ces terrains empêchant toute déperdition des sels ammoniacaux et potassiques. Les fumiers pailleux, qui allègent ces sols, doivent être préférés.

Sur ces terres, les engrais chimiques exercent des effets moins nets que dans les sols sableux ; ordinairement riches en potasse, elles demandent surtout des engrais phosphatés, azotés et des amendements calcaires. Le sulfate d'ammoniaque semble exercer plus d'action que le nitrate de soude, et les scories de déphosphoration ont un effet manifeste, à cause de leur teneur en chaux.

Malgré leur richesse en potasse, les terres compactes se montrent souvent sensibles à l'apport d'engrais potassiques, et les sels purifiés : chlorure de potassium (céréales), sulfate de potasse (betteraves et pommes de terre) doivent être choisis de préférence aux sels impurs (carnallite, kaïnite, etc.), qui augmentent encore l'humidité du sol.

Ces terres sont d'autant plus appréciées qu'on approche des régions méridionales où les sécheresses sont à craindre.

On peut les améliorer par le drainage, les chaulages, les marnages, qui permettent à la chaux de coaguler l'argile, les labours profonds, l'enfouissement du fumier pailleux, l'apport de sable, etc.

La chaux étant peu abondante, on épandra de préférence,

Fig. 40. — Traîneau utilisé pour sortir les récoltes de roseaux des marais.

sur les sols argileux, comme engrais phosphatés, des scories qui apportent cet amendement ; on préférera la chaux à la marne.

*Façons culturales*. — La première amélioration doit être de drainer ces sols pour enlever l'humidité surabondante. On les travaillera souvent pour les aérer, les échauffer : en pareil terrain « labour vaut fumure ».

Les labours doivent être exécutés par des temps propices : l'abondance des pluies empêche la marche des animaux de trait et détermine la formation de bandes de terre qui adhèrent aux instruments ou, se lissant, restent en blocs compacts et, desséchés, résisteront à toute action ameublissante. La chaleur durcit et crevasse les terres argileuses ; la pénétration des instruments de culture est alors impossible. Il faut donc choisir avec précision et exactitude le temps favorable pour donner à ces sols les façons culturales. Les labours profonds d'hiver sont des plus recommandables ; ils aèrent les terres et déterminent leur ameublissement par l'action des gels et des dégels successifs. On abandonne ces sols tôt en automne pour les prendre tard au printemps. La pluie entraîne les particules d'argile qui bouchent ainsi les vides du sol ; on ne doit pas les labourer par temps humide, sauf avant les gelées ; on « gâterait » la terre.

A cause du difficile échauffement de ces sols, on sème tardivement, et la graine doit être peu enfouie.

Le froid est le meilleur réactif contre la ténacité des sols argileux ; on labourera avant l'hiver et la gelée ameublira les bandes de terre renversées. Dans les régions méridionales, où cette action ne peut s'exercer, il faut parfois laisser ces sols en jachère de temps en temps.

Après les pluies, les terres argileuses se couvrent à la surface d'un glacis que l'on brisera à la herse. Le praticien bine souvent ces terres.

*Cultures.* — On y cultivera avec succès les céréales et les plantes sarclées lorsque ces terres ont été bien travaillées. Dans un sol trop lourd cependant, les betteraves et les pommes de terre sont difficiles à arracher, à nettoyer. Ce sont d'excellentes terres à blé ; chaulées et drainées, elles peuvent supporter toutes les cultures.

Lorsque les terres trop compactes sont labourées malaisément ou que les cultures sont envahies par les herbes, le mieux est de créer des prairies. Sur ces sols, bien préparés et fumés, on obtiendra d'excellents pâturages.

Le Nivernais, le Charolais, ont dû leur prospérité à l'établissement des pâtures qui permettent l'entretien de leur célèbre bétail blanc.

Les prairies artificielles y prospèrent également : luzerne, trèfle violet, trèfle hybride, sainfoin.

Les prairies temporaires ou permanentes pourront aisément s'y établir, à la condition de constituer un judicieux mélange de bonnes espèces fourragères adaptées à ces sols particulièrement : l'*avoine élevée*, la *fléole*, le *dactyle*, l'*avoine jaunâtre*, le *vulpin des prés*, le *ray-grass anglais*, le *ray-grass d'Italie*, le *paturin commun*, le *paturin des prés*, la *crételle*, le *trèfle blanc*, le *trèfle hybride*, le *lotier corniculé*.

Comme plantes annuelles ou bisannuelles, toutes celles qui ont été citées à propos des terres siliceuses ou calcaires peuvent prospérer et notamment les *pois*, les *vesces*, les *fèves*, les *féveroles*, etc.

*Terres calcaires*. — Les terres calcaires dosent au moins 60 p. 100 de carbonate de chaux. En France, elles se rencontrent surtout parmi les formations jurassiques et crétacées. On peut dire qu'elles présentent en général les défauts des terres siliceuses sans en présenter les qualités.

Ce sont des terres chaudes ; la chaleur solaire, réfléchie par ces sols blancs, peut même brûler la base des feuilles (vignobles charentais).

*Déchaussement*. — Ces terrains sont saturés lorsqu'ils contiennent 30 p. 100 d'eau. En hiver, ils se gorgent d'eau et, soulevés par la gelée, *déchaussent* les plantes, occasionnant ainsi la rupture des racines. Au premier soleil, la plante dont les racines ont été ainsi meurtries se dessèche et meurt.

Des expériences réalisées sur le seigle semé tardivement donnèrent comme pourcentage des plantes déchaussées l'hiver :

|  | Pour 100 de plantes déchaussées. | |
|---|---|---|
|  | Sans engrais. | Avec engrais. |
| Sol calcaire de Champagne..... | 59 | 57 |
| Terre granitique du Limousin.. | 11 | 6 |
| Sol des Landes............... | 15 | 5 |
| Terre de Joinville (Schribaux).. | 5 | 3 |

Les engrais montrent ainsi leur efficacité contre le déchaussement, surtout dans les sols très pauvres comme celui des Landes. Ces engrais ont dû modifier la composition chimique de la sève et rendre les tissus plus résistants aux froids.

On luttera donc contre le déchaussement en épandant des engrais solubles et en semant hâtivement et peu profondément. Des semis profonds affaiblissent toujours la plante.

Enfin, en faisant passer un rouleau plombeur, on tasse à nouveau le sol et l'on rétablit le contact entre les radicelles et la terre soulevée ; la plante repousse. Les graminées, possédant la propriété d'émettre de nouvelles racines dans un milieu humide, reprendront plus facilement après le déchaussement ; avec les légumineuses à racine pivotante, la reprise est parfois plus difficile.

*Propriétés physiques.* — Les sols calcaires ont une ténacité faible ; on peut en général les labourer avec un seul cheval lorsque la terre est un peu mouillée. Le rouleau plombeur est indispensable.

Il faut, pour qu'une terre calcaire soit fertile, un sous-sol profond.

A cause de leur sécheresse, ces sols sont avantageux à exploiter sous des climats septentrionaux ou marins (falaises de l'Angleterre). L'inclinaison exagère leurs défauts.

*Propriétés chimiques.* — Ces terres sont pauvres en azote, en potasse et souvent en acide phosphorique. On y incorpore avec profit des engrais azotés organiques (fumier et engrais verts). L'humus ainsi fourni donnera du « corps » à la terre.

Comme engrais complémentaires, le nitrate de soude est toujours utile, les superphosphates de chaux sont les engrais types de ces sols ; les engrais potassiques se montrent efficaces.

La nitrification dans ces sols se révèle extrêmement active ; on fumera souvent, à faible dose.

*Propriétés physiologiques.* — Les bactéries de certaines légumineuses ne peuvent vivre dans ces assises calcaires, ce qui a permis de distinguer les bactéries *calcicoles* et *silicicoles.* La répugnance de certaines bactéries des nodosités des légumineuses pour ces terres explique ce fait connu que plusieurs légumineuses ne peuvent pousser en sol calcaire.

*Façons culturales.* — Le praticien labourera ces terres chaudes et aérées, le moins souvent possible, et de préférenc avant l'hiver. On les roulera après l'hiver pour remédier au déchaussement.

Les semences seront enfouies à une profondeur moyenne et on multipliera les binages.

La sécheresse persistante pulvérise leur surface, tandis que l'humidité excessive suivie de l'action des rayons solaires

Fig. 41. — Vignoble sur terrain jurassique.

détermine la formation d'une croûte imperméable, qui nuit au développement des végétaux.

On rencontre dans ces sols tous les états de division du calcaire, et par conséquent tous les degrés de ténacité et de perméabilité. Cependant, en général, ces terres sont faciles à travailler, et les engrais s'y décomposent rapidement ; il convient donc de fumer souvent à petites doses.

Les engrais potassiques exercent sur la fertilité de ces sols une action des plus remarquables. Les superphosphates donnent d'excellents résultats, leur acidité saturant en partie la chaux de ces terres, et cet engrais apportant l'élément soufre, très rare parmi ces sols.

Lorsqu'une certaine proportion d'argile s'unit à la chaux, on obtient des terres marneuses d'une exploitation facile et avantageuse.

*Cultures.* — Les récoltes recommandables en pareille situation sont les plantes sarclées et les céréales indiquées pour les sols siliceux (seigle de Champagne). On préférera l'orge d'hiver aux variétés de printemps (orge de brasserie recherchée en Angleterre).

Les plantes fourragères des sols calcaires comprennent : le colza, la *navette d'hiver*, le *seigle-fourrage*, la *vesce d'hiver*, la *gesse*, la *minette*, l'*anthyllide*.

Notons que la vesce velue et le trèfle incarnat *ne se plaisent pas* en sol calcaire (plantes « calcifuges »).

Comme culture d'été, citons la moutarde blanche. On ne pourrait y cultiver avec profit ni la serradelle, ni le lupin, ni la spergule.

Les plantes vivaces susceptibles de constituer des pâtures en terrains calcaires sont : l'*avoine éleoée*, le *brome des prés* et toutes les graminées des terres siliceuses. Les conditions d'humidité des sols règlent la production des graminées.

Parmi les légumineuses qui poussent en terrain calcaire, signalons le *sainfoin*, excellent fourrage, la pimprenelle, rustique mais de qualité inférieure. L'*ajonc* est nettement calcifuge.

Si les terres calcaires sont trop sèches, on les boisera (pin noir d'Autriche), ainsi qu'on l'a fait avec succès sur les savarts de la Champagne ; les racines des résineux s'introduisent dans les fissures et descendent profondément.

De tels sols, irrigués, assurent des récoltes superbes (épandage des eaux d'égout de Reims).

La vigne peut y donner des vins estimés (fig. 41). Parfois, comme en Angleterre, les pâturages crayeux livrent un fourrage fin et nourrissant.

*Terres humifères.* — La présence de l'humus dans une terre est un signe certain de fertilité, mais l'excès de matière organique donne naissance à des sols marécageux, des tourbières, des terrains acides, difficiles à exploiter.

Les sols marécageux sont d'une humidité excessive, et la décomposition de l'humus détermine une acidité souvent nuisible à la végétation. L'apport d'amendements calcaires, d'engrais potassiques permet de remédier à ce défaut.

Ces terres, assainies par le drainage, pourront être transformées en prairies, puis en terres arables. Si des difficultés pra-

Fig. 42. — Terres humifères. Les roseaux de Fos arrivant par bateau à Arles, sur le canal de Bouc.

tiques empêchaient ces améliorations foncières, on pourrait y faire la culture des osiers (oseraies) ou des roseaux (roseraies) (1) (fig. 40 et 42).

*Sols tourbeux.* — Les tourbières constituent le type parfait des terres humifères (fig. 43). La tourbe absorbe facilement l'eau en se dilatant et reprend son volume primitif si les sécheresses surviennent. Il en résulte des affaissements et des sou-

(1) Ces roseaux servent utilement comme litière dans des pays herbagers comme la Suisse, où la paille est rare.

lèvements du sol qui nuisent au développement des plantes.

Grâce à leur couleur foncée, les sols tourbeux s'échauffent facilement, mais la grande quantité d'eau qu'ils retiennent détermine un refroidissement considérable lors des périodes automnales. Au printemps, les gelées tardives y sont à craindre; en été, la dessiccation pulvérise la terre.

La faible aération des sols humifères empêche la décomposition des matières organiques ; le ferment nitrique ne saurait exercer son action si le milieu est réducteur et pauvre en calcaire. Parfois les précieuses réserves d'azote organique ne peuvent se transformer en azote nitrique et restent inutilisables. Il faut améliorer ces terres en apportant le calcaire qui fait défaut et en les aérant.

Des expériences précises ont montré l'influence considérable des engrais potassiques dans la mise en culture des terrains tourbeux (Dumont). On complétera ces fumures par l'apport d'engrais phosphatés : phosphates naturels ou scories. Les superphosphates, à cause de leur acidité, sont à rejeter. En se décomposant, la tourbe donne naissance à de l'acide carbonique, qui aidera à la dissolution des engrais phosphatés insolubles; les scories apportent du calcaire.

Le pouvoir absorbant des terres humifères est faible, par suite de l'absence du calcaire et de l'argile.

Les engrais azotés ne sauraient être recommandés, ces terrains contenant des stocks importants d'azote qu'il s'agit de mettre en circulation en facilitant la nitrification par des amendements calcaires, l'assainissement et l'aération du sol.

La valeur d'un sol humifère dépend de sa situation, du sous-sol, des conditions météorologiques et climatériques et enfin de l'état de décomposition des matières organiques. L'humus du sol végétal non acide constitue un terreau doux offrant aux plantes de meilleures conditions de végétation. Le terreau acide des tourbières est impropre à toute culture et doit subir des améliorations. Nous étudierons plus loin l'importante question de la mise en culture des sols humifères ou tourbeux.

***Terres franches et dérivées.*** — Nous avons étudié successivement les divers sols où la prédominance de l'un des éléments donnait aux terrains des propriétés caractéristiques

Il convient de considérer maintenant les terres qui présentent une juste association, un mélange bien proportionné des quatre éléments : sable, calcaire, argile, humus.

Ces sols sont appelés *terres franches* et possèdent, par suite de leur composition intermédiaire, toutes les qualités moyennes

Fig. 43. — Terrain tourbeux.

nécessaires à la facile exploitation des terrains : perméabilité suffisante, échauffement modéré, aération aisée, faible adhésion, hygroscopicité moyenne, évaporation réduite, ténacité intermédiaire, etc...

Le type d'une terre franche peut d'une manière générale se résumer dans la formule de constitution suivante :

Argile...................... 20 à 30 p. 100.
Sable....................... 60 à 70 —
Calcaire pulvérulent........ 5 à 10 —
Humus...................... 5 à 10 —

Les terres franches sont d'un travail facile, la végétation s'y poursuit activement, la maturité est normale. La fertilité naturelle de ces sols les fait rechercher; ce sont les terres à blé classiques ; les récoltes sont toujours abondantes, et presque toutes les cultures peuvent s'y établir.

Il est difficile de rencontrer ce juste équilibre entre les quatre éléments constitutifs du sol. Lorsque l'un ou deux d'entre eux dominent, sans cependant imprimer au sol les caractères nettement tranchés des terres sableuses, calcaires, argileuses ou humifères, on obtient toute une série de sols désignés ordinairement par la réunion du nom des deux éléments qui se trouvent en plus forte proportion. Les terres *argilo-calcaires*, *sablo-argileuses*, *franches-marneuses*, etc..., indiquent des sols moyens qui reflètent cependant les propriétés spéciales des éléments qui ont servi à les constituer. En général, l'élément nommé le premier domine sur le second ; ainsi un sol argilo-sableux sera plus lourd qu'un sol silico-argileux, etc.

Pour déterminer exactement à quelle catégorie appartient une terre, il importe de préciser ces recherches en complétant ces premières données par l'analyse mécanique du sol.

## III. — ANALYSE MÉCANIQUE DES TERRES.

La détermination des proportions diverses des quatre éléments constitutifs : *sable*, *calcaire*, *argile*, *humus*, donne déjà une indication précieuse sur la valeur d'un sol. Mais nous avons vu, au cours de ces recherches, que l'état de division de ces éléments exerçait une influence considérable. L'analyse mécanique des terres a précisément pour but de compléter cette documentation en étudiant l'état d'agrégation des particules qui les composent et leur structure intime.

*État de division des particules du sol.* — Le sol arable, provenant de la décomposition des roches, présente ses éléments sous divers états de ténuité, depuis le fragment volumineux jusqu'à la poussière impalpable. Il importe d'examiner cette contexture intime du sol.

La classification des particules suivant leur diamètre s'effectue ainsi : les éléments les plus grossiers, qui ne passent pas au travers d'un tamis dont les mailles carrées ont 5 millimètres de côté, sont retenus sous le nom de *cailloux*.

Les parties restant sur tamis de 1 millimètre environ (dix fils par centimètre) sont des *graviers*.

L'appareil à tamis de Wolf et quelques manipulations de laboratoire permettent d'isoler le *sable*, réparti en quatre lots, qui sont caractérisés par la dimension des grains :

*Diamètre des grains.*

|  | Maximum. | Minimum. | Moyen. |
|---|---|---|---|
| Sable grossier.. | 1 millim. | 1/2 millim. | $0^{mm},750$ |
| — moyen.. | 1/2 — | 1/4 — | $0^{mm},375$ |
| — fin....... | 1/4 — | 1/10 — | $0^{mm},175$ |
| — très fin.... | 1/10 — | 1/20 — | $0^{mm},075$ |

Il reste une partie composée d'éléments très ténus, que l'on classe ainsi :

*Diamètre des grains.*

|  | Maximum. | Minimum. | Moyen. |
|---|---|---|---|
| Limon............. | $0^{mm},050$ | $0^{mm},025$ | $0^{mm},0375$ |
| — fin........ | $0^{mm},025$ | $0^{mm},005$ | $0^{mm},0150$ |
| Argile............. | $0^{mm},005$ | $0^{mm},0001$ | $0^{mm},00255$ |

Le calcaire fin qui accompagne le limon doit être également dosé. Ces procédés permettent donc de connaître exactement l'état de division moléculaire des éléments du sol.

On peut opérer un peu différemment et effectuer l'analyse mécanique des sols en trois stades distincts.

Un premier groupe d'opérations, basé sur des *tamisages*, permettra de distinguer les trois constituants : *cailloux, gravier, terre fine*.

Un second groupe d'opérations, fondé sur des lavages minutieux, des lévigations, séparera dans la terre fine les trois constituants : *sable grossier, sable fin, argile*.

Enfin un troisième groupe d'opérations, associant les lévigations aux réactions chimiques, séparera dans la terre fine les trois constituants : *calcaire, argile, sable siliceux* (Schlœsing).

Ainsi pourra-t-on, selon la nature des recherches, s'en tenir à la première analyse, ou poursuivre totalement ces manipulations.

La première analyse, distinguant les éléments cailloux, gravier, terre fine, donne des indications générales sur la valeur agricole d'un sol et l'intensité de la culture qu'on y pourra poursuivre.

La seconde analyse, séparant l'argile du sable fin, du sable grossier, donne des renseignements précis sur la perméabilité, l'aération des terrains et, par suite, sur la facilité de leur travail et les fumures indispensables.

La troisième analyse, isolant le calcaire de l'argile, du sable siliceux, de l'humus, précise ces indications et définit l'activité chimique du sol.

Les méthodes d'analyse mécanique du sol sont donc plus ou moins complètes, plus ou moins détaillées. Les méthodes diffèrent d'ailleurs suivant les pays et même suivant les laboratoires. Cependant le *Comité consultatif des stations agronomiques de France* a unifié les méthodes d'analyse destinées à distinguer dans la terre fine : le sable grossier, le sable fin, l'argile.

***Types d'analyse mécanique des sols.*** — Les types d'analyse que nous présentons offriront donc des différences selon l'objet qu'on se propose et les déterminations envisagées.

On peut en effet se borner à des indications sommaires ou accroître le détail des recherches.

Ordinairement, dans les analyses mécaniques détaillées, on sépare pour chacun des éléments : sable grossier, moyen, fin, très fin, la portion de ces éléments qui se révèle comme *calcaire, siliceux, non-siliceux* et *non-calcaire* ; la teneur en débris organiques, en *humus*, doit être également notée.

Il importe de faire subir aux chiffres résultant des dosages effectués sur la terre fine une correction relative à la proportion d'éléments grossiers qui se trouvent dans ce sol, correction facile à établir, puisque l'on connaît le poids des éléments grossiers, cailloux et graviers.

Les résultats de l'analyse mécanique se résument dans l'un des tableaux ci-après, un peu différents, selon leur origine.

## I

### LABORATOIRE DE L'INSTITUT AGRONOMIQUE DE PARIS.
*Terre silico-argileuse.*

| DÉSIGNA-TION des échantil-lons. | TERRE FINE p. 100. | GAIL-LOUX p. 100. | POUR 100 DE TERRE FINE. | | | | AR-GILE. | HU-MUS. | OBSER-VATIONS. |
|---|---|---|---|---|---|---|---|---|---|
| | | | Sable grossier | | Sable fin. | | | | |
| | | | Sili-ceux. | Cal-caire. | Sili-ceux. | Cal-caire. | | | |
| Échan-tillon n° 1. | 848 | 152 | 65,59 | 11,05 | 15,43 | 0,97 | 6,4 | 0,62 | Terre brune siliceuse friable. |

## II

### Analyse mécanique d'un sol, d'après LEGATU et SICARD.
*Alluvions de l'Ain (France).*

| | | TOTAL. | CAL-CAIRE. | SILI-CEUX. | NON CAL-CAIRES et non SILICEUX. | DÉBRIS orga-niques. |
|---|---|---|---|---|---|---|
| Éléments grossiers. | Cailloux.. 19 | » | » | » | » | » |
| | Graviers.. 13 | » | » | » | » | » |
| Terre fine | Sable grossier. | 318,4 | 226,0 | 87,0 | 1,3 | 4,1 |
| | — fin..... | 486,0 | 288,0 | 164,7 | 33,3 | » |
| | Argile........ | 181,7 | » | » | » | » |
| | Humus....... | 6,9 | » | » | » | » |
| | | 1000,0 | 514,0 | 251,7 | 34,6 | 4,1 |

## III

### Analyse mécanique d'un sol, d'après HALL.
*Terre argilo-siliceuse (Angleterre).*

| | Sol. p. 100. | Sous-sol. p. 100. |
|---|---|---|
| Humidité........................... | 1,83 | 1,97 |
| Perte par calcination............... | 3,16 | 1,94 |
| Carbonate de chaux................ | 0,33 | » |
| Graviers........................... | 7,6 | 10,6 |
| Sable grossier...................... | 44,9 | 35,4 |
| — fin........................ | 23,1 | 15,1 |
| Limon............................. | 2,9 | 8,4 |
| — fin........................ | 2,9 | 4,2 |
| Argile ............................ | 11,7 | 11,3 |

## IV

### Analyse mécanique d'un sol, d'après le Dʳ Tonnier.
*Terre à houblonnière (Allemagne).*

|  | P. 100. |
|---|---|
| Cailloux | 7,05 |
| Graviers | 2,02 |
| Sable { grossier | 1,25 |
| { fin | 9,92 |
| Éléments légers | 67,95 |
| Total de terre fine | 90,90 |

## V

### Analyse mécanique d'un sol, d'après le professeur Hanusch.
*Terre à houblonnière (Bohême).*

|  | Sol jusqu'à une profondeur de 25 centim. (p. 100). | Sous-sol jusqu'à une profondeur de 80 centim. (p. 100). |
|---|---|---|
| Cailloux (6 millim.) | 6,22 | 8,9 |
| Gros graviers (4-6 millim.) | 0,82 | 0,2 |
| Fin gravier (2-4 milim.) | 1,25 | 0,6 |
| Gros sable (1-2 millim.) | 3,09 | 1,3 |
| Sable (1/2 millim.) | 8,66 | 3,2 |
| Sable fin (moins de 1/2 millim.) | 99,'8 | 86,3 |

*Interprétation des résultats de l'analyse mécanique.* — L'analyse mécanique des sols donne des indications générales intéressantes. Ainsi connaîtrons-nous les conditions de travail du sol, sa caractéristique relativement au mouvement des eaux et les classes générales de culture qui pourront s'y établir. On ne possède pas de méthode sûre permettant de déduire rigoureusement de l'analyse mécanique du sol la valeur culturale de la terre examinée. Mais on constate immédiatement que l'état de division d'un élément modifie radicalement son action sur les terres.

C'est ainsi que *le sable grossier est un élément de division*, par conséquent de légèreté, de perméabilité, d'aération, tandis que *le sable fin est un élément de tassement*, par conséquent de compacité, d'imperméabilité, d'asphyxie (Lagatu et Sicard).

*L'argile est un élément de plasticité, quand il y a excès d'eau.*

*Lorsque l'humidité est faible, c'est un élément d'agglutination,* c'est-à-dire de compacité.

*L'humus est un élément de correction* donnant plus de cohésion aux terres légères, diminuant l'agglutination des terres argileuses. L'utilité de l'analyse mécanique se montre donc évidente.

En règle générale, la compacité et la perméabilité d'un sol sont déterminées par la proportion des éléments fins du sol.

Les indications de l'analyse donnent la *nature* de l'action des principes constituants dosés ; les chiffres de l'analyse définissent l'*intensité* de cette action, lorsque l'on sait les interpréter judicieusement.

*Types de terre.* — Prenons quelques exemples. Une terre franche, c'est-à-dire de qualités physique et chimique moyennes, dose 600 à 700 p. 1 000 de sable grossier. Cette forte proportion est justifiée par les exigences des racines, qui demandent un terrain dont la compacité n'arrête pas leur développement et dont la perméabilité assure leur humectation et leur aération.

Si l'analyse indique une proportion de 800 parties de sable grossier p. 1 000, l'argile restant au-dessous de 100 p. 1 000, la terre, peu consistante, est dite *terre légère.* Elle devient *très légère* si l'on atteint 900 p. 1 000 de sable grossier. Un tel sol contient ordinairement une quantité d'eau insuffisante pour satisfaire aux exigences des végétaux. Si, de plus, la proportion d'argile devient très faible, on obtient un véritable sable, mobile sous l'action du vent.

Le rôle du sable fin dépend de la proportion d'argile qui l'accompagne. Si le sable fin ne contient aucune trace d'argile, les particules de cette terre acquièrent, au bout d'un certain temps, un contact si intime qu'elles réalisent presque un corps solide continu, impénétrable à l'air et à l'eau.

Sous l'action des travaux aratoires, un nouvel émiettement peut se produire qui ne subsiste d'ailleurs pas longtemps ; les pluies, entraînant ces particules sableuses, reforment bientôt un bloc homogène sans pores ni canaux. Ces terres qui s'éboulent ainsi sous l'action des pluies sont appelées communément *terres battantes.*

Lorsque, avec le sable fin, existe une proportion notable d'argile, l'effet du labour persiste ; il faut des pluies répétées et prolongées pour émietter les mottes que l'argile rend cohérentes.

L'association du sable fin et de l'argile forme des terres compactes, mais qui, par compensation, peuvent être corrigées par les façons aratoires ; on obtient, grâce aux labours, des fragments, assez gros et assez espacés, d'un aggloméré formé par le sable fin et l'argile (Lagatu et Sicard).

Pour produire sur le sable fin cette agglutination favorable, il est inutile que l'argile dépasse la proportion de 70 à 80 p. 1 000. Si cette teneur atteint 100 p. 1 000, la cohésion s'exagère ; on obtient un sol plus difficile à ameublir et à s'émietter sous l'influence des agents atmosphériques, après les labours.

Au-dessus de 150 p. 1 000 d'argile, on parvient aux *terres fortes* dont le travail doit, pour être efficace, s'accompagner de conditions météorologiques favorables.

La plasticité, la tendance à faire pâte dépendent à la fois de l'argile et du calcaire. Pour une même dose d'argile, la terre non calcaire devient et reste plus facilement boueuse qu'un sol calcaire ; un terrain argilo-calcaire se laisse pénétrer par les eaux, qui ne forment plus à la surface un revêtement pâteux, où les pluies ruissellent.

Dès que le sable fin dépasse 500 p. 1 000, le sol est asphyxiant pour les racines. Si, en même temps, l'argile atteint et dépasse 150 p. 1 000, le terrain devient difficile à travailler ; c'est à proprement parler une terre argileuse. Ordinairement, une terre riche en argile contient une forte proportion de sable fin, les mêmes conditions présidant à la formation sédimentaire de ces deux dépôts. Cependant il existe des terres formées uniquement de sable fin et exigeant des façons continuelles pour ne pas devenir asphyxiantes.

Par contre, on retrouve rarement des sols constitués exclusivement d'argile et de sable grossier, sans sable fin. Cette situation ne peut résulter que de l'association de deux sédimentations, l'une en eau courante, l'autre en eau stagnante, ou par le mélange, sous l'action des pluies actuelles, des deux édimentations d'âges différents.

**Conclusions.** — En résumé, on peut définir communément les divers types de sols d'après leur constitution mécanique en utilisant la nomenclature suivante.

Dans les *terres légères*, le sable grossier prédomine. Dans les *terres fortes*, l'argile est en proportion nettement supérieure. Pour les *terres battantes*, le sable fin est en quantité élevée ; la *terre franche* réalise un équilibre moyen.

On peut chiffrer ces différences de constitution à l'aide du tableau suivant (Lagatu et Sicard) :

| | Pour 1000. | | |
| --- | --- | --- | --- |
| | Sable grossier. | Sable fin. | Argile. |
| Terre franche.. | 600 à 700 | 200 à 300 | 60 à 100 |
| — légère... | 700 à 1 000 | 200 à 0 | 70 à 0 |
| — forte .... | 600 à 0 | 300 à 900 | 100 à 400 |
| — battante. | 200 à 0 | 500 à 1 000 | 60 à 0 |

Ceci posé, sachant que le sable grossier est l'*élément diviseur*, tandis que le sable fin et l'argile sont les *éléments de compacité*, on pourra intercaler dans cette nomenclature des types intermédiaires et distinguer les terres *un peu légères, légères, très légères*, ainsi que les terres *un peu fortes, fortes, très fortes*.

Les terres *très fortes*, dites *argileuses*, auront par exemple la constitution mécanique suivante :

| | Sable grossier. | Sable fin. | Argile. |
| --- | --- | --- | --- |
| Terre argileuse........ | 200 à 0 | 600 à 800 | 150 à 500 |

Comparativement, on voit ainsi que la terre forte est riche à la fois en sable fin et argile. La terre battante renferme au contraire peu d'argile et beaucoup de sable fin.

Si l'on veut préciser cette nomenclature, il suffit alors de faire intervenir les éléments : sable siliceux, calcaire, humus, argile.

Chacun de ces constituants fournira un qualificatif à ajouter à la dénomination obtenue par l'analyse mécanique succincte, dès que sa proportion dépassera dans le sol une teneur qu'on peut ainsi définir :

Pour le sable siliceux......................    500 p. 1 000
 —   le calcaire..........................    100    —
 —   l'humus............................     30    —
 —   l'argile............................    100    —

Les limites qui viennent d'être indiquées, d'une part pour
le sable grossier, le sable fin et l'argile (constituants mécaniques), d'autre part pour le calcaire (constituant déterminé
par séparation chimique), permettent de fixer une classification et une nomenclature des terres au point de vue mécanique,
en tenant compte des principaux constituants minéralogiques.

Comme principe fondamental, on admet que l'épithète relative aux éléments à influence prépondérante se place en tête.

Le calcaire et l'humus, dont les variations importent plus
particulièrement, réclament une dénomination précise pour
les diverses proportions comprises entre 0 et la quantité considérée comme satisfaisante. On peut adopter les dénominations suivantes (Lagatu et Sicard) :

|  |  | Calcaire p. 100. |
|---|---|---|
| Terre non calcaire............................ | | 0 à 1 |
| —  très peu calcaire........................ | | 1 à 10 |
| —  un peu calcaire......................... | | 10 à 50 |
| —  passablement calcaire................... | | 50 à 100 |
| —  suffisamment calcaire................... | | 100 |

|  |  | Humus p. 100. |
|---|---|---|
| Terre privée d'humus........................ | | 0 à 1 |
| —  pauvre en humus........................ | | 1 à 5 |
| —  un peu humifère........................ | | 5 à 10 |
| —  assez riche en humus.................... | | 10 à 15 |

On complétera enfin ces définitions en notant la proportion
de cailloux contenue dans le sol examiné à l'aide de l'expression *caillouteux* ou *graveleux*, attribuée aux sols qui renferment
plus de 400 p. 1 000 d'éléments grossiers.

L'analyse mécanique fournit, en résumé, des éléments
importants dans l'estimation de la valeur d'un sol et permet
d'interpréter exactement les résultats de l'analyse chimique.
Ces considérations peuvent même expliquer certains faits
contradictoires, comme les effets différents des engrais potas-

siques sur des sols que l'analyse chimique révèle d'une richesse équivalente en potasse. Pour une terre, la majeure partie de la potasse peut se trouver dans les éléments fins ; pour un autre sol, de même teneur en potasse, cet élément peut être contenu dans les éléments grossiers. Ainsi se manifeste la différence d'assimilabilité d'un même principe fertilisant, représenté dans un des cas par des particules ténues offrant une probabilité de rencontre et d'attaque par les racines beaucoup plus grande que dans le second cas, où les éléments potassiques sont d'un volume plus élevé.

***Interprétation graphique.***—On peut, graphiquement, à l'aide d'un ingénieux dispositif dû à M. Lagatu, représenter ces classifications des sols relativement à leur teneur respective :

1º En argile, sable fin, sable grossier (1) ;

2º En calcaire, argile, sable siliceux.

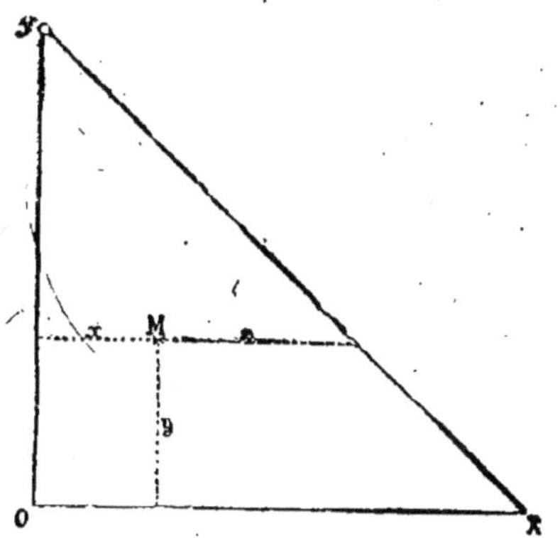

Fig. 44. — Représentation graphique d'un point M tel que $x + y + z = $ constante.

La somme de ces trois constituants doit, dans chaque cas considéré, égaler le nombre 1 000.

Considérons un point M pris à l'intérieur d'un triangle rectangle isocèle et défini par ses trois coordonnées, $x$, $y$, $z$, telles que les représente la figure 44, c'est-à-dire par les distances horizontales à deux côtés du triangle et par sa distance verticale au troisième côté.

On a pour tous les points pris à l'intérieur du triangle :

$$x + y + z = \text{constante} = \text{côté de l'angle droit.}$$

Toute terre définie mécaniquement pourra donc être figurée par la situation d'un point M dont les trois coordonnées, d'une

(1) Ce sable grossier renfermant à la fois les éléments calcaires et siliceux.

somme équivalente à 1 000, représenteront respectivement la proportion de chacun des trois constituants.

On pourra donc diviser la surface du triangle par des lignes correspondant aux valeurs caractéristiques de chaque consti-

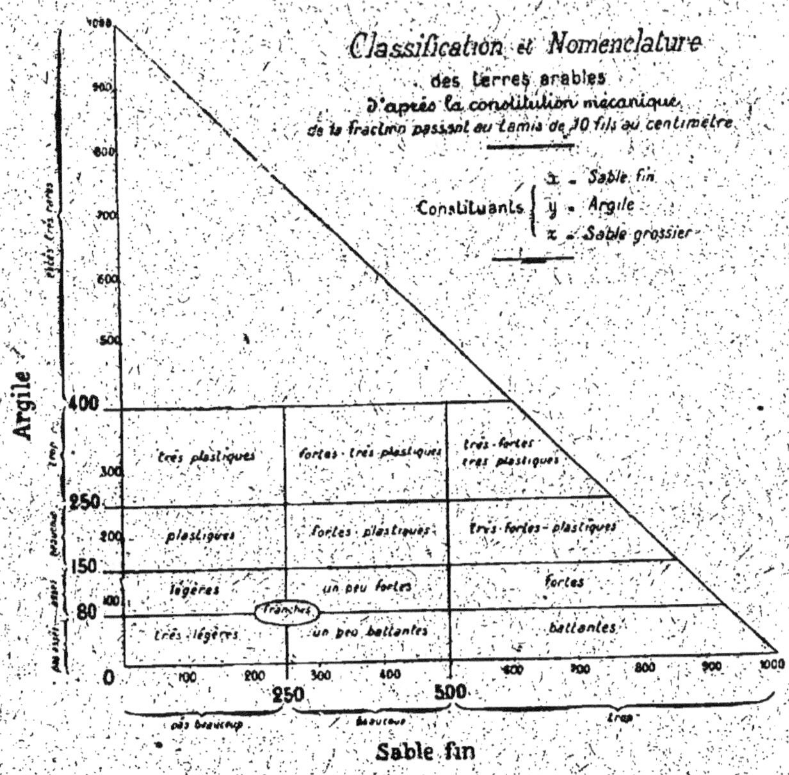



Fig. 45.

tuant et définir ainsi des aires délimitant les différentes natures de sols.

Le caractère saillant de cette nomenclature réside dans une distinction entre la constitution mécanique (dimension des particules) et la constitution minéralogique (nature des particules). Chacune des deux analyses fournira d'ailleurs une classification graphique différente, comme le montrent les figures ci-jointes (fig. 45 et 46).

L'usage pratique de ces schémas peut se définir ainsi

connaissant la dénomination agricole vulgaire d'une terre considérée, on trouvera, dans le rectangle correspondant du graphique, les limites entre lesquelles sont compris les trois constituants du sol examiné. Supposons qu'il s'agisse d'une

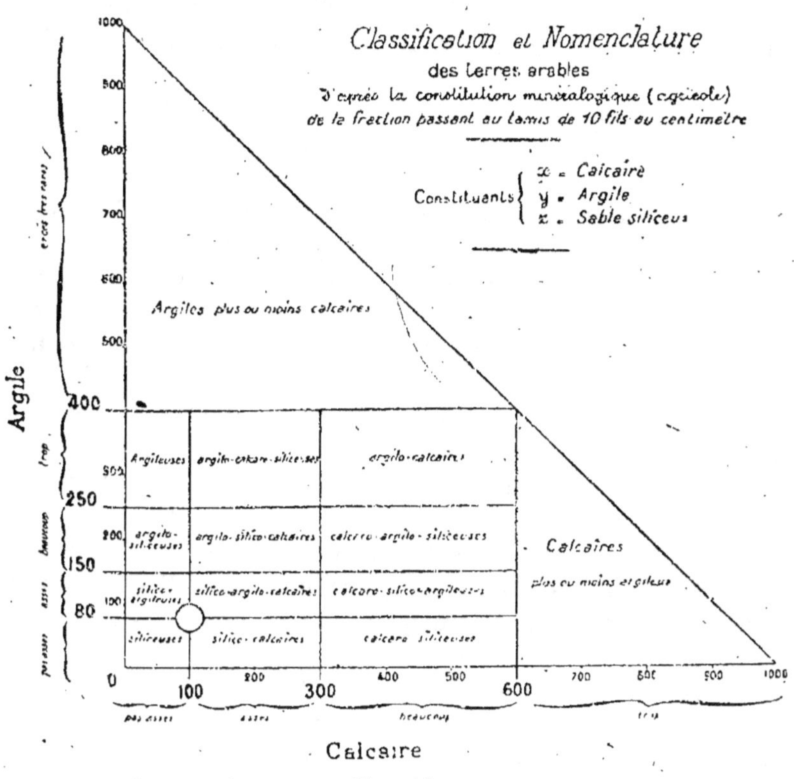


Fig. 46.

terre *forte très plastique.* Son point représentatif se trouve dans le rectangle du milieu de la rangée supérieure. En construisant les trois coordonnées de ce point, on peut lire sur les côtés de l'angle droit du triangle les chiffres correspondant à la proportion d'argile, de sable fin contenus dans la terre considérée. Par différence, en retranchant de 1 000 la somme des deux chiffres obtenus, on aura la teneur en sable grossier.

Inversement, connaissant la proportion d'argile, sable grossier, sable fin, on construira le point M correspondant qui, par sa situation, définira la dominante agricole du terrain. On saura ainsi qu'on a affaire à une terre forte, ou battante ou légère, et le praticien connaîtra la manière de cultiver ce sol. Une même opération effectuée avec les composants calcaire, argile, sable siliceux à l'aide du tableau de la figure 46, permettra de définir plus explicitement la constitution mécanique du terrain.

**Texture du sol.** — L'examen de ces faits, l'étude de ces phénomènes conduisent à une notion nouvelle : celle de la *texture du sol.*

Il importe en effet de considérer la proportion d'éléments grossiers du sol et la façon dont les particules fines sont agrégées. Entre les éléments existent des vides remplis d'air où l'eau circule librement, et la disposition générale de la structure intime du sol, sa texture en un mot, règlent les conditions de sa fertilité.

Les particules constituantes du sol sont séparées par des *espaces lacunaires* occupés par l'air ou l'eau ; la *densité* de la terre dépend évidemment de la proportion de ces espaces lacunaires.

Si l'on examine le cas théorique très simple d'une terre constituée d'éléments solides sphériques, on voit que l'espace lacunaire dépend de l'arrangement des particules et non de leurs dimensions.

Dans les dispositions de la figure 47, A, et 47, B, l'étendue des vides atteint son maximum, évalué à 47,64 p. 100 du volume total de la terre. Cette proportion reste la même dans la figure 47, B, alors que les sphères ont un diamètre cependant plus réduit. Le minimum d'espace lacunaire est réalisé par l'arrangement de la figure 47, C, ou 47, D ; il ne dépasse pas 25,95 p. 100 et ne dépend pas non plus des volumes des particules, pourvu que celles-ci soient toutes semblables (Hall) (1).

Si nous passons au cas où les sphères assemblées ont des diamètres différents, il se produira une réduction sensible des espaces lacunaires, si les petites particules se placent dans les vides laissés par les plus grandes (fig. 47, E), ou une augmen-

1) HALL, *Le sol en agriculture.*

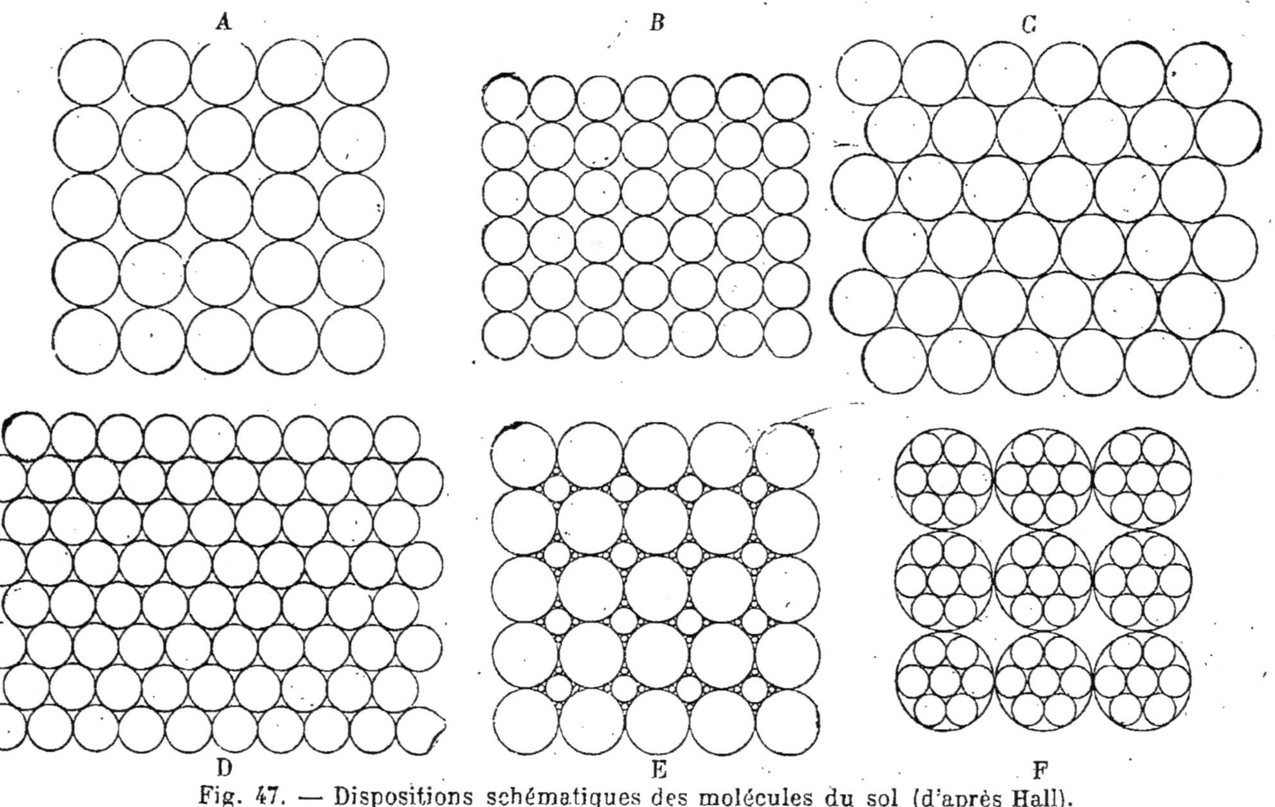

Fig. 47. — Dispositions schématiques des molécules du sol (d'après Hall).

tation sensible des lacunes si, aux vides existant entre les particules élémentaires, s'ajoutent ceux que forment les agrégats de ces particules (fig. 47, F).

Ordinairement et par suite du travail du sol et de son ameublissement, les vides lacunaires sont plus considérables que ne l'indiquent les chiffres théoriques considérés plus haut. On peut dire que, dans les conditions habituelles, l'espace lacunaire varie de 50 p. 100 dans les argiles compactes à 25 ou 30 p. 100 dans les sables grossiers. Le poids des particules d'argile extrêmement fines n'est pas suffisant pour vaincre le frottement, de sorte que la proportion des lacunes est, dans ce cas, plus considérable.

*Indications pratiques*. — Comme conclusion pratique de ces faits, on peut dire que la densité d'un sol en place diffère notablement de celle des éléments dont il est formé.

La texture du sol règle sa densité et domine également le régime d'infiltration des eaux, dont l'écoulement dépend du volume des vides et de la dimension moyenne des canaux existant entre les particules de terre.

Le nombre de grains d'un sol contenus dans un poids donné peut, comme conclusion pratique, servir de base pour l'étude de la texture d'une terre.

Pour la culture maraîchère et la production horticole et fruitière, où la qualité et la précocité des récoltes sont seules à rechercher, on préférera les sols à texture légère, renfermant seulement 10 p. 100 d'argile et contenant 4 millions de grains par gramme.

Une bonne terre à blé doit avoir une teneur en argile voisine de 20 p. 100 et comptera au moins 9 milliards de grains par gramme. Dans le cas des prairies (fig. 48) et des cultures fourragères, le sol contiendra 80 p. 100 d'argile, et le nombre de grains par gramme s'élèvera à 12 milliards.

Le rôle du calcaire dans la contexture physique des sols est considérable ; il agit, *à la condition d'être dissous*, sur l'argile pour la coaguler, la fixer, la maintenir au contact du sable, et empêche ainsi l'enlèvement de l'argile par l'eau qui ne laisserait plus en place que le sable.

L'humus fournit précisément l'acide carbonique indispensable à la dissolution du calcaire. De plus, il lie entre elles les particules de sable, les agglutine, les enveloppe comme l'argile elle-même, et, dans le cas inverse, enlève de la compacité aux terres trop argileuses. Ces deux substances : acide humique et argile, sont essentiellement colloïdales ; mais ces deux colloïdes, au lieu de se souder étroitement pour former une masse

Fig. 48. — Prairies sur sol argileux.

continue plastique, imperméable, s'entraînent au contraire l'un et l'autre dans les précipitations (Schlœsing).

*Action des pluies.* — Il faut donc considérer une terre comme un agrégat formé d'éléments possédant des propriétés différentes, susceptibles cependant de s'associer pour constituer une masse présentant une certaine cohésion et capable de résister à l'action des eaux (Dehérain).

Cette résistance, dépendant de la coagulation de l'argile,

varie suivant la proportion de calcaire dissous. Si, par des afflux d'eau répétés, on enlève le calcaire en dissolution, la terre, au lieu de rester pulvérulente, se transforme en boue et devient imperméable. En effet, les petits agrégats solides qui constituent la terre ne se touchent que par quelques points, laissant entre eux des espaces vides. Par suite de l'entraînement du calcaire, ces particules d'argile se soudent les unes aux autres, la masse s'effondre et forme un bloc continu, imperméable, incapable de retenir l'air et l'eau.

Une terre soumise à des pluies continues s'effondre donc, diminue de volume; les petits canaux interstitiels se bouchent, les vides dans lesquels l'eau se logeait diminuent d'étendue. Ainsi, quelque paradoxal que cela paraisse, la quantité d'eau retenue est moindre après la pluie qu'avant l'averse. La pluie continue a desséché le sol; il a perdu une partie de l'eau qu'il retenait, parce que, par suite de la disparition du calcaire dissous, les particules d'argile s'étant soudées, les vides qui pouvaient la contenir ont diminué de capacité. L'effondrement que produit la pluie continue chasse l'eau qui s'écoule comme une éponge mouillée serrée dans la main.

De cette terre ainsi tassée, non seulement l'eau mais encore l'air s'échappent. Le tableau suivant donne une idée des déperditions sensibles de ces deux éléments dans un sol mouillé par des pluies continuelles (Dehérain) :

| | Après une période de beau temps. | Après des pluies répétées | Après une nouvelle période de pluies. |
|---|---|---|---|
| Air............................ | 45,0 | 31,6 | 18,5 |
| Eau............................ | 17,2 | 19,8 | 21,6 |
| Somme de l'air et de l'eau. | 62,2 | 51,4 | 40,1 |

L'eau qui pénètre ne se loge donc pas à la place de l'air expulsé, puisque le volume de l'air diminue infiniment plus que n'augmente la proportion d'eau.

Le travail du sol doit donc se répéter judicieusement chaque année, surtout dans les terres argileuses, dont les particules se soudent aisément.

## IV. — ANALYSE GÉOLOGIQUE DES TERRES.

**Généralités.** — Le sol cultivé, nous l'avons vu, provient de la désagrégation des roches. Or il existe un grand nombre de

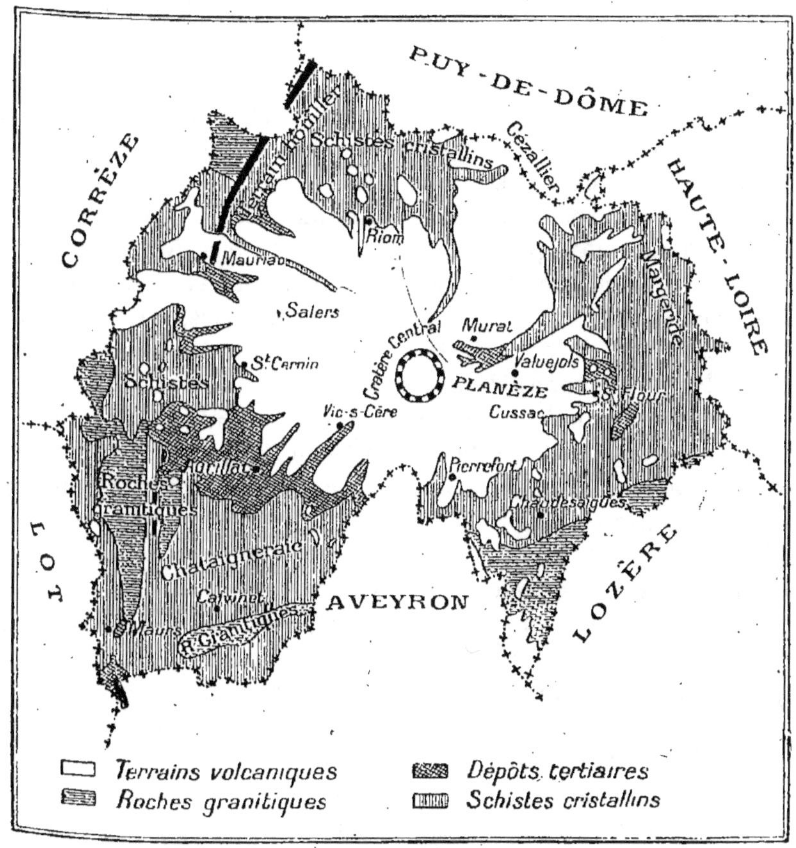


Fig. 49. — Carte géologique du Cantal.

minéraux caractérisés par leurs principes constitutifs ou leur agrégation moléculaire. La géologie, en indiquant la nature des roches considérées et leur teneur en éléments fixes, peut donc renseigner sur la valeur des terres qui proviennent de leur décomposition.

L'analyse physique ou mécanique du sol nous indique la

proportion de *sable, argile, calcaire, humus*, qu'il contient ; mais il y a différentes natures de sables, selon l'étage géologique auxquels ils appartiennent ; il existe toutes sortes d'argiles, et la craie ne ressemble pas au calcaire grossier. Les terres qui dériveront d'éléments semblables au point de vue physique pourront différer essentiellement par leur fertilité ou leur constitution.

La connaissance géologique d'un terrain indiquera en outre à quelle profondeur se trouvent les couches aquifères et en quel gisement on peut rencontrer la chaux, la marne, ou même les phosphates de chaux, etc.

Il est même curieux de remarquer le caractère spécial imprimé à un pays par l'âge géologique du terrain. Les régions d'origine granitique sont traversées de nombreux cours d'eau, les fermes sont distantes, isolées. Au contraire, dans les contrées calcaires, à cause de la rareté de l'eau, les exploitations agricoles se groupent dans les vallées en agglomérations.

La géologie, en nous renseignant sur la situation des dépôts de sable, de gravier ou de roches fissurées qui se laissent traverser par les eaux de pluie, ou sur l'existence des couches d'argile qui tantôt les retiennent, tantôt les amènent à jour, la géologie nous permet de découvrir les sources et de déterminer un utile aménagement des eaux.

Les cultivateurs emploient souvent, pour désigner les terres, des dénominations locales très caractéristiques ; *ergeron, arène, groix*, etc. ; l'étude géologique de ces formations nous donne la valeur de ces désignations et facilite le groupement de ces terres dans une classification générale.

L'analyse géologique vient donc compléter heureusement l'étude des terres. Ayant déterminé la formation géologique du sol, on connaîtra non seulement ses propriétés physiques, sa teneur en éléments fertilisants, mais encore la nature du sous-sol, la proximité d'amendements calcaires et le régime souterrain des eaux.

Le meilleur mode d'étude consiste à adopter les classifications géologiques et à examiner successivement les différentes terres auxquelles ont donné naissance les diverses assises géologiques.

En consultant une carte géologique (fig. 49) et en la juxta-
posant au tracé géographique de la région, on connaîtra la
formation géologique de la terre envisagée et les propriétés
physiques et chimiques qui la caractérisent.

Cette vaste étude constitue une science spéciale, l'*Agriculture
comparée*. Nous ne pouvons l'entreprendre ici ; nous présen-

Fig. 50. — Savart conquis par le boisement en Champagne.

terons seulement comme exemple de ces déterminations
l'étude des terrains primitifs.

**Terres formées par la décomposition des roches
primitives.** — Les roches primitives qui ont formé l'écorce
du globe se composent de granit, gneiss, micaschistes, etc.

*Granit.* — Le *granit* (fig. 51) est constitué par du quartz, du
mica et des feldspaths.

Le quartz est de la silice pure. Le mica peut fournir au sol,
par sa décomposition, du silicate d'alumine, de la magnésie,

du fer, un peu de potasse. Les feldspaths sont des silicates qui, outre l'alumine, ont pour bases secondaires, selon les variétés, de la potasse (orthose), de la soude (albite), avec de faibles traces de chaux et de fer. Ces considérations nous permettent d'envisager la fertilité des terres qui dériveront de ces roches.

Par leur désagrégation, les granits ne peuvent donc fournir, dans la majorité des cas, que des terres presque complètement dépourvues de chaux. La présence de certains feldspaths (oligoclase, labrador et anorthite) seule détermine l'augmentation de la teneur en calcaire.

Sous l'influence des agents extérieurs, le granit se désagrège : le quartz reste intact, le mica résiste longtemps, ses silicates sont lentement attaqués. Les feldspaths sont plus aisément décomposés par l'acide carbonique, qui forme avec les bases (potasse, soude) des carbonates. Il reste comme résidu un silicate d'alumine hydraté qui constitue l'argile.

Lorsque le quartz est abondant dans le granit, on obtient une mince couche de sable impropre à la végétation (Corrèze, Cévennes). Si le granit est au contraire presque entièrement feldspathique, il se forme une terre argileuse plus ou moins riche en calcaire, selon la nature des feldspaths.

La désagrégation du granit donne des fragments de grosseurs différentes : argile, sable fin, paillettes de mica, grains de quartz, etc. Ces éléments se rassemblent suivant l'action des eaux, de la pesanteur, et cette distribution influe également sur la composition des sols.

Les terres provenant de la décomposition des granits sont donc caractérisées, en général, par leur richesse relative en potasse, leur pauvreté en chaux et en acide phosphorique. Sans apport de calcaire, ces sols ne peuvent donner aucune récolte de blé, trèfle. etc. ; on y cultive le sarrasin, l'avoine, les pommes de terre, le millet, etc.

*Gneiss.* — Le *gneiss* n'est autre chose qu'un granit schisteux, qui, en se décomposant, se feuillette et donne des terres d'une composition analogue aux sols granitiques, c'est-à-dire caractérisées par leur richesse en potasse et leur pauvreté en chaux et acide phosphorique.

*Micaschiste, porphyres, etc.* — Le *micaschiste* se compose de couches alternées de quartz et de mica ; les feldspaths font absolument défaut, et l'absence de cet élément d'une décomposition facile indique une transformation plus lente en terre arable. De plus, le manque de chaux est, cette fois, total. Quand le mica domine, on obtient un sol argileux mêlé de

Fig. 51. — Granit vosgien.

fragments de schistes, qui peut devenir productif si l'on apporte du calcaire.

Si le quartz domine, il se forme une terre sableuse très aride. En général, les deux éléments existent en proportions égales, et les micaschistes donnent par leur décomposition une terre légère, pauvre en chaux, qui ne convient qu'au seigle, au sarrasin, à l'avoine, aux pommes de terre, etc. (montagnes des Maures, ségalas de l'Aveyron).

Parfois c'est le mica qui disparaît, et la roche constituée par l'association de quartz et de feldspath constitue la *pegmatite*, qui se décompose aisément et donne un sol assez argileux. Les *porphyres quartzifères* (quartz et feldspaths) ne fournissent que des terres ingrates. Les *porphyres* proprement dits constituent des sols dont la valeur dépend de la nature des feldspaths qui les composent. Tantôt ces roches ne se décomposent que très lentement, tantôt elles fournissent des terres assez fertiles [Vosges (fig. 52), Cornouailles].

La série des *roches à amphibole* (trémolite, actinote, hornblende) ou à *pyroxène* (augite, diallage) constitue des terres en général plus fertiles que la série des roches à mica. Le mica est remplacé par des silicates dont la base renferme de la chaux, de la magnésie et du fer ; on peut citer dans ce groupe la syénite, la diorite, la serpentine. Lorsque les silicates qui remplacent le mica ne contiennent que de la magnésie et du fer, on obtient les *schistes chloriteux* et les *talcschistes*, qui donnent des terres peu fertiles, pauvres en chaux et acide phosphorique.

En résumé, les terres dérivées des roches primitives *sont caractérisées par leur pauvreté en chaux et acide phosphorique* ; lorsqu'elles sont argileuses, *leur teneur en potasse peut être appréciable*.

*Régions d'origine primitive.* — On rencontre des terres de cette origine dans les Vosges, dont le noyau central est composé de granits, syénites et porphyres ; dans le Morvan, le Beaujolais, les montagnes du Lyonnais et du Forez.

Le Plateau Central, qui s'étend sur un cinquième de la surface totale de la France, est un vaste plateau de gneiss et de granit. Il se compose d'une série de vallées et de croupes arrondies, au-dessus desquelles s'élèvent les montagnes ou *puys* d'origine volcanique plus récente. Les sols de cette région manifestent le caractère général des terrains primitifs : rareté de la chaux et de l'acide phosphorique.

Ces régions étaient boisées autrefois et sont occupées actuellement par des landes presque improductives. Les déboisements datent des xvi<sup>e</sup> et xviii<sup>e</sup> siècles. Dans la Corrèze, le tiers du département est en landes ; dans la Creuse, le quart ; dans la Haute-Vienne, le dixième.

La meilleure exploitation à réaliser sur ces terrains stériles est le reboisement. Sur les pentes douces, dans les dépressions où la terre s'est accumulée, le sol peut porter quelques récoltes de sarrasin, seigle, pommes de terre ; le châtaignier se plaît dans ces régions granitiques.

Par d'abondants chaulages et l'apport d'engrais phosphatés, on peut améliorer les terres de quelque valeur et établir des cultures de blé, trèfle, topinambour, rave.

Le Limousin, qui participe de cette formation granitique,

Fig. 52. — Paysage agricole de la montagne vosgienne.

a vu son agriculture se perfectionner nettement par l'emploi des amendements calcaires et l'excellente répartition des eaux de sources pour l'irrigation. Ses prairies servent aujourd'hui à élever la race bovine limousine, une de nos meilleures races de boucherie et de travail.

Deux zones littorales de la Bretagne, au nord et au sud, sont constituées par des terrains primitifs où le granit prédomine, accompagné de gneiss, micaschiste et schiste talqueux.

Cette région, autrefois couverte d'immenses forêts, ne comprend actuellement que des landes. Sur les terres les plus profondes, les plus perméables, on trouve la *grande lande*, c'est-à-dire la fougère, le genêt à balai, l'ajonc épineux. La *petite lande* croît au contraire sur les sols siliceux peu épais et étend à l'horizon sa maigre végétation de bruyères, de polygalas, de graminées, etc.

Tous ces végétaux spontanés de la lande sont coupés de temps à autre et distribués au bétail comme litière. L'ajonc sert de nourriture estimée, et ces litières, ces fumiers sont accumulés sur une faible étendue du domaine où se concentre toute l'activité du cultivateur breton. C'est ainsi que sont exportées dans les quelques parcelles cultivées les traces de chaux et d'acide phosphorique que les genêts, les fougères, etc., ont seuls le pouvoir de rassembler au milieu de ces sols granitiques. Sur ces *terres chaudes* ainsi fertilisées, on cultive le sarrasin, le seigle, l'avoine, l'orge, les pommes de terre, les choux, etc. A l aide de chaulages on obtient quelques récoltes de trèfle, de blé.

Des filons de diabases et de diorites qui traversent le gneiss peuvent fournir par leur décomposition le calcaire nécessaire ; les Bretons leur ont donné le nom de *marnes*.

Les terres granitiques du littoral se trouvent dans une situation particulière, qui a singulièrement facilité leur amélioration. L'Océan enlève aux côtes des débris de granit et de gneiss qu'il ramène et dépose sur certains points, en fines particules sableuses, mélangés à des fragments d'algues calcaires et de coquillages.

Ces dépôts constituent la *tangue*, le *trez* ou le *merl*, et sont de véritables amendements calcaires. Leur emploi, combiné avec l'enfouissement, comme fumure, des goémons et des varechs récoltés sur les rochers, a contribué à former tout autour de la Bretagne une région privilégiée, qui se distingue par la productivité du sol et le développement de son bétail : c'est la *Ceinture dorée* de la Bretagne.

Dans les régions intérieures, il faut améliorer le sol par les chaulages et les phosphatages, et tenter de défricher la lande avec prudence et circonspection, en rassemblant ses efforts sur une parcelle d'étendue réduite. On boise une part des landes, lorsque l'épaisseur de la terre arable n'est pas suffisante pour devenir un champ fertile ou un bon pâturage. Le chêne pédonculé, le chêne rouvre, le hêtre, le châtaignier, le bouleau, le pin sylvestre, le pin maritime et, dans les parties humides, le tremble, le frêne, le peuplier noir, pourraient être employés utilement à ces reboisements.

La région de la Vendée correspondant au *Bocage vendéen*

Fig. 53. — Type de terrain granitique peu fertile. Sommet des monts du Forez.

et à la *Gâtine* est également d'origine granitique. On peut distinguer dans le Bas-Poitou (Vendée et Deux-Sèvres), trois régions distinctes : le *Marais*, alluvions conquises sur la mer ; la *Plaine*, d'origine jurassique ; le *Bocage*, de formation granitique.

Les sommets les plus arides sont couverts de forêts ; les terres arables suivent un système de culture semi-pastoral.

Lorsque le bétail a pâturé, on laboure et on récolte pendant quelques années des céréales, des choux branchus et parfois du trèfle.

L'axe central des Pyrénées est constitué par des granits qui ne sont à découvert que dans les Hautes-Pyrénées et les Pyrénées-Orientales. Sur les *aspres*, où le roc est presque à nu, la végétation se compose de broussailles et d'herbes rares que paissent les troupeaux. Mais sur les pentes, partout où la terre végétale s'est amoncelée, on cultive les fruits des climats méridionaux, et des vignobles en terrasses peuvent donner des vins de qualité supérieure.

Dans les Alpes s'élèvent le massif des Maures et celui de l'Esterel, dont les caractères de roche granitique forment un contraste frappant avec la végétation des terrains calcaires du voisinage. Les croupes arrondies de ces massifs sont couvertes de bois de pins, de chênes communs, chênes-lièges, etc. Les vallons, arrosés par les torrents, les coteaux, sont plantés de vignes, d'oliviers, de froment, ou couverts de châtaigniers.

L'arête principale des montagnes de la Corse est formée de roches primitives, dont les ramifications couvrent toute la partie occidentale de l'île (1). Des forêts s'étendaient autrefois sur la plus grande partie du territoire; aujourd'hui la lande — le *maquis* — occupe ces terres d'origine granitique ; au lieu de bruyères, genêts bretons, etc., on y rencontre des lauriers, des cistes, etc. Le système de culture le plus répandu en Corse consiste à couper le maquis et à le brûler sur place ; la cendre constitue l'unique fumure donnée au sol. On cultive ainsi le blé, l'orge, le maïs, un peu d'avoine, des haricots, des pommes de terre.

Lorsque la terre est épuisée, on abandonne le terrain que le maquis envahit bientôt, et l'on recommence un peu plus loin la même opération.

**Terres formées par la décomposition des roches volcaniques.** — Les roches *volcaniques* ou *éruptives* se sont fait jour à une époque plus récente à travers les roches primitives.

(1) La partie orientale est d'origine secondaire, où le calcaire domine ; le littoral comprend des lagunes marécageuses.

Elles en diffèrent par une cristallisation moins complète et par une composition chimique dissemblable. Les roches volcaniques renferment une certaine proportion de chaux et d'acide phosphorique ; les terres qu'elles formeront seront donc plus fertiles que les sols d'origine granitique.

Parmi les roches volcaniques, on cite les *trachytes*, constitués par une pâte rugueuse de petits cristaux de feldspaths

Fig. 54. — Type de terrain granitique fertile. Montagnes du Forez et plateau de la Loire.

enchevêtrés les uns dans les autres ; la *domite* (Puy-de-Dôme), la *phonolithe*, qui ne sont que des variétés de trachytes, etc. On rencontre également dans cette pâte de l'amphibole, du pyroxène, de la magnétite, de l'apatite.

Le *basalte* (fig. 55) est une roche grise ou noire, composée de cristaux de labrador et d'augite ; sa teneur en potasse et en chaux détermine la formation de sols fertiles.

A cause de leur couleur foncée, ces terres sont *chaudes*, et les débris de roches du sous-sol donnent au terrain une perméabilité remarquable.

Les *laves* sont des basaltes de formation récente. La structure diffère, mais la composition chimique est semblable. Ces roches sont suffisamment riches en chaux et acide phosphorique. Certaines laves contiennent plus de 10 p. 100 d'acide phosphorique.

En résumé, les terres dérivant des roches volcaniques se dis-

Fig. 55. — Coulée de basalte sur la rive gauche de la Volane.

tingueront, dans la majorité des cas, par leur fertilité et leur richesse en chaux et acide phosphorique.

L'Auvergne présente toute la série des roches éruptives surmontant les assises du Plateau Central, qui sont elles-mêmes d'origine granitique.

Sur les terres dérivant de ces roches volcaniques, se trouvent d'abondants pâturages où s'élève le bétail auvergnat. On distingue les *montagne à graisse*, dont les herbes servent à engraisser les bœufs, et les *montagnes à lait*, sur lesquelles pâturent les vaches laitières. Le lait servira au vacher qui habite le chalet (*buron*) pour fabriquer du beurre et du fromage (*fourme*).

Sur le massif du Cantal, d'origine volcanique, les forêts alternent avec les pâturages. Le plateau de la Planèze, qui

Fig. 56. — Ferme flamande.

s'étend par Saint-Flour jusqu'aux massifs de la Margeride, le grenier du Cantal, est d'une fertilité exceptionnelle.

La culture dominante dans ces régions volcaniques est la culture pastorale ; les céréales occupent une surface réduite, et il y a peu d'autres cultures.

On rencontre des terres d'origine volcanique dans le massif d'Aubrac, dans la Haute-Loire, l'Ardèche, les monts du Velay, du Vivarais, avec les mêmes caractères agricoles.

On voit par ces courts exemples l'intérêt des études géologiques comme base générale d'appréciation de la valeur d'un sol.

*Le territoire agricole français.* — On peut classer les terres françaises d'après leur origine géologique réglant leur fertilité naturelle.

Sur les 50 millions d'hectares cultivés en France, environ 7 millions d'hectares présentent une heureuse association des principes fertilisants : azote, acide phosphorique, potasse et chaux. Ce sont les sols d'origine volcanique, ou provenant de la décomposition du calcaire coquillier, du lias, de quelques assises jurassiques, des mollasses tertiaires et des alluvions.

Les limons quaternaires de la Flandre (fig. 56) et du bassin de la Seine représentent des terres *complètes* couvrant 3 millions d'hectares qu'une culture parfaite et intelligemment conduite a placées parmi les modèles reconnus de l'agriculture française (Nord et environs de Paris).

On peut estimer à 37 millions d'hectares les sols pauvres en acide phosphorique. Une partie de ces terres, environ 12 millions d'hectares, appartenant aux formations jurassiques, crétacées, au calcaire grossier, etc., ne manquent pas de chaux, mais sont dépourvues d'acide phosphorique. Les autres étages géologiques sont aussi pauvres en chaux qu'en acide phosphorique. Les assises géologiques qui leur ont donné naissance sont les roches éruptives anciennes (granit, gneiss, micaschistes), les terrains primaires, une grande partie des terrains tertiaires (argile plastique, argile à silex).

Certaines format'ons, telles que le grès houiller, le grès des Vosges, les sables de Fontainebleau, etc., ne contiennent aucun élément de fertilité. Enfin 3 millions d'hectares cultivés manquent de potasse.

## V. — ANALYSE PÉTROGRAPHIQUE DES TERRES.

MM. Delage et Lagatu préconisent un mode d'analyse des terres arables reposant sur l'examen au microscope polarisant et à lumière parallèle des terres taillées en plaques minces.

La terre à examiner, séparée, à l'aide de tamisages, des cailloux et graviers, est mouillée et malaxée jusqu'à consistance pâteuse. On en constitue de petits rouleaux qui, séchés, sont imprégnés à chaud d'une colle donnant, après refroidissement, une résistance assez grande pour pouvoir se prêter à la taille comme des échantillons de roches. Les plaques obtenues ont une épaisseur voisine de 1 centième de millimètre.

Ces opérations sont réalisées à la fois pour le sol (jusqu'à 30 centimètres de profondeur) et pour le sous-sol (de 30 à 60 centimètres).

Le microscope permet de distinguer dans ces plaques minces de terre des minéraux fragmentés qui, quoique très petits, ont encore des dimensions suffisantes pour pouvoir être aisément déterminés. On discerne en outre des fragments résultant d'une trituration extrême formant dans les préparations une sorte de réseau de couleur plus ou moins foncée, dont les mailles irrégulières

Fig. 57. — Granit des Vosges vu au microscope.

sont occupées par les minéraux désignés ci-dessus.

L'examen microscopique et minéralogique de ces plaques minces peut donner des renseignements précieux sur la composition des terres (fig. 57).

L'observation microscopique de la terre arable en plaques minces permet donc de déterminer la grande majorité des éléments constituants et d'étudier les combinaisons dans lesquelles ces éléments sont engagés. Elle montre l'origine des minéraux de la terre, la nature des roches primitives, éruptives ou sédimentaires qui les ont fournis.

## VI. — ANALYSE CHIMIQUE DES TERRES.

*Généralités.* — L'étude de l'origine géologique des sols peut donner d'utiles indications sur la teneur des terres en principes fertilisants. Mais, pour connaître la richesse exacte d'un sol en azote, acide phosphorique, potasse, chaux, etc., il est indispensable d'avoir recours à l'analyse chimique.

La précision de ces recherches, les connaissances scientifiques exigées, la technique délicate de ces analyses nécessitent l'intervention d'un chimiste ou d'un agronome. Il existe en France des laboratoires et des stations agronomiques spécialement établis à cet effet. Pour une dépense modique, l'agriculteur pourra toujours posséder l'analyse de ses terres et se rendre compte des éléments fertilisants qui font défaut. Le cultivateur doit pouvoir simplement prendre un échantillon moyen du sol et savoir interpréter les résultats de l'analyse.

*Dosage de l'azote.* — On dose ordinairement dans le sol l'azote total. Puis, poursuivant les recherches, on détermine la teneur des terres en :

Azote nitrique ;

Azote ammoniacal ;

Azote organique.

Il importe en effet de savoir sous quelle forme se présente dans le sol cet élément fertilisant, la première forme étant seule assimilable immédiatement. L'azote ammoniacal nitrifie très rapidement ; pour la forme organique, sa facilité d'assimilation dépend de la rapidité de sa transformation en azote nitrique sous l'influence du ferment nitrificateur.

Les analyses des chimistes donnent la teneur en azote *pour 1 000*, et l'interprétation des résultats peut s'appuyer sur cette règle générale d'une approximation suffisante dans la pratique.

Un dosage de 1 p. 1 000 d'azote indique une terre de *richesse moyenne* : il sera simplement nécessaire de restituer au sol l'azote prélevé par les récoltes.

Une teneur supérieure à 1 p. 1 000 caractérise une terre *riche* ou *très riche* en azote, à laquelle il sera inutile d'apporter des engrais azotés. Une proportion moindre de 1 p. 1 000 décèle un terrain *pauvre* en azote, et qu'il conviendra d'enrichir en cet élément par des fumures appropriées.

La nitrification s'effectue normalement si le sol est perméable, riche en calcaire, et l'on peut admettre que, dans les conditions les plus favorables, 2,5 p. 100 de l'azote total au

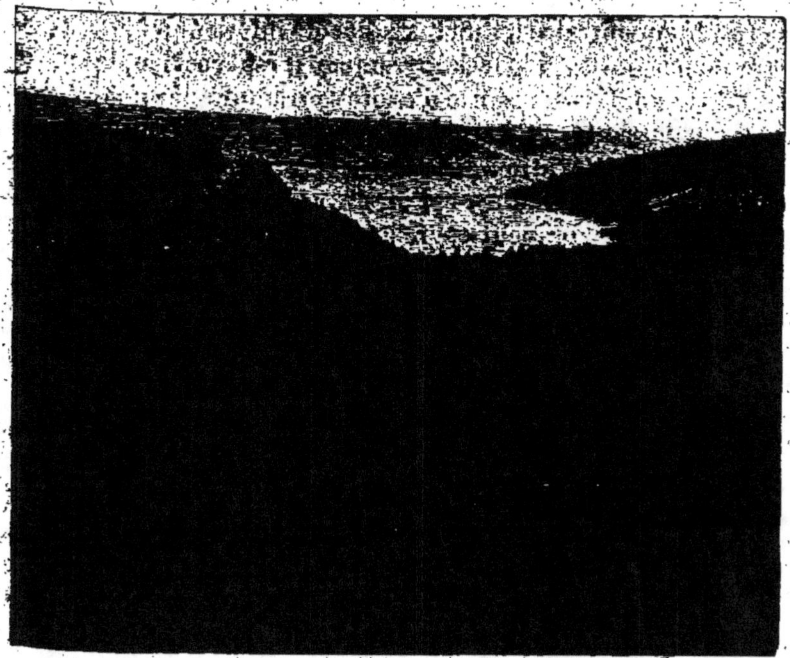

Fig. 58. — *Reboisement en sol pauvre. Jeune plantation de pins à Villers-Marmery (Marne).*

maximum sont transformés annuellement en azote nitrique.

En évaluant à 30 centimètres l'épaisseur de la couche arable, à 1 333 kilogrammes le poids du mètre cube de terre, cette couche pèserait par hectare environ 4 millions de kilogrammes. Un sol renfermant 1 p. 1 000 d'azote produirait par an et par hectare $\dfrac{4\,000\,000 \times 2,5}{1\,000 \times 100} = 100$ kilogrammes d'azote nitrique.

*Terres très riches en azote.* — Certaines terres, de couleur foncée : défrichement, landes, bruyère, tourbières, terreaux, vieilles prairies, jardins, alluvions, etc., donnent à l'analyse des quantités d'azote atteignant 2 à 10 p. 1 000, soit 2 à 10 grammes par kilogramme. De tels sols n'ont pas besoin d'engrais azotés ; on peut même y craindre la verse des céréales. Pour que ces réserves importantes d'azote soient mobilisées au fur et à mesure des récoltes, la présence de la chaux est indispensable.

*Terres très pauvres en azote.* — Il arrive parfois que l'analyse ne révèle au contraire qu'un taux d'azote inférieur à 0,5 p. 1 000, soit moins de 0$^{gr}$,5 par kilogramme (grès vosgien, craie de Champagne). L'insuffisance d'azote se traduira par une végétation languissante, et l'apport d'engrais azotés est nécessaire pour obtenir l'élévation des rendements. C'est alors une question d'ordre économique : si l'on dispose de matières azotées à un prix très bas, on peut chercher à enrichir le sol. Dans le cas contraire, la logique conseille de mettre ces terres en exploitation forestière (fig. 58).

*Terres moyennes.* — Les situations moyennes, les plus nombreuses, correspondent aux sols d'une teneur en azote oscillant autour de 1 p. 1 000 :

C'est dans les limites de 0,5 à 1 p. 1 000 que l'utilité des engrais azotés paraît indéniable. Au-dessus de 1 p. 1 000, l'agriculteur doit simplement chercher à maintenir la fertilité naturelle et baser son jugement sur des expériences culturales.

L'importance de la nitrification de l'azote total dosé montre la nécessité d'accompagner toute analyse des matières azotées d'un dosage du carbonate de chaux.

**Dosage de l'acide phosphorique.** — L'acide phosphorique existe dans le sol sous forme de phosphate de fer et d'alumine, de phosphate de chaux, etc.

Certains composés phosphatés sont solubles et peuvent être directement assimilés par la plante. D'autres doivent subir l'action dissolvante des agents extérieurs ou des sucs acides des racines. Il s'agit là de distinctions importantes. L'analyse chimique doit donc différencier ces formes d'acide phosphorique, et les méthodes de recherches permettent de distinguer :

L'acide phosphorique soluble dans l'eau ;

L'acide phosphorique soluble dans le citrate d'ammoniaque ;

L'acide phosphorique insoluble ;

L'acide phosphorique total.

Le citrate d'ammoniaque a été choisi comme réactif parce que son acidité correspondait à peu près à celle des sucs des racines. En France, on accorde d'ailleurs la même valeur à ces deux formes d'acide phosphorique : soluble dans l'eau et

Fig. 59. — Influence des engrais potassiques en sol calcaire.
(A, partie fumée. — P, partie non fumée).

soluble dans le citrate d'ammoniaque. En Angleterre, on différencie ces deux formes, qui n'ont pas commercialement la même valeur.

Une distinction importante sépare l'acide phosphorique soluble et l'acide phosphorique insoluble.

L'interprétation des résultats de l'analyse est facile et le chiffre de 1 p. 1 000 sert en général de ligne de démarcation.

Une teneur de 1 p. 1 000 en acide phosphorique total indique une terre de richesse moyenne à laquelle on appliquera la loi de restitution. En deçà de 1 p. 1 000, la terre est pauvre en cet élément. Au delà de 1 p. 1 000, le sol est riche ou très riche en acide phosphorique, selon le chiffre obtenu.

Le cultivateur possède donc des indications sur l'opportunité de l'apport d'engrais phosphatés.

La division de l'acide phosphorique en phosphates solubles ou insolubles lui indiquera de plus si les richesses foncières de son sol sont immédiatement réalisables ou si leur mise en circulation demande quelque temps pour s'établir.

Ces chiffres servent donc d'indication générale relativement aux besoins du sol en acide phosphorique ; nous savons que l'état de cet élément dans les terres régit son assimilabilité. L'analyse ne donne aucun renseignement sur cet état et le plus souvent les situations extrêmes : terres pauvres et riches, gardent seules leur signification précise. Pour les autres cas, il faut exécuter des essais culturaux.

*Dosage de la potasse.* — On rencontre dans le sol la potasse à l'état de silicates insolubles ou de carbonates, sulfates, chlorures, azotates solubles.

Les procédés de dosages actuellement employés indiquent la teneur de 1 p. 1 000 comme terme moyen (1). Une quotité plus faible nécessite un apport d'engrais potassiques ; une proportion dépassant 1 p. 1 000 indique une terre riche en potasse. Avec la teneur de 1 p. 1 000, on restituera simplement au sol ce qui est prélevé par les récoltes successives (fig. 59).

Lorsque l'analyse fournit 1 p. 1 000 de potasse, il convient simplement, dans un assolement où les plantes fourragères s'équilibrent bien avec les céréales et les racines, de rendre aux

---

(1) En adoptant comme procédé d'analyse l'attaque de la terre passant au tamis de 1 millimètre par l'acide sulfurique bouillant. Il est bien évident que ces chiffres n'ont de valeur que si les analyses sont comparatives et emploient des procédés de recherches analogues. Les données fournies plus haut pour l'azote, l'acide phosphorique, la potasse, correspondent aux méthodes aujourd'hui adoptées en France par tous les laboratoires et stations placés sous le contrôle de l'État, méthodes reconnues et suivies dans la plupart des laboratoires industriels.

champs tout le fumier produit par les fourrages et les pailles. Si une partie de ces approvisionnements est vendue, il faut restituer au sol, par des engrais chimiques, la potasse exportée.

Un certain nombre d'agronomes considèrent cependant le chiffre de 1 p. 1 000 insuffisant à caractériser des terres de richesse moyenne en potasse et préfèrent choisir 2 p. 1 000 comme base d'appréciation.

*Dosage de la chaux.* — La chaux joue un rôle complexe en agriculture. Elle exerce une influence directe sur la nutrition du végétal et une action très marquée sur les propriétés physiques du sol.

La chaux aide à la décomposition des matières organiques du sol, elle se combine à l'humus et facilite l'absorption des éléments solubles par la terre, elle aide à l'assimilation de certains principes fertilisants ; enfin le calcaire est indispensable au ferment nitrificateur. Par suite de la diversité de ces phénomènes, il est difficile d'indiquer la teneur moyenne d'un sol en chaux, d'autant plus que l'efficacité de son action dépend de sa *composition chimique* et de son *état de division* (calcaire actif).

Au point de vue de la fertilité du sol, une proportion de 1 p. 1 000 de chaux semblerait suffire aux besoins de la végétation.

Mais la chaux doit être en quantité plus considérable, si l'on examine son rôle dans les réactions chimiques du sol : saturation de la matière organique, nitrification, double décomposition avec les sels d'ammoniaque et de potasse permettant au pouvoir absorbant du sol de retenir ces deux principes. La proportion de chaux ainsi nécessitée ne peut s'évaluer avec précision. Elle doit être d'autant plus grande que l'on emploie davantage de fumures organiques ou salines par suite des doubles décompositions qui facilitent le départ de sels de chaux solubles. Plusieurs centaines de kilogrammes de calcaire disparaissent par an et par hectare, quand les sols sont modérément fumés. Si le sol ne contenait que 1 ou 2 millièmes de calcaire, un petit nombre d'années suffirait pour éliminer complètement celui-ci sous l'influence des réactions chimiques.

Au point de vue de l'ameublissement du sol, la dose de calcaire indispensable à sa facile pénétration est très variable selon la proportion d'argile contenue et l'état de finesse qu'affecte le carbonate de chaux ; la présence d'éléments sableux diminue la proportion de chaux indispensable.

On voit le nombre et la diversité des facteurs qui interviennent. D'une manière générale, dans les sols contenant une notable quantité d'argile, il faut *plusieurs centièmes de calcaire*, et non plus plusieurs millièmes, pour que les propriétés des terres franches se dessinent. Pour les terres légères, cette proportion, nous l'avons dit, diminue sensiblement.

Mais les réactions chimiques du sol : combustion de la matière organique, nitrification, double décomposition des sels ammoniacaux et potassiques, nécessitent des quantités de calcaire bien plus considérables.

Il est donc malaisé de fixer exactement la dose minimum de calcaire ; les terres légères peuvent se satisfaire de 1 p. 100, les terres fortes en exigent plus de 4 p. 100. L'analyse chimique ne peut donc renseigner que dans les cas extrêmes ; la pratique agricole et l'expérimentation directe pourront seules donner des indications précises.

L'interprétation des résultats de l'analyse n'est donc plus aussi aisée que dans le cas de l'azote, l'acide phosphorique et la potasse. On comprendra facilement la différence : ces trois éléments n'agissent que comme substance nutritive, et leur action est relativement peu soumise à la nature du sol, tandis que la chaux régit à la fois les propriétés physiques des terres et leur fertilité.

L'analyse du calcaire devra se compléter, chaque fois qu'il sera possible, par l'examen du degré de ténuité de ses éléments, l'état de sa combinaison dans le sol et par l'étude de son assimilabilité. On aura ainsi des indications précieuses sur l'activité du calcaire. M. de Mondésir a inventé un appareil très simple destiné à doser le calcaire actif d'après la vitesse de dégagement de l'acide carbonique dans l'attaque par un acide : plus le calcaire est divisé, plus le dégagement est rapide. On mesure cette vitesse d'échappement par les déplacements d'un liquide dans un tube manométrique.

Pour la détermination de la chaux assimilable du sol,

M. Meyer obtient cette proportion en laissant dissoudre la terre dans une solution de chlorure d'ammonium à 10 p. 100 maintenue à 100° C. pendant trois heures.

*Dosage des substances diverses.* — La magnésie accompagne souvent la chaux et existe dans le sol à l'état de carbonate, de silicate. Dans la plupart des cas, les sols en contiennent des quantités largement suffisantes aux besoins des plantes, et l'on procède rarement à son dosage. Cependant il est utile de déterminer le rapport existant entre la chaux et la magnésie (1).

La soude se rencontre surtout dans les terrains salés, où elle rend ces sols stériles : la recherche de cet élément en dehors de ces cas spéciaux présente rarement de l'intérêt.

On dose le soufre dans le sol. Des expériences récentes ont montré l'intérêt du soufre considéré comme engrais ou amendement. Les analyses indiquent des teneurs très variables de cet élément, depuis 7 p. 1 000 jusqu'aux traces. Les sols crayeux sont très pauvres en soufre, et ceci explique l'efficacité sur ces terres des superphosphates de chaux.

Le fer existe presque toujours dans le sol à l'état de sesquioxyde ; les terrains en renferment des quantités toujours supérieures aux besoins des plantes, sauf les sols calcaires, où, d'après certains auteurs, l'absence de cet élément peut engendrer la chlorose (vigne). Il y a d'ailleurs corrélation entre la présence du fer et la pauvreté d'un sol en chaux. Le fer paraît favoriser l'élimination du carbonate de chaux.

Le manganèse, dont l'influence sur la végétation semble ressortir d'expériences récentes, pourrait être également dosé.

Enfin le rôle des engrais radio-actifs, examiné en détail au chapitre des engrais, montre l'intérêt tout particulier qu'on trouve à considérer la terre à ce point de vue.

*Interprétation des résultats.* — Pour la pratique agricole, on se borne généralement à doser l'azote, l'acide phosphorique, la potasse, la chaux, et parfois la magnésie et l'acide sulfurique. Les expériences de laboratoire, les recherches scientifiques exigent des déterminations plus précises.

(1) D'après certains auteurs, ce rapport doit être environ de 4 à 1 pour les végétaux à grand feuillage et de 2 à 1 pour les céréales.

Il est une correction importante qu'il importe de mentionner dans l'interprétation des chiffres fournis par l'analyse. Les résultats obtenus dans les stations agronomiques et laboratoires, suivant des méthodes détaillées et uniformes, se rapportent à la terre fine, c'est-à-dire aux éléments passant au tamis en fil de laiton de 10 mailles par centimètre, et non pas à la *terre avec ses pierres, ses cailloux*, telle qu'elle se trouve dans les champs.

De ce fait, les résultats doivent subir une correction pour être ramenés à la terre naturelle ; les chiffres obtenus seront diminués d'autant plus que la proportion de pierres est considérable. On rapportera donc les chiffres obtenus à la masse totale de la couche arable en les corrigeant par un coefficient qui représente la proportion de terre fine que cette couche arable renferme. C'est pourquoi nous avons insisté, dans la prise d'échantillon, sur la nécessité de déterminer le poids de cailloux, pierres, contenu dans un poids donné de terre arable.

Pris en eux-mêmes, les chiffres exprimant la composition chimique d'une terre n'ont qu'une signification relative ; ce n'est que par leur comparaison avec les résultats culturaux qu'ils acquièrent une valeur pratique.

En effet, ce n'est pas la connaissance intégrale des éléments d'une terre qui importe, mais la façon dont ils sont mis à la disposition des végétaux. La plante ne dispose pas d'acides concentrés comme dans l'analyse chimique. De ce qu'une terre a révélé, sous l'action brutale et rapide d'agents chimiques qu'elle contenait, tel principe en telle quantité, on ne peut conclure avec certitude qu'elle met nécessairement ces principes à la disposition des plantes ; les racines ne disposent que d'acides organiques faibles agissant dans un milieu qui, par l'ensemble de ses propriétés physiques, peut être plus ou moins favorable à leur action. Les racines, d'autre part, n'agissent pas sur toute la masse de terre comme l'acide utilisé dans l'analyse.

L'eau qui solubilise les principes nutritifs est plus ou moins riche, non suivant la teneur du sol en principes alibiles, mais selon son acidité et suivant la durée de son contact avec la terre avant son arrivée au niveau des poils absorbants. Ce sont autant de facteurs qu'ignorent les méthodes d'analyses scientifiques.

Quand l'analyse intervient, non pas sur le sol, mais sur la récolte d'une plante donnée, on peut connaître exactement les quantités réelles des produits nutritifs qu'un sol a fournis à une plante donnée, sous un climat, dans des conditions météorologiques, avec des façons culturales et dans un temps donnés (F. Marre). Les plantes livrent le secret de la composition d'une terre plus fidèlement que n'en sont capables les réactifs chimiques ou électriques.

Connaissant les exigences des diverses plantes culturales et les récoltes qu'elles donnent normalement dans une terre donnée, il devient facile de dégager les propriétés exactes de cette terre et, par suite, les modifications qu'il convient d'y apporter pour l'améliorer. On voit ainsi l'intérêt des analyses du sol qui servent de guide et d'indication générale. Leur rôle, à ce point de vue, se montre assez précieux pour qu'on en recommande l'usage sous les réserves théoriques établies plus haut.

*Analyse chimique et analyse mécanique.* — Nous l'avons fait observer : l'analyse chimique n'indique pas la combinaison dans laquelle l'élément nutritif est engagé.

La potasse dosée par le chimiste peut se trouver, par exemple, unie à des principes fixes qui la rendent peu assimilable : des expériences de grande culture ont montré, notamment, l'influence des engrais potassiques sur certaines terres fortes, cependant reconnues à l'analyse comme riches en potasse.

La potasse provenant de la décomposition d'un feldspath-orthose, notamment, peut se présenter dans un sol sous trois formes :

1° *Potasse originellement passive*, appartenant aux éléments inaltérés ;

2° *Potasse accidentellement passive*, appartenant aux éléments argileux qui l'immobilisent ;

3° *Potasse active*, ou en dissolution dans les eaux du sol. Il existe, on le conçoit, une grande différence entre ces diverses formes. La potasse *originellement* passive ne peut être d'aucune utilité immédiate pour la culture, parce qu'elle appartient à des silicates complexes à des débris cristallisés qui doivent être préalablement désagrégés. Toutefois, si l'on considère des particules très fines, dans un milieu doué d'une grande activité chimique, il est possible que la quantité de potasse libérée par la désagrégation suffise aux besoins des plantes.

En ce cas, c'est le degré de finesse qui doit nous intéresser : l'analyse mécanique nous indiquera la proportion d'argile colloïdale, de sable fin, de sable grossier, etc.

La potasse *accidentellement* passive, au contraire, peut être d'une utilisation immédiate, indépendamment de toute activité désagrégeante. Elle a été solubilisée déjà au moment de la désagrégation des débris rocheux, et, si elle est retenue ou immobilisée par le *pouvoir absorbant* du sol, elle n'en affecte pas moins une forme plus accessible aux agents de mobilisation. Les composés qui la retiennent sont, en effet, amorphes et hydratés.

Les recherches entreprises pour différencier ces formes de la potasse devront donc *associer les données de l'analyse mécanique et les résultats de l'analyse chimique.*

Les chiffres qu'on obtiendrait en dosant la potasse de la *terre fine* correspondraient indifféremment à telle ou telle forme. Au contraire, si l'on sépare préalablement les éléments sableux et argileux par l'analyse mécanique, on pourra, en dosant séparément la potasse sur chacun d'eux, se rendre compte de son utilité agricole.

Les analyses mécanique et chimique doivent donc se compléter heureusement, et, si l'on veut des données exactes, *les dosages doivent se rapporter à chacun des éléments mécaniques et non à l'ensemble de la terre fine.*

Ces considérations montrent nettement que le rôle principal de l'analyse chimique est de servir d'indication générale, d'orientation définie. Sa plus grande utilité est de permettre l'établissement rationnel de champs d'expériences où seront étudiés comparativement les engrais dont l'analyse indique l'utilité. La plante est le plus sûr et le plus sensible des réactifs, et ces essais effectués dans les conditions ordinaires de la végétation permettront seuls de tirer avec exactitude la conclusion de ces recherches et de ces analyses.

Ces considérations nous conduisent à l'établissement de « champs d'expérience » où seront étudiés l'influence des engrais.

*Champs d'expériences.* — Les champs d'expériences doivent être établis avec soin pour que les conclusions obtenues puissent se généraliser aisément.

Tout d'abord, la constitution du terrain choisi représentera exactement la terre moyenne du domaine (fig. 60).

On réservera à cet usage une parcelle de terrain entourée de pièces de terre de tous côtés, d'un accès facile, à une faible distance de la ferme, dans un lieu bien découvert et à l'abri des insectes et des rongeurs.

L'uniformité de composition du terrain envisagé est indispensable afin de rendre les résultats comparatifs. Cette condition sera réalisée avec un peu d'attention ; l'examen de la végétation dans les conditions ordinaires et aux différentes phases de son développement permettra de contrôler l'homogénéité de constitution de la parcelle choisie.

La terre étant de nature uniforme, le champ d'expériences sera divisé en un certain nombre de bandes longues et étroites de 3 à 5 ares. Des sentiers de 40 centimètres de large seront ménagés entre ces bandes. Sur chaque superficie ainsi délimitée on épandra les engrais étudiés : un certain nombre de bandes ne recevront aucune fumure spéciale et joueront le rôle de *témoins*.

Pour étudier comparativement le rôle des engrais azotés, phosphatés et potassiques, on divisera par exemple le champ d'expériences en sept longues bandes.

La première parcelle servira de témoin. La seconde recevra des engrais azotés et phosphatés (pas de potasse). La troisième sera fumée avec des engrais phosphatés et potassiques (pas d'azote). La quatrième parcelle jouera le rôle de témoin. Sur la cinquième, on apportera des engrais azotés et potassiques (pas d'acide phosphorique). La sixième parcelle recevra des engrais azotés, phosphatés et potassiques (engrais complet). La septième parcelle servira de témoin (pas d'engrais).

On réaliserait donc la disposition suivante (Schribaux) :

N° 1. — Témoin (pas d'engrais).

N° 2. — Parcelle fumée aux engrais azotés et phosphatés (pas de potasse).

N° 3. — Parcelle fumée aux engrais phosphatés et potassiques (pas d'azote).

N° 4. — Témoin (pas d'engrais).

N° 5. — Parcelle fumée aux engrais azotés et potassiques (pas d'acide phosphorique).

N° 6. — Parcelle fumée aux engrais azotés, phosphatés et potassiques (engrais complet).

N° 7. — Témoin (pas d'engrais).

Les engrais seront choisis sous une forme assimilable [nitrate de soude pour l'azote, phosphates précipités pour l'acide phosphorique (1), chlorure de potassium pour la potasse] et employés aux doses moyennes : la première année, 100 kilogrammes de nitrate de soude, 100 kilogrammes de phosphate précipité, 100 kilogrammes de chlorure de potassium, 400 kilogrammes de plâtre. La deuxième, on épandra : 300 kilogrammes de nitrate, 200 kilogrammes de phosphate précipité, 200 kilogrammes de chlorure de potassium, 200 kilogrammes de plâtre.

On sèmera sur ce champ d'expériences les plantes cultivées ordinairement dans la région et bien adaptées au sol et au climat, la première année des céréales, de réussite assurée, la seconde année des plantes exigeantes : betteraves, pommes de terre. Les blés et les seigles réussissent partout, ont des exigences moyennes et permettent de reconnaître, par l'examen des détails faciles à considérer (couleur des feuilles, développement des talles, maturité hâtive), l'influence exercée par les différents engrais.

Les parcelles recevront les soins culturaux ordinairement accordés, et les moindres particularités survenant pendant le cours de la végétation seront notées avec attention.

(1) On n'emploiera pas le superphosphate, qui contient un peu de soufre et qui fausserait les résultats si l'on veut expérimenter le rôle du soufre dans le sol examiné.

A la récolte, on détermine d'abord la différence de rendement des parcelles témoins, afin de reconnaître la mesure des défauts d'expérience, c'est-à-dire le *degré d'approximation* puis on pèse séparément les récoltes de chaque parcelle.

La parcelle à engrais complet doit fournir les résultats les plus élevés, et c'est à ceux-ci que l'on compare les rendements des différentes parcelles. La comparaison de ces chiffres deux à

Fig. 60. — Ecoliers visitant un champ d'expériences dans la Loire.

deux permet de conclure rapidement à l'efficacité de tel engrais.

Un seul essai est rarement suffisant ; il est nécessaire de poursuivre ces expériences plusieurs années avec les différentes plantes cultivées, car les végétaux présentent des exigences différentes vis-à-vis des principes fertilisants.

*Cartes agronomiques.* — Après avoir effectué les analyses chimiques des terres en différents points d'un territoire, d'une commune, d'un canton, il devait naturellement venir à l'esprit de représenter sur une carte les résultats de ces recherches et de grouper dans une même zone les points présentant une même composition. Ces représentations sont appelées *cartes agronomiques*. Leur établissement a permis de constater un résultat qu'on aurait pu facilement prévoir : c'est l'identification presque absolue des cartes agronomiques avec les cartes géologiques.

Les cartes agronomiques les plus parfaites ont donc pour base le tracé des assises géologiques. On indique ensuite nettement, dans ces zones, les points où ont été effectués des prélèvements et la teneur des terres ainsi considérées en azote, acide phosphorique, potasse, chaux, etc.

Diverses conventions peuvent être adoptées pour présenter, sous une forme rapide à entrevoir, la composition des terres analysées. Le procédé le plus simple consiste à placer à l'endroit analysé de petits rectangles colorés diversement selon qu'ils représentent l'azote, la potasse, la chaux, etc., et dont la superficie indique proportionnellement l'abondance ou la rareté de l'élément envisagé.

Des renvois placés au bas de la carte donnent les chiffres précis et complètent ensuite les renseignements généraux au sujet de la perméabilité du terrain, de la profondeur des couches aquifères, etc.

L'établissement des cartes agronomiques servirait utilement au perfectionnement des méthodes culturales. Sans doute leur édification nécessite de longs travaux et des dépenses élevées, mais il serait désirable de posséder ces documents pour les diverses régions ou communes du domaine cultural de la France.

D'une manière générale, l'origine géologique du sol donne les bases les plus sérieuses pour l'édification des cartes agronomiques que les analyses physiques, mécaniques et chimiques préciseront ensuite.

Le nombre des échantillons à prélever pour l'établissement d'une carte agronomique dépend des conditions spéciales de la région considérée. Lorsqu'il s'agit de vastes plaines couvertes par un même dépôt, il suffira de quelques prises d'échantillons ; les analyses seront plus nombreuses parmi les régions accidentées.

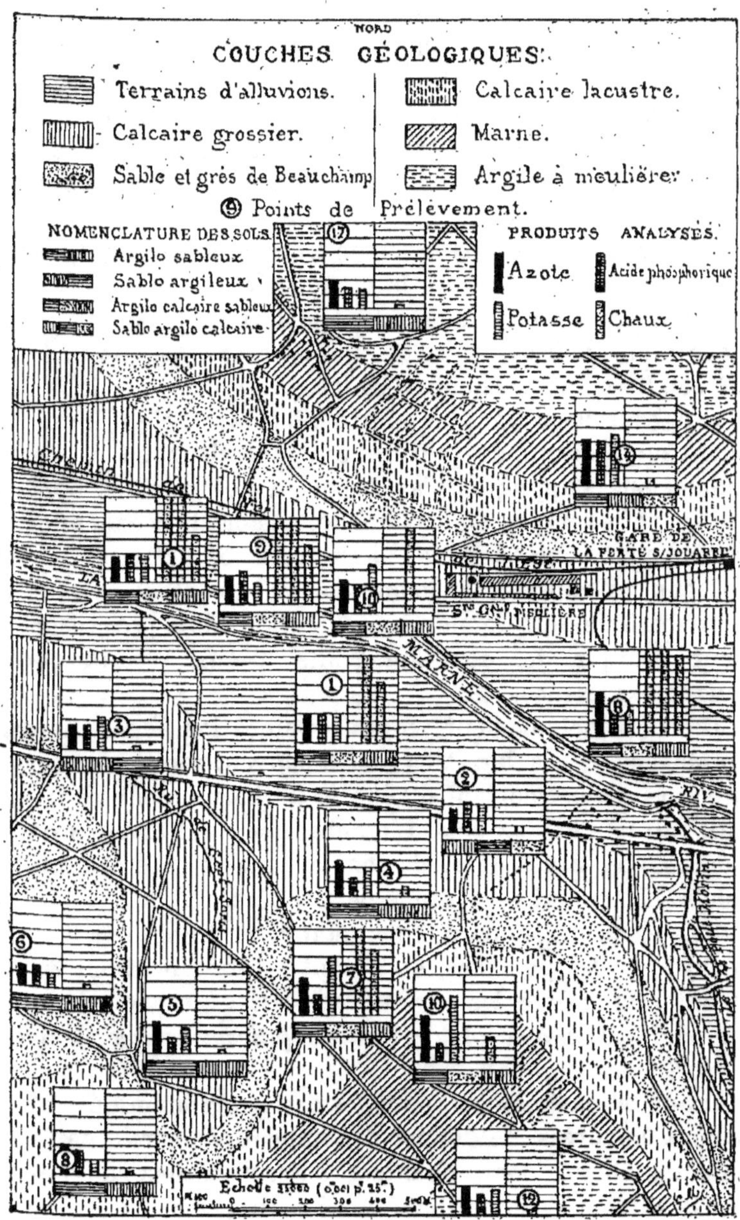


Fig. 64. — Fragment réduit de la carte agronomique de
la Ferté-sous-Jouarre.

Il est important de définir nettement l'analyse correspondant à chaque point et non de constituer un « sol moyen », en mélangeant les échantillons prélevés sur les parcelles. Ce mélange pourrait introduire un échantillon accidentel parmi des analyses de même type et fausser les résultats ; les indications de l'analyse chimique ne valent que comme donnée particulière s'appliquant au point choisi.

Le caractère des renseignements qui accompagnent les cartes agronomiques dépend du but poursuivi.

S'il s'agit de pays neufs dont la fertilité naturelle n'a pas encore été utilisée, la carte indiquera brièvement la texture du sol, les conditions climatériques, la profondeur de la nappe d'eau. Ainsi le cultivateur pourra-t-il être renseigné immédiatement sur la nature des cultures qui pourraient réussir. Ces considérations s'appliquent au Maroc, à nos colonies nord-africaines par exemple, où le colon doit déterminer exactement et rapidement dans quelle voie s'exercera son activité.

Dans les contrées anciennes, à culture séculaire, la carte agronomique doit donner des indications plus précises, car on peut profiter des renseignements locaux résultant d'une longue expérience.

C'est principalement comme indication des engrais à employer que ces dernières cartes peuvent rendre des services précieux, en permettant d'adapter judicieusement les fumures aux cultures et aux sols. L'établissement de champs d'expériences, constitués parallèlement à l'analyse des échantillons, éclaire nettement cette étude particulière.

Une carte agronomique bien établie doit contenir la nature géologique des parcelles, en notant les modifications qui ont pu intervenir dans les variations locales. C'est, en définitive, une *carte géologique plus détaillée relativement aux formations superficielles* (fig. 61).

Il importe néanmoins, dans les cartes agronomiques sérieusement élaborées, de donner des indications sur la nature du sous-sol. On s'aidera, pour ces déterminations, de prélèvements directs d'échantillons et des coupes naturelles qu'on peut rencontrer : carrières, tranchées, etc.

On notera également la distance de la nappe d'infiltration

des eaux et la nature de celles-ci, ainsi que tous les détails, toutes les particularités pouvant caractériser tel sol et sa culture. Deux facteurs fondamentaux prennent une importance capitale dans l'exécution de ces cartes : la proportion de chaux contenue et le régime des eaux.

## VII. — ANALYSES DIVERSES DES TERRES.

*Analyse électrique des terres.* — La terre humide peut être considérée comme un électrolyte. En la faisant traverser par un courant électrique, on obtient aux pôles des solutions faciles à analyser et renfermant tous les constituants solubles du sol.

On peut en effet, par cette méthode, trouver dans les liquides des pôles les sels solubles de chaux, de potasse, de soude, les acides phosphorique, humique, etc., de l'échantillon de terre examiné.

Il est à craindre que l'intensité et la durée d'action du courant fassent varier les résultats ; on obtient en général ainsi des chiffres plus forts que ceux de l'analyse chimique.

Cette analyse des sols par électrolyse possède la valeur d'une indication par l'interprétation des résultats auxquels elle conduit.

*Analyse par la végétation.* — Il nous reste maintenant à parler d'un certain nombre de recherches ne constituant pas, à proprement parler, des méthodes d'investigation précises et sûres, mais susceptibles de compléter les études précédentes en apportant un nouvel appoint à la connaissance du sol.

L'aspect des récoltes peut donner d'utiles indications sur la teneur du sol en principes fertilisants.

Lorsque les céréales se présentent au printemps, dans les conditions ordinaires de végétation, avec des feuilles peu développées, de coloration jaunâtre, le sol qui les porte est pauvre en azote. Si la végétation herbacée est abondante, les feuilles longues, d'une teinte vert foncé, si la verse est à craindre, la terre sera riche en azote.

Les racines ou les tubercules volumineux, mais assez pauvres en sucre et en fécule, caractérisent un sol riche en azote.

Lorsque, à la maturité, les épis sont peu fournis, garnis de grains petits et mal venus, on peut en conclure à l'insuffisance d'acide phosphorique.

Les céréales et les plantes-racines ne donnent par leur aspect aucune indication sur la présence de la potasse. Mais l'examen de la flore des prairies fournit d'utiles renseignements : si les légumineuses sont abondantes relativement aux graminées, la terre est riche en potasse.

La végétation spontanée est encore plus intéressante à examiner. Ces plantes ont poursuivi le cours de leur développement sans aucune aide ni intervention humaine, le sol qui les porte a fourni à lui seul les éléments de leurs organes. La végétation spontanée caractérise donc nettement telle formation ou telle nature de terrain.

Il existe pour chaque catégorie de sols une flore spontanée spéciale, qu'il importe de connaître.

Les terres *sableuses* sont couvertes d'une végétation composée de bruyère, de fougère, de genêt commun, de serpolet, d'orpin. On y rencontre le réséda jaune, la spergule, la fétuque rouge, la pensée sauvage, le plantain, l'avoine à chapelet. Les sables calcaires des dunes de la Méditerranée suffisent à peine au développement des pins d'Alep, des genévriers de Phénicie, de la digitale pourprée, de l'arnica des montagnes.

Parmi les végétaux ligneux, le châtaignier, le bouleau, le genêt à balai, l'ajonc, le pin sylvestre, le pin maritime, le chêne (si le sous-sol est glaiseux), caractérisent ces sols sableux.

Les terres *argileuses* sont favorables au développement de la saponaire, de la potentille ansérine, de l'aristoloche, de la persicaire, de la laitue vireuse. La chicorée sauvage, l'agrostide traçante, les renoncules, la primevère, l'ortie jaune, la campanule gantelée, le lotier corniculé, le thlaspi des champs, la gesse tubéreuse, les prêles y prospèrent également. Le tussilage, la ronce, indiquent plutôt les terres argilo-calcaires. La prêle, la laîche, le coquelicot décèlent souvent la présence de la marne. On rencontre particulièrement sur les sols argileux, l'orme, le peuplier, le sureau yèble, le saule, l'aulne, le frêne, l'aubépine, le noisetier.

Sur les sols *calcaires* croît une maigre végétation spontanée composée d'ononis, de mélampyre, de lupuline, d'ellébore fétide, de genêt sagitté, de coronille variée, de gaude. Les arbres qui se développent sur ces terres calcaires sont le saule Marceau, le merisier, le peuplier de Virginie, le hêtre, le charme, le tilleul...

Les oseilles, les linaigrettes, les bruyères indiquent les sols

Fig. 62. — Tourbière convertie en prairie.

*humifères*. L'aulne, les saules viennent bien dans les tourbières assainies (fig. 62).

Sur les terres *salifères* croissent les salicornes, l'atriplex maritime, le tamarin, les soudes, etc.

Il est parfois possible de reconnaître les surfaces épargnées par la gelée, grâce à la composition de la végétation spontanée. En Provence, les surfaces non gélives produisent au milieu de l'hiver des avoines stériles, de l'alysson maritime (Boîtel).

Relativement à l'affinité qu'elles présentent pour le calcaire, les plantes se divisent en deux groupes : les *calcicoles* et les *calcifuges*. Parmi les plantes communes, citons comme plantes calcicoles : la coronille minima, l'orobe printanier, le thlaspi, la laîche, l'aster amelle, le prunier Mahalep. Parmi les calcifuges on réunit l'ajonc d'Europe, l'orobe tubéreux, la cicutaire vireuse, le nard raide, le châtaignier, etc. Par la connaissance de ces classifications et l'examen de la flore spontanée, on peut donc connaître l'importance de l'élément calcaire dans le sol.

Pour une même nature de terrain, l'examen de la végétation spontanée fournit des indications sur la valeur foncière du sol ; c'est ainsi que la flore des landes de Sologne donne des renseignements utiles sur la productivité des terres. La bruyère à balais (*Erica scoparia*) est, parmi les plantes sauvages de ces landes, celle qui contient le plus de principes minéraux ; les terres qui la portent sont considérées par les cultivateurs solognots comme terres fortes, terres à froment, et sont placées au premier rang. Si l'on rencontre l'ajonc nain (*Ulex nanus*), c'est qu'il y a dans le sol des veines sablonneuses, stériles par elles-mêmes, mais qui serviront utilement à ameublir et à rendre perméables les couches argileuses qui portent la bruyère à balais. La bruyère ordinaire (*Erica vulgaris*) caractérise les landes noires sablonneuses, sans consistance, qu'on doit laisser au pâturage ; l'*Erica tetralix* vient dans les fonds marécageux, et l'*Erica cinerea* indique un sol sablonneux d'une stérilité absolue.

Les mêmes remarques peuvent s'appliquer à l'examen de la flore spontanée des landes ou brandes de la Brenne : les plus mauvaises brandes ne portent que des bruyères ordinaires (brandes *noires*). Le sol est de meilleure qualité s'il porte des bruyères à balais (brandes *blanches*). Enfin le terrain s'améliore encore si les ajoncs nains se trouvent mêlés aux fougères et aux bruyères (brandes *jaunes*).

Ces quelques exemples montrent l'intérêt que peut offrir l'étude de la végétation spontanée dans l'analyse des terres.

***Analyse mycologique.*** — La présence de certaines espèces de champignons peut aider à caractériser les terrains.

Les espèces qui croissent de préférence sur les sols argileux sont la clitocybe géotrope (C) (1), la pleurote terrestre (S), l'entolome livide (V), l'hypholome de de Candolle (C) et

(1) Ces déterminations sont dues à M. Boudier ; C = comestible ; V = vénéneux ; S = suspect.

l'hyphólome pleureur (S), le lactaire à toison (S), le lactaire sans zones (S), la russule fétide (V), la morille comestible (C) et la helvelle classique (C).

Sur les sols siliceux, on rencontrera surtout les champignons suivants : la fausse orange (V) (fig. 63), l'amanite vireuse (V), la lépiote élevée (C), le lactaire plombé (S), la russule verdoyante

Fig. 63. — Fausse orange.

Fig. 64. — Bolet comestible.

Fig. 65. — Amanite bulbeuse.　Fig. 66.—Champignon de couche.

(C), les bolets (S) (fig. 64), les vesses de loup (C), et le scléroderme verruqueux (V).

Les principaux champignons calcicoles sont l'oronge comestible, l'oronge verte (V), l'oronge blanche (V), les amanites panthère (V) et solitaire (C), le tricholome russule (C), le psalliote champêtre (S), le champignon de couche (fig. 66). Les lactaires, les russules, les bolets sont très nombreux sur les terrains calcaires.

*Analyse par les cendres des plantes.* — L'analyse du sol par la flore spontanée peut être complétée par l'examen des cendres des plantes qui croissent sur les différents terrains.

Les végétaux tirent en effet du sol les principes minéraux utiles à leur existence ; ces substances fixes se retrouveront dans les produits d'incinération, et l'analyse des cendres peut donner d'utiles indications sur la teneur de la terre considérée en éléments minéraux.

Il faut cependant tenir compte de l'affinité particulière que présentent les plantes vis-à-vis de certains principes. Les végétaux ont une préférence marquée soit pour l'acide phosphorique, la potasse ou la chaux, et ce pouvoir d'*élection* ne permet pas de conclure en toute exactitude sur la teneur du sol en éléments minéraux.

L'analyse par les cendres révèle les principes existant dans le sol, mais elle peut négliger d'indiquer la présence d'éléments minéraux qui se trouvent réellement dans la terre et que la plante ne recherche pas ou n'assimile point.

Cette analyse peut être en quelque sorte nécessaire, mais jamais suffisante.

*Analyse par les eaux souterraines.* — Les eaux souterraines, durant leur cheminement à travers les couches du sol, dissolvent une certaine quantité de principes solubles : l'acide carbonique qu'elles renferment parfois peut être une cause directe d'attaque des éléments fixes. On conçoit donc que l'analyse de ces eaux puisse donner quelque notion sur la constitution des sols traversés. Ces recherches sont intéressantes en ce qu'elles permettent de connaître la nature du sous-sol et des couches profondes.

Cependant les distances parcourues par les eaux souterraines étant parfois considérables, il faut se mettre en garde contre une interprétation trop précise ou trop généralisée et rapporter exactement aux terrains d'origine les résultats trouvés. De plus, à cause de la complexité des agents de dissolution qui peuvent intervenir, ces recherches ne peuvent donner qu'une indication très générale.

Une eau pure, très pauvre en sulfate ou carbonate de chaux, contenant une certaine dose de potasse et quelques faibles traces d'acide phosphorique, pourra, par exemple, révéler un terrain granitique (1). Les eaux riches en acide phosphorique, en chaux, caractérisent au contraire les sols dérivés des roches volcaniques. Les eaux chargées surabondamment de calcaire indiquent une terre d'origine jurassique ou crétacée.

*Analyse bactériologique des sols.* — Nous avons déjà noté le rôle important que jouent, dans le processus de la végétation, les microorganismes du sol ; il importe donc d'examiner si les terres présentent les conditions favorables à l'existence et au développement de ces bactéries.

Le ferment nitrique, qui transforme l'azote organique en azote nitrique, doit trouver dans le sol : une matière organique à transformer, de l'oxygène, de l'humidité, de la chaleur et une base qui saturera l'acide formé.

Les terres froides, peu aérées, pauvres en calcaire, seront donc peu favorables à la nitrification ; les labours, les chaulages devront remédier à ces défauts. Le ferment nitrique est en effet, très abondant dans la plupart des sols et l'établissement de conditions favorables à son existence suffit à réveiller son activité.

Il n'en est pas de même des bactéries des nodosités des légumineuses qui manquent dans certains sols. Après l'échec des cultures de trèfle, lupin, luzerne, etc., on obtient d'excellents résultats en transportant sur le sol considéré une couche de terre arable ayant porté de ces plantes : on ensemence ainsi le terrain en bactéries (2), qui permettront la croissance des légumineuses.

Cette opération est surtout recommandable dans le cas des défrichements des landes, friches ou pâtures où la culture des prairies artificielles s'établit difficilement.

Les microorganismes, qui fixent directement l'azote de l'atmosphère sur le sol, jouent également un certain rôle dans la fertilité des sols.

(1) Voici deux analyses de sources sortant du granit (Truchot):

| | Silice. | Chaux. | Potasse. | Soude. | Acide phosphorique | |
|---|---|---|---|---|---|---|
| Montaigut. | 40 milligr. | Traces. | 2,7 | 2,0 | Traces.} | Par |
| La Celle ... | 9 — | | 1,4 | 2,5 | 3,6 | Traces.} litre. |

(2) Il semble qu'il existe plusieurs variétés de bactéries correspondant aux différentes légumineuses cultivées.

Il est difficile de se prononcer exactement sur l'influence exercée, dans les conditions générales de la végétation, par l'emploi des bouillons de culture de ces bactéries : *nitragine* (culture de bacilles de légumineuses), *alinite* (culture de microorganismes fixateurs de l'azote sur le sol) ; mais on ne peut contester l'intérêt qui réside dans l'examen bactériologique des sols et la nécessité d'assurer, par le travail du sol et les opérations culturales appropriées, les conditions d'existence les plus favorables au développement de ces microorganismes.

Nous étudierons particulièrement l'inoculation du sol en bactéries dans les autres tomes de l'*Agriculture générale*.

# CHAPITRE IV

## RAPPORTS DU SOL AVEC LA PLANTE

### I. — NITRIFICATION.

*Importance de l'azote en agriculture.* — Le rôle important joué par l'azote dans la nutrition des végétaux explique les études et les recherches entreprises en vue de définir les sources de ce principe nutritif et d'en assurer une abondante production.

L'azote et l'oxygène de l'atmosphère sont capables de s'unir sous l'influence de la foudre ; l'acide azotique ainsi formé est entraîné par les pluies. Les matières animales en voie de décomposition dégagent également de l'ammoniaque ramenée au sein des terres par les eaux pluviales.

Les pluies approvisionnent donc le sol en azote sous forme d'acide azotique et d'ammoniaque, mais dans une proportion très peu élevée, que divers expérimentateurs évaluent suivant les lieux et les conditions à 5$^{kg}$,7 (Boussaingault en Alsace), 8 kilogrammes (Lawes et Gilbert à Rothamstedt), 10 kilogrammes (Bretschneider en Saxe) d'azote total par hectare et par an.

L'ammoniaque des océans, après s'être diffusée dans l'atmosphère, peut être ramenée par les eaux pluviales parmi les couches terrestres, mais dans une proportion extrêmement minime.

Il fallait donc chercher dans le sol lui-même la source principale des réserves d'azote ; les débris organiques en effet constituent un stock considérable d'azote organique. Mais il restait à déterminer les conditions particulières qui permettent à cet azote organique d'être assimilé directement par les racines.

Les recherches scientifiques ont permis d'éclaircir le processus de ces phénomènes et d'établir les trois stades de la transformation de l'azote organique en azote nitrique, ainsi que les trois types d'agents qui interviennent : ferments ammoniacaux, ferments nitreux, ferments nitriques.

**Ferments ammoniacaux.** — Les débris organiques décomposés forment l'humus, dont la composition peut être fixée par ces chiffres (Berthelot et André) :

| | |
|---|---|
| C | 56,1 |
| H | 4,4 |
| Az | 4,9 |
| O | 34,6 |
| | 100,0 |

Le rapport $\dfrac{C}{Az}$ est égal à 11,4 ; l'oxygène et l'hydrogène s'y trouvent sensiblement et dans les mêmes rapports que dans l'eau.

C'est par une *oxydation* que débutent les transformations de l'humus du sol, oxydation due aux actions chimiques, aux actions microbiennes, et qui détermine la production d'acide carbonique ; puis interviennent d'autres phénomènes.

Les matières azotées organiques appartiennent à la classe des amides ; par hydratation, elles se transforment en *sels ammoniacaux.* Ces modifications nécessitent, en dehors de la présence de l'oxygène et de l'eau, l'influence de ferments spéciaux : micrococcus, bacilles, moisissures.

Les espèces microbiennes susceptibles d'*ammoniser* la matière azotée sont nombreuses et très répandues dans les sols arables ordinaires. Parmi les terres riches en humus, les moisissures joueraient également un certain rôle ; tous ces organismes sont essentiellement aérobies. Ainsi s'accomplit le premier stade de la transformation des matières azotées sous l'influence des ferments ammoniacaux.

**Ferments nitreux.** — C'est à ce moment qu'interviennent de nouvelles espèces microbiennes, les *ferments nitreux,* qui amènent l'ammoniaque à l'état de nitrites (fig. 67).

Il existe différentes variétés de ferments nitreux, qui se classent en *nitrosococcus,* bactéries sphériques immobiles, ayant jusqu'à 3 μ de diamètre, et en *nitrosomonas*, bâtonnets courts elliptiques et mobiles. On a pu distinguer le *nitrosomonas europea*, le *nitrosomonas iavanica*, le *nitrosococcus de Quito*, le *nitrosococcus du Brésil*, etc. En général, on ne trouve qu'une seule variété de ferments nitreux dans un même sol (Winogradsky). L'énergie fermentative varie avec les espèces ; mais

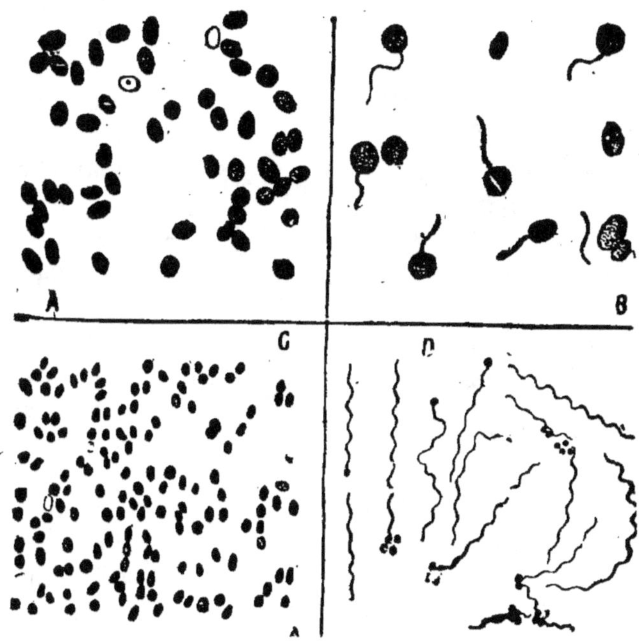

Fig. 67. — Ferments nitreux.

A. Ferments nitreux de Zurich, culture en solution minérale (gross. : 1 500) ; B, Ferments nitreux de Zurich à l'état mobile (gross. : 1 500) ; C. Ferments nitreux de Kazan (gross. : 1 500) ; D, ferment nitreux de Java, cellules et groupes mobiles (gross. : 750).

on peut considérer les ferments nitreux comme capables d'oxyder 20 milligrammes d'azote ammoniacal par jour.

**Ferments nitriques.** — Le dernier stade de transformation de la matière azotée organique du sol se poursuit ensuite, grâce à l'action des *ferments nitriques*, qui transforment les nitrites en nitrates.

L'établissement du principe primordial des actions microbiennes dans la formation des nitrates du sol est dû à Schlœsing et Müntz (1878). Ces organismes nitrifiants purent être ensuite cultivés et décrits grâce aux travaux de Warington, Munro, Winogradsky, Omeliansky, Boullanger, Massol, etc.

L'action de ces ferments peut se démontrer nettement par l'expérience suivante : une terre portée à la température de 110°, c'est-à-dire stérilisée, devient incapable de provoquer la nitrification ; mais elle retrouve cette propriété si on la mélange à une terre ordinaire, qui détermine un véritable ensemencement du ferment nitrique. Ce ferment est un être organisé, puisque les vapeurs du chloroforme font disparaître ses facultés transformatrices.

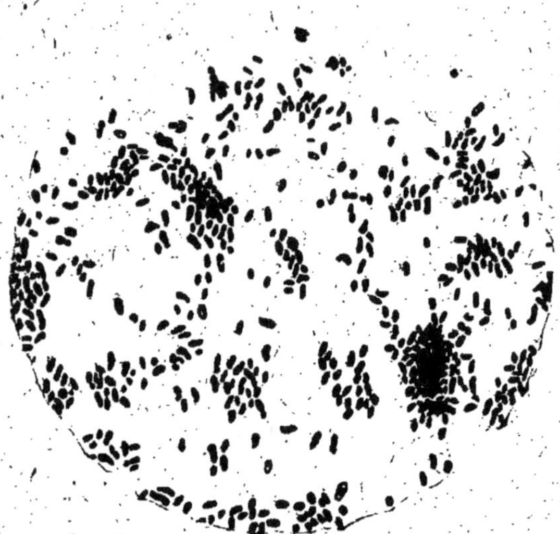

Fig. 68. — Nitrobactérie.

Le ferment nitrique, ou *nitrobactérie* (fig. 68), dont on ne connaît qu'une seule espèce, affecte la forme de petits bâtonnets immobiles de $0\mu,5$ de long sur $0\mu,25$ de large.

Ces ferments sont très répandus dans la nature ; on les rencontre non seulement parmi les sols cultivés, mais encore dans les lieux déserts, les stations élevées, telles que le pic du Midi (Müntz et Aubin). On les trouve dans les couches superficielles du sol, mais, par contre, assez irrégulièrement distribués au-dessous de 225 millimètres. Le nombre de nitrobactéries semble diminuer avec la profondeur des assises. La transformation de la matière organique du sol sera donc confinée près de la surface.

En résumé, la transformation de l'azote organique, inutilisable directement, en azote nitrique assimilable, s'effectue suivant les stades suivants :

Oxydation de la matière organique ;

Formation d'ammoniaque (bactéries et moisissures, ferments ammoniacaux) ;

Formation de nitrites (ferments nitreux) ;

Formation de nitrates (ferments nitriques).

Ces phénomènes sont d'ailleurs, en général, non successifs, mais superposés, et il peut se former simultanément de faibles quantités de nitrites et de fortes quantités de nitrates il reste parfois de l'ammoniaque non oxydée.

### Conditions d'activité des ferments nitriques.

Pour accomplir normalement les réactions qui le caractérisent, le ferment nitrique doit bénéficier de l'établissement d'un certain nombre de conditions favorables, qui se résument ainsi :

1º Présence d'une matière azotée ;

2º Aération du sol ;

3º Humidité convenable ;\

4º Présence d'une base salifiable ;

5º Température favorable.

*Présence d'une matière azotée.* — L'abondance des matières azotées, seules capables de fournir aux ferments nitrificateurs les éléments des nitrites, est une condition essentielle.

*Libre circulation de l'air.* — Le ferment nitrique étant aérobie, l'oxygène est nécessaire à son existence. Les terres compactes gorgées d'eau ne pourront donc, malgré leurs réserves considérables d'azote organique, donner que de maigres récoltes, si le drainage et le travail du sol ne remédient à ces conditions désavantageuses.

Une terre remuée fournit des nitrates en proportion beaucoup plus élevée qu'un sol au repos. La trituration exerce une action très salutaire sur la nitrification des *terres en repos depuis plusieurs années* ; cette influence est beaucoup moins sensible sur des terrains ordinairement travaillés. L'action bienfaisante de la trituration paraît tenir plus à la distribution régulière de l'air et de l'eau qu'au déplacement des nitro-bactéries.

Le travail du sol permet donc, outre l'emmagasinement de l'eau, l'action puissante des ferments nitriques, et donne ainsi aux terres les propriétés les plus avantageuses qu'elles puissent posséder.

*Humidité.* — Dans une terre sèche, la nitrification s'arrête complètement. Elle reprend son activité lorsque la terre renferme 5 p. 100 d'humidité ; mais la situation la plus favorable est réalisée lorsque le sol contient 10 à 15 p. 100 d'eau.

Une humidité plus considérable n'apporte aucun avantage ; enfin l'excès d'eau entraînerait l'inactivité des nitrobactéries par insuffisance d'aération, et absence d'oxygène.

*Présence d'une base.* — Le ferment nitrique ne fonctionne que dans un milieu présentant une très légère réaction alcaline. Il faut donc qu'il existe dans le sol une base capable de neutraliser l'acide nitrique au fur et à mesure de sa formation.

Les terres acides, terres de landes bretonnes, sols forestiers, ne fabriqueront donc pas de nitrates.

Mais, si une légère réaction alcaline est utile, un excès de base soluble est nuisible (Schlœsing et Müntz), et l'influence néfaste de la chaux caustique à ce point de vue est manifeste (Warington). Un chaulage énergique peut suspendre un certain temps la nitrification d'un sol jusqu'au moment où la chaux est totalement carbonatée.

*Température favorable.* — L'action du ferment nitrique, à peu près nulle au-dessous de 5° C., s'apprécie nettement à 12° C. et croît jusqu'à 37° environ, pour s'atténuer ensuite et s'annuler à 55° C.

Toutes conditions égales, la production des nitrates à 37°, température optima, est dix fois plus considérable qu'à 14° C.

Par un travail judicieux du sol, complété au besoin par le drainage, par le chaulage et le marnage des terres privées de calcaire, le cultivateur facilitera donc la nitrification des matières azotées du sol.

La proportion d'humidité, la température dépendent des conditions météorologiques. Nous pouvons en conclure dès maintenant que les deux époques de l'année où la nitrification est le plus active seront les débuts de printemps chauds et humides et les fins d'automnes pluvieux et tempérés.

Ceci explique également la nécessité où l'on se trouve parfois d'aider au développement des jeunes végétaux par l'épandage d'engrais azotés assimilables (nitrate de soude) durant les printemps froids. Ces considérations justifient également l'obligation de retenir les nitrates d'automne par des cultures intercalaires : engrais verts ou cultures dérobées.

**Conditions retardant ou arrêtant la nitrification. —** *Présence des nitrates.* — Il arrive parfois qu'un ferment crée autour de lui un milieu défavorable à son activité. L'expérience établit que rien de semblable ne se produit pour les nitrobactéries, qui agissent aussi énergiquement dans un sol où les nitrates formés s'emmagasinent, au lieu d'être enlevés au fur et à mesure de leur production par les eaux d'infiltration, à condition que le milieu reste basique.

Si l'on accorde au sol des quantités variables de nitrate de soude, on constate tout d'abord que cet épandage est défavorable à la nitrification. Mais peu à peu le ferment nitrique semble s'adapter à ces conditions et fonctionne activement.

La nitrobactérie, assez sensible par contre aux nitrites, est fortement gênée par une dose supérieure à 10 p. 100. Mais, si l'on ajoute progressivement la dose de nitrate et qu'on attende la disparition complète de la portion additionnée, on peut pousser la transformation très loin (Kayser).

*Sel marin.* — Une dose moyenne de sel marin n'entrave pas la nitrification ; mais des proportions élevées paralysent et finissent par détruire totalement l'énergie des nitrobactéries.

## II. — DÉNITRIFICATION.

**Influence de la dénitrification.** — A côté de l'action favorable des ferments nitrifiants transformant heureusement l'azote organique en nitrates assimilables, il faut noter le rôle d'autres agents, qui, à l'inverse des précédents, décomposent les nitrates formés en nitrites, en composés oxydés divers de l'azote, en ammoniaque, en azote, etc. Les principes nutritifs directement utilisables sont donc ramenés à l'état de combinaisons plus difficilement assimilables.

Ces réactions sont intéressantes à considérer, non seulement au point de vue agricole, mais encore relativement à l'hygiène générale, à l'épuration du sol et des eaux d'égout.

Ces modifications peuvent se faire soit par voie chimique, soit par voie biologique.

Les phénomènes de réduction furent étudiés attentivement par Tilloy, Goppesroder, Reiset, Warington, Schlœsing et Müntz. Mengel, dès 1875, conclut à une action d'origine microbienne, et Gayon, Dupetit, Dehérain, Maquenne (1882-1890), étudièrent quelques variétés microbiennes susceptibles de réduire les nitrates : microbes de l'œdème malin, du choléra des poules, du charbon, microbes des eaux d'égout. Haræus, en 1886, signale les propriétés réductrices du *Micrococcus prodigiosus*, du *Bacille typhique*, du *Bacillus anthracis*, du *Staphylococcus citreus*.

La dénitrification est étudiée, en outre, par MM. Bréal, Aberson, Burri et Stutzer, Jensen, Sewerine, Grimbert, Frankland, Ampola, Garino, Ulpiani, Schirokikh, Kunnemann, Wagner, Pfeiffer, Lemmermann, Kayser, Marchand, etc., et les conclusions suivantes peuvent être formulées.

***Microbes dénitrificateurs.*** — Les microbes dénitrificateurs sont très répandus et très nombreux : *Bacillus denitrificans*, *B. pyocyaneus*, *B. ramosus*, *B. aquatilis*, *B. violaceus*, *B. viscosus*, *B. vermicularis*, *Micrococcus ureæ*, etc. On les rencontre dans l'air, les eaux, le sol, sur la paille, dans les excréments des animaux, principalement des herbivores.

Laurent a démontré, en outre, que le *Cladosporium herbarum*, le *Penicillium glaucum*, le *Mucor racemosus*, certains saccharomycètes, pouvaient réduire les nitrates. Parmi les dénitrificateurs, il en est d'aérobies, d'autres sont anaérobies.

Pour que la dénitrification puisse avoir lieu, il faut réunir trois conditions : la présence d'un nitrate, d'un hydrate de carbone, et enfin une dose faible d'oxygène, c'est-à-dire un milieu réducteur.

La circulation de l'air gêne, en général, la dénitrification, mais n'arrête nullement le développement, la multiplication des microbes dénitrificateurs (Kayser) (1).

On peut, d'après leur rôle, distinguer :

1° Les bactéries dénitrifiantes vraies, qui poussent la transformation jusqu'au terme final : azote ;

2° Les bactéries dénitrifiantes indirectes, qui n'atteignent les nitrates que par l'intermédiaire des substances amidées.

L'influence de ces microbes en agriculture peut être des plus défavorables, étant donnée leur dissémination sur le sol, les pailles, les foins, les excréments. Le fumier, renfermant beaucoup d'hydrates de carbone, peut perdre, sous cette influence, de notables proportions d'azote (Wagner, Mœrcker). Dehérain estime cependant que, dans les conditions ordinaires, ces pertes sont peu élevées.

Dans le sol, le fumier frais, enfoui, dénitrifie très activement. Le fumier en tas bien fait, soigné et arrosé, ne subit pas des déperditions sensibles, les bactéries manquant d'aliments propices, d'hydrates de carbone. Lorsqu'on incorpore aux terres des superphosphates, la dénitrification est gênée par l'acidité de ces engrais.

L'humidité du terrain favorise la dénitrification, qui peut passer de 30,7 p. 100 du nitrate formé à 58,2 p. 100, lorsque l'humidité du sol varie de 10 p. 100 à 30 p. 100 (Gustiani).

Une température peu élevée aide ces phénomènes de réduction. Le maximum d'activité des dénitrificateurs a lieu à une température relativement basse, plutôt défavorable aux ferments nitrificateurs.

La résultante de la lutte antagoniste entre les nitrificateurs et les dénitrificateurs est liée à la teneur en eau des sols : les ferments réducteurs l'emportent lorsque le taux de l'humidité est inférieur à 6 p. 100. Les dénitrificateurs peuvent agir dans un sol relativement sec où toute nitrification est impossible, mais la nitrification reprend le dessus dès que l'humidité atteint 10 p. 100 d'eau et dépasse ce terme. Ainsi s'affirme à nouveau le rôle primordial de l'eau sur la fertilité du sol.

Le rôle du tassement est également net. En diminuant la

(1) Voy. KAYSER, *Microbiologie agricole* (ENCYCLOPÉDIE AGRICOLE).

proportion d'oxygène contenu, ce tassement favorise le jeu des ferments réducteurs. Au contraire, le travail du sol, l'émiettement, l'aération des terres exaltent l'activité des ferments nitreux et nitriques.

Le marnage paraît nuisible aux dénitrificateurs. Enfin le rôle favorable des hydrates de carbone dans ces phénomènes de réduction indique le danger d'épandre du fumier en même temps que des nitrates, bien qu'en réalité l'intensité de ces réactions dépende des espèces microbiennes dominantes et de la nature des matières hydrocarbonées présentes. Selon toute vraisemblance, il existe entre les deux phénomènes un stade d'équilibre plus ou moins constant.

## III. — HUMUS.

*Généralités.* — L'humus, par son action régulatrice, corrige heureusement les propriétés physiques du sol ; il contribue à sa fertilité comme source d'azote nitrique et d'acide carbonique. Son pouvoir absorbant retient énergiquement les principes nutritifs solubles ; enfin les composés humiques favorisent vraisemblablement le développement des microbes fixateurs d'azote.

L'humus provient de la décomposition des matières organiques.

Ces matières organiques, se transformant en humus, subissent deux séries de métamorphoses. La première phase est l'*humification* ; la seconde, amenant la matière humique formée jusqu'à la forme minérale, est la *minéralisation*.

Pour que l'humus se constitue, il faut que les composés azotés qui forment la partie vraiment active des matières organiques en décomposition soient dégagés de l'enveloppe celluloso-pectique qui les emprisonne, et l'étude de la production de l'humus nous éclairera sur les facteurs intervenant dans ces actions chimiques et biologiques.

L'*humification* est donc, à proprement parler, le travail de désagrégation de l'enveloppe cellulosique des cellules végétales pour libérer la substance protoplasmique. On conçoit donc que la nature des plantes, leur état de lignification et de siccité, interviendront dans la rapidité de la formation de l'humus.

L'humification comporte toujours des réactions d'ordre *chimique* et d'ordre *microbien*. En présence de l'air, ce sont les ferments oxydants qui interviennent dans la destruction des hydrates de carbone ; il se produit à ce moment une combustion lente, insensible, que l'on définit par le terme « érémacausis »

Fig. 69. — Tourbière dans la Somme.

(Hilgard). Dans les milieux imperméables, gorgés d'eau, où l'oxygène pénètre difficilement, la destruction des composés ternaires est l'œuvre des ferments réducteurs, il s'agit alors de « putréfaction » ; ces deux processus ne sont d'ailleurs pas incompatibles et peuvent se superposer.

***Production de l'humus.*** — Dans la décomposition des feuilles, des débris de toutes sortes qui se détachent des végétaux et tombent sur le sol, on peut donc observer deux phases caractéristiques s'effectuant simultanément. Des parties directement exposées à l'air subissent l'action des ferments oxydants : c'est l'érémacausis. Dans les régions inférieures, où l'oxygène pénètre malaisément, les réactions se poursuivent en milieu réducteur : c'est la putréfaction.

A la surface, les ferments aérobies agissent et détruisent les *matières sucrées* et la *gomme de paille*, en produisant de l'acide carbonique et de l'azote. Dans les assises inférieures, la fermentation est anaérobie, et c'est la *cellulose* qui disparaît en donnant naissance à du méthane et à de l'acide carbonique.

Les matières altérées sont donc les matières sucrées, la gomme de paille et la cellulose. La *vasculose* et les *substances minérales* résistent à toutes les fermentations. Mais la vasculose, se dissolvant ultérieurement dans les carbonates alcalins et libérant ainsi les albuminoïdes, engendrera la matière humique active. Ces transformations sont d'ailleurs du même ordre que celles qui se poursuivent dans la constitution du fumier de ferme.

L'humus normal se forme donc dans des milieux riches en carbonates alcalins : carbonates d'ammoniaque et de potasse.

Dans les milieux réducteurs, où l'humification se manifeste avec une lenteur excessive, on peut doser, outre le méthane et l'acide carbonique, de l'hydrogène sulfuré et phosphoré, de l'azote, du protoxyde d'azote, du scatol, de l'indol, des amines, des acides amidés, de la tyrosine, des acides gras volatils : acide formique, acide acétique (Dehérain, Maquenne, Paturel). On y rencontre encore de l'acide butyrique, de l'acide propionique, de l'acide valérianique, des acides bruns : acides humiques ; de l'ulmine, etc.

Les fermentations aérobies sont l'œuvre de quelques microbes spéciaux : *Mesentericus dermophylles*, et en particulier, dans les sols acides, de *mucorinées*, qui remplacent les *bactériacées*. Au sein des eaux marécageuses, interviennent des variétés spéciales dites *schizomycètes* (Dumont).

Les actions microbiennes ne sont pas les seules causes de l'humification ; d'autres organismes interviennent (Koning, Oudemans). Certains champignons, notamment le *Trichoderma Koningii*, abondant sur les feuilles de chêne, de hêtre, de pin, au moment de leur chute ; le *Cephalosporia Koningii*, qui ne manifeste son activité que quelque temps après la chute des organes foliacés, et dont l'habitat est uniquement le sol.

De nombreux animaux, *rhizopodes, anguillules, lombrics*, contribuent également à l'humification. Le rôle des vers de terre, qui dilacèrent les débris organiques, s'en nourrissent et les déposent à la surface du sol avec leurs excréments, est, ainsi que nous l'avons vu, particulièrement remarquable (Darwin, Kostytcheff, Wolny).

**Rôle des vers de terre.** — En Égypte, les déjections des vers de terre occupent la surface du sol en nombre surprenant ; elles recouvrent la terre, brûlées par le soleil, constituant des cylindres rigides de boue durcie, qui demeurent jusqu'au moment où la pluie les réduit en une poudre fine. Le sol est parcouru en tous sens par d'innombrables quantités de galeries de lombrics, et à une profondeur de 30 et de 60 centimètres, ces derniers se trouvent en grande abondance dans le sous-sol humide.

D'après les calculs effectués, les vers de terre rejettent à la surface du sol plus de 2$^{kg}$,5 de déjections par pied carré et par saison. Ceci donne un total de 62.233 tonnes de déjections de terre empruntée au sous-sol par an et par mille carré.

C'est là un labourage constant et gratuit ; les populations du Soudan l'apprécient si bien qu'elles ne cultivent point les endroits où le ver de terre fait défaut. D'après ces chiffres, chaque parcelle du sol, jusqu'à la profondeur de 60 centimètres, est apportée à la surface une fois par vingt-sept ans, et ces résultats sont plus surprenants encore que ceux qu'avait annoncés Darwin (C. Beaugé).

Hensen estime qu'il vit environ 100.000 vers de terre par hectare ; d'autres praticiens estiment ce chiffre insuffisant. Ce qu'il faut noter, c'est le rôle important de ces auxiliaires dans la production de l'humus.

**Constitution de l'humus.** — L'humus contiendra, évidemment, les matériaux primitifs des débris végétaux totalement transformés ou partiellement décomposés. On y rencontrera donc :

1° Des matières ternaires non azotées ;

2° Des matières organiques azotées ;

3° Des matières minérales diverses.

Les composés organiques de l'humus, qui prédominent, présentent une constitution différente selon l'état plus ou moins avancé de leur décomposition. On les classe en trois catégories :

1° L'*ulmine* et l'*acide ulmique*, corps essentiels de l'humus brun, qui se forme au début de la décomposition ;

2° L'*humine* et l'*acide humique*, éléments constitutifs de l'humus noir correspondant à un état de décomposition plus avancé ;

3° Les *acides crénique* et *apocrénique*, provenant d'une oxydation encore plus complète de l'humus noir.

Au point de vue agricole, il est plus intéressant de séparer les matériaux organiques de l'humus d'après leur résistance à l'action des alcalis. On sépare ainsi les *matières humiques* (ulmine, humine), insolubles dans la potasse, et les *acides de l'humus*, solubles dans les alcalis et leurs carbonates (Detmer, Dumont). Ces derniers constituent la partie véritablement active du terreau ; ils forment des *humates solubles* avec la potasse, la soude, l'ammoniaque, et des *humates insolubles* avec la chaux, la magnésie, les oxydes de fer et d'alumine.

Il semble d'ailleurs difficile de préciser la composition chimique de l'humus, puisque sa constitution dépend de son état de décomposition. Il n'y a pas « d'humus » à proprement parler, mais des « humus ».

Les matières minérales revêtent dans l'humus une forme telle qu'il n'est plus possible de les caractériser par les réactifs ordinaires, tant qu'on n'a pas détruit la matière organique avec laquelle elles forment des combinaisons organiques. La proportion de cendres varie, d'ailleurs, suivant que les facultés absorbantes de l'humus sont plus ou moins satisfaites, comme le prouvent les chiffres suivants (Grandeau) :

|  | Cendres p 100 de matière noire. |
|---|---|
| Terre de Russie..... ..... .. | 51,1 |
| — de serres............... | 12,8 |
| Tourbe de Champigneule......... | 2,0 |

Ces cendres en général renferment *qualitativement* les mêmes substances ; mais les principes fertilisants existent en proportions très différentes : les riches terres noires de Russie accusent des proportions d'acide phosphorique variant de 8 à 17 p. 100 de cendres.

*Minéralisation de l'humus*. — La décomposition des matières organiques comprend, en définitive, deux phases : destruction par oxydation des composés ternaires, des hydrates de carbone, puis décomposition et transformation des matières azotées avec production d'ammoniaque et d'acide nitrique sous l'influence des ferments nitrifiants.

— La manifestation de ce dernier stade de *minéralisation* de l'humus est d'un intérêt considérable pour la fertilité du sol, et il semble que la chaux, seule ou carbonatée, ne soit pas un agent suffisant pour rendre facilement nitrifiables les matières organiques azotées de l'humus ; la présence de la potasse paraît indispensable.

Pour que l'azote de l'humus puisse se transformer et passer successivement de l'état organique à l'état ammoniacal et de l'état ammoniacal à l'état nitrique, il faut un sol meuble, aéré, continu, à température favorable (37°,4), suffisamment humide (10 à 15 p. 100 d'eau), *assez riche en potasse attaquable par les réactifs*.

A quel moment la potasse intervient-elle ?

Les métamorphoses successives qui marquent la minéralisation de l'humus sont, nous l'avons vu, l'*ammonisation* (formation d'azote ammoniacal), la *nitrosation* (formation d'azote nitreux), la *nitrification* (formation d'azote nitrique).

L'ammonisation commande donc les transformations ultérieures ; en l'absence de ces réactions, la nitrification de l'humus devient impossible. Or l'insuffisance de l'ammonisation paraît résulter de la pauvreté du milieu en potasse active (carbonate de potasse).

Le rôle de la potasse, d'après J. Dumont, se révélerait donc prépondérant dans la mise en circulation des matières azotées du sol. La potasse serait l'agent naturel de mobilisation de ces principes, et *les amendements calcaires n'agiraient qu'indirectement en ce sens, en mobilisant la potasse*.

Il y aurait donc deux actions distinctes : la chaux, ou mieux les substances calciques (chaux, calcaire, plâtre, superphosphates), aurait pour effet de vaincre la passivité de la potasse (action *indirecte*), et la potasse mobilisée porterait son action sur les matières organiques azotées, faciliterait l'ammonisation, et par suite la nitrosation et la nitrification (action *directe*).

Ces faits expliqueraient les insuccès obtenus dans la mise en valeur des sols riches en humus par d'abondants chaulages, impuissants, en l'absence de potasse active, à déterminer la nitrification.

Tout, dans ces questions complexes, dépend évidemment d'un juste équilibre. Il est bien certain que les sels potassiques ne sauraient être en excès sans contrarier la nitrification et nuire à la végétation. Mais le rôle de la potasse dans ces phénomènes méritait d'être mis en relief.

### Propriétés de l'humus.

L'humus est le plus léger de tous les éléments mécaniques du sol (densité : 1,23 environ) et le plus hygroscopique, car il absorbe 8 à 12 p. 100 des vapeurs d'eau atmosphériques. Il se montre très perméable à l'air, conserve bien la chaleur et retient une abondante quantité d'eau (plus que son poids). Il cède difficilement cette eau à la plante où à l'air quand son degré d'humidité tombe à 30 ou 40 p. 100 (Henrich et Sachs). C'est, de plus, un aliment précieux pour les plantes.

L'humus joue un rôle actif dans la manifestation du pouvoir absorbant du sol, en retenant assez énergiquement les alcalis, les carbonates alcalins, les phosphates dissous, et en formant des combinaisons d'une nature spéciale : humates solubles, humophosphates, etc. L'ammoniaque est absorbée rapidement par l'humus ; il se forme généralement de l'humate d'ammonium, qui nitrifie rapidement ou rétrograde ultérieurement à l'état de composé amidé.

L'absorption de l'acide phosphorique se manifeste nettement dans tous les milieux riches en principes humiques. Cette absorption des phosphates est régie à la fois par la proportion d'humus et par la dose de calcaire contenue, et le *coefficient d'absorption* des sols humifères dépend du rapport suivant lequel ces deux éléments sont associés.

L'humus paraît s'opposer de plus à la *rétrogradation*, c'est-à-dire à l'insolubilisation des phosphates solubles épandus comme engrais. La matière humique forme avec les phosphates des combinaisons particulières encore mal définies, mais d'une réelle importance au point de vue des propriétés fertilisantes de l'humus.

### Rôle des matières humiques.

Les substances humiques agissent directement :

1° En corrigeant les propriétés physiques du sol ;
2° En contribuant à la désagrégation des roches ;
3° En exerçant leur pouvoir absorbant ;
4° En concourant à la nutrition des végétaux.

Elles interviennent, de plus, indirectement par les corps résultant de leur décomposition, acide carbonique, sels et acides divers.

*Propriétés physiques du sol.* — Nous avons défini plus haut le pouvoir *correcteur* de l'humus, qui donne du corps aux terres légères et allège les sols compacts. L'acide humique est vraisemblablement l'agent actif de ces transformations, grâce aux propriétés *colloïdales* des humates (Schlœsing).

Lorsqu'un sol léger manque de cohésion par suite de l'absence d'argile, l'acide humique, *ciment organique*, supplée à l'insuffisance de l'argile, *ciment minéral*. Mais, dans une terre compacte, ces deux ciments mêlés ensemble n'ajoutent point leurs effets ; les humates en proportion suffisante affaiblissent la cohésion de l'argile.

Ainsi s'explique le rôle *régulateur* de l'humus, et ceci rend précieux pour les terres légères le fumier bien décomposé (beurre noir). Dans le cas de terres fortes, favorisées par l'enfouissement des fumiers pailleux, les humates, en faible proportion, interviennent peu ; vraisemblablement, l'acide carbonique agit alors en modifiant sensiblement la nature de l'argile colloïdale, qu'il appauvrit en potasse.

*Désagrégation des roches.* — L'humus désagrège les roches et attaque lentement les phosphates et les roches feldspathiques. Il agit, de plus, indirectement comme source d'acidité (Risler, Grandeau, Fleischer, Kissling, Dumont).

*Nutrition des végétaux.* — On a longtemps discuté sur la possibilité de l'absorption directe des humates par les organes nutritifs des végétaux. Au début, supposant que ces actions étaient des phénomènes de dialyse, on se heurta à la difficulté de dialyser des solutions d'humate. Il s'effectue, en effet, au travers de la membrane parcheminée, une séparation des substances minérales qui passent et des substances humiques non dialysables qui restent.

La matière organique paraissait donc être uniquement le véhicule des principes minéraux en les solubilisant et en permettant leur passage à travers les membranes végétales, par destruction de la combinaison et diffusion consécutive des substances minérales (Grandeau).

Cependant la matière organique sous certaines formes traverse le papier parcheminé (Petermann). La quantité d'humate dialysé paraît même être proportionnelle au temps et à la différence des pressions intérieure et extérieure (Dumont). On peut donc affirmer aujourd'hui que les humates alcalins contiennent des principes humiques dialysables.

Lorsque la plante utilise à son alimentation la matière noire de l'humus, la racine s'attaque surtout aux *éléments minéraux*, et notamment à l'acide phosphorique, à la potasse, tant que la fonction chlorophyllienne est active et que la feuille fabrique de la matière organique aux dépens de l'acide carbonique de l'air.

Mais dès que la végétation se ralentit, l'assimilation du carbone étant moins intense, l'absorption des *substances humiques* augmente considérablement. Il y a une relation certaine entre l'assimilation du carbone aérien par les feuilles et du carbone organique par les racines, l'un des deux phénomènes compensant la faiblesse de l'autre suivant la richesse du végétal en chlorophylle. D'une manière générale, l'assimilation de l'azote par les plantes cultivées dans des milieux humiques croît avec l'absorption des substances organiques, ce qui démontre bien que la *matière noire* est utilisée directement par la plante.

Les matières humiques favorisent enfin le développement

des microbes, et en particulier des bactéries fixatrices d'azote.

*Acide carbonique du sol.* — Il importe de noter ici la production dans la terre arable d'acide carbonique provenant, outre la respiration des racines, des fermentations de l'humus.

On met aisément en évidence l'origine microbienne du gaz carbonique, dont la production cesse en sol stérilisé par la chaleur.

Les conditions les plus favorables pour la production du gaz carbonique sont la présence d'un ferment, de l'oxygène et d'une matière carbonée. Les pluies entraînant l'acide carbonique formé aident à renouveler l'air au sein du sol et à créer un milieu propice au développement des microorganismes.

La proportion d'acide carbonique formé dépend surtout de l'état de décomposition de l'humus, défini par le rapport entre le carbone et l'azote de cet humus.

Il n'est pas inutile enfin de rappeler l'action de l'acide carbonique du sol, agent de désagrégation et de mobilisation, qui désagrège les roches silicatées de nature complexe, enlève aux feldspaths la potasse, la soude, ou la chaux, mettant ainsi en liberté de l'argile et des carbonates alcalins.

Le gaz carbonique libère, de plus, la potasse immobilisée par le pouvoir absorbant du sol. Il favorise enfin la dissolution des phosphates et des calcaires.

*Humates et humophosphates.* — Les composés complexes qui dérivent de l'humus modifient les propriétés physiques des terres ou concourent à l'alimentation des végétaux. Leur influence est surtout manifeste dans la constitution de *combinaisons organico-minérales* dont le rôle s'affirme, de jour en jour, plus actif.

Dans les terres arables, une fraction notable de l'acide humique se combine aux alcalis, à la chaux, à la magnésie, aux oxydes de fer et d'alumine : ce sont les *humates*. Il existe dans les terres arables des humates de constitution homogène formés par la même base (humates de potasse, de soude, de chaux, de magnésie), et des humates de constitution hétérogène à bases différentes (humates calco-potassiques, ammoniaco-magnésiens, etc.).

Les humates terreux se produisent indirectement et par

voie humide ; les carbonates alcalins, dérivant des actions désagrégeantes ou autres, dissolvent partiellement les matières humiques et donnent des solutions très étendues d'humates, qui sont précipitées au fur et à mesure par les substances terreuses dissoutes dans les eaux du sol : bicarbonate de chaux, plâtre, nitrate de calcium, etc...

Les *humophosphates* résultent de l'action de l'humus sur l'acide phosphorique et sont solubles dans les carbonates, les nitrates, les oxalates alcalins. La genèse de leur formation dans le sol peut s'établir ainsi : l'acide carbonique du sol maintenu dans la couche aqueuse qui entoure chaque molécule terreuse, mobilise la potasse et dissout les phosphates du sol en formant un phosphate de chaux soluble ; la potasse libérée attaque les matières humiques ; l'humate alcalin obtenu réagit sur le phosphate de chaux et donne un humophosphate.

A l'exception des composés alcalins, les humates et les humophosphates sont peu solubles. Les humophosphates terreux sont en général moins solubles que les humates. Cette faible solubilité peut constituer un avantage en prévenant leur enlèvement par les eaux pluviales.

D'ailleurs la solubilité de ces substances dans les liquides alcalins est nettement supérieure. Ces composés humiques sont de nature colloïdale et, en dehors de leur rôle dans la nutrition végétale, concourent ainsi à l'amélioration de la nature physique des terres.

## IV. — FERTILITÉ DES TERRES.

***Productivité des sols.*** — La fertilité d'un sol résume l'ensemble des conditions qui permettent au végétal de se développer normalement et de donner les récoltes les plus abondantes. La productivité d'une terre dépend d'un ensemble de qualités très complexes, où la composition physique du sol, sa constitution mécanique, son origine géologique, sa teneur en éléments nutritifs, sa richesse en microorganismes, sa perméabilité, le climat, l'altitude, l'orientation, etc., exercent des actions parallèles.

Nous avons insisté sur l'importance du régime des eaux dans la détermination de la fertilité des terrains.

Certains sols argileux, riches en potasse, en azote, et renfermant une proportion suffisante d'acide phosphorique, donnent de maigres récoltes par suite de la difficile pénétration dans leur

Fig. 70. — Terres fertiles.
Le fond des vallées constitue des sols riches en humus.

sein de l'air et de l'eau. De même il est des terres légères à sous-sol crayeux, qui, malgré leur richesse moyenne en principes fertilisants, sont improductives par suite de leur sécheresse.

La constitution mécanique du sol exerce une action évidente. En Angleterre, c'est à elle seule que beaucoup de terres doivent leur valeur. Les sables de Thanet, dans l'est du Kent, constituent un sol très fin, peu riche en éléments nutritifs et portant cependant quelques-unes des meilleures plantations d'arbres fruitiers et de houblon de l'Angleterre (Hall).

Les terres les plus fertiles sont en général des sols de transport (sol *hétérochione*) à texture uniforme et à grains fins sans toutefois que l'argile soit en proportion excessive ; l'aération, la perméabilité, l'évaporation de l'eau, sont alors assurées dans des conditions satisfaisantes.

Étant données la variété des sols et la diversité des climats, les terres présentent des fertilités différentes. Les unes donnent normalement des récoltes abondantes, les autres nécessitent, pour devenir productives, l'intervention de l'homme qui remédie à cette stérilité du sol par l'application judicieuse d'engrais ou la pratique méthodique de travaux aratoires.

**Fertilité naturelle des sols.** — On peut donc distinguer les terres *stériles* et les terres *fertiles*, chaque groupement supposant une variation presque infinie dans la productivité des sols.

La fertilité d'une terre peut être *naturelle* ou *acquise* : la première tenant à la nature même du sol (fig. 70), la seconde résultant de l'application continue de l'action de l'homme. Il faut reconnaître que les terres de fertilité naturelle sont toujours supérieures ; non seulement elles évitent les frais considérables que nécessite souvent le maintien de la productivité, mais, cette fertilité naturelle tenant à de puissantes réserves d'éléments nutritifs lentement mis en circulation, les principes alimentaires sont fournis aux récoltes successives avec une mesure et une précision où la nature montre tout son génie. Ces sols sont communément appelés terres de *vieille force*, de *vieille graisse*.

Cette fertilité naturelle est cependant normalement destinée à décroître, lorsque le fumier de ferme est le seul engrais employé. Les réserves nutritives vont en s'appauvrissant ; les récoltes exportées et vendues empruntent, en effet, au sol des éléments fertilisants qui sont définitivement perdus. Les animaux nourris avec les produits des récoltes retiennent dans leur organisme les substances nécessaires à la constitution de leurs tissus ou à la production de la viande, du lait, de la laine, etc. Le fumier subit encore de nouvelles pertes par suite du dégagement de l'azote observé dans les étables et de son mauvais entretien (1).

La fertilité naturelle des sols a donc été en s'affaiblissant au cours des siècles, et seuls l'abondance de ces réserves, leur lente mobilisation, l'action modératrice de la jachère et le rôle des microorganismes fixateurs d'azote peuvent expliquer le maintien de la productivité des terres arables. Cependant, lorsque les conditions économiques se sont modifiées et qu'il

Fig. 71. — Savarts de Champagne boisés.

a fallu lutter contre la concurrence des pays nouveaux, la nécessité d'obtenir de hauts rendements avec de moindres dépenses est apparue plus nettement.

Les engrais chimiques ont permis alors de maintenir ou de développer la fertilité naturelle des sols et de modifier heureusement la faible productivité des terres pauvres et stériles.

Au point de vue chimique, une terre peut être considérée comme étant en bonne condition si elle renferme une proportion suffisante de matières azotées pouvant nitrifier aisément, une proportion d'acide phosphorique, de potasse et de chaux

(1) Ces déperditions d'azote, nous le verrons plus loin, peuvent atteindre 40 à 50 p. 100 (Müntz et Girard).

susceptible d'assurer la végétation et la maturité des récoltes.

L'apport, même abondant, d'engrais ne saurait relever immédiatement le mauvais conditionnement d'une terre épuisée. Une certaine quantité de ces engrais, très solubles par nature, disparaît sans être utilisée dans les couches profondes ; une autre partie s'insolubilise dans le sol et ne se transforme que très lentement sous une forme directement assimilable aux végétaux. Il faut de longues années pour constituer ainsi de précieuses réserves nutritives, analogues aux ressources qu'offre la fertilité naturelle des terrains.

Lorsque l'on tire des récoltes successives d'un sol sans apporter d'engrais, les rendements diminuent chaque année pour parvenir bientôt à un état stationnaire dont l'exiguïté semble devoir se maintenir invariable. C'est que les matériaux inertes du sol entrent alors en jeu et mettent à la disposition des racines des quantités faibles mais constantes de principes nutritifs.

Enfin, au point de vue biologique, une terre fertile doit être un milieu actif riche en microorganismes : ferments nitreux, nitriques, bactéries des nodosités des légumineuses, microbes fixateurs d'azote, algues, champignons, moisissures, etc.

*Équilibre de fertilité.* — Une terre peut être considérée comme étant en bon état de fertilité lorsqu'un certain équilibre stable s'établit entre la productivité du sol et l'apport régulier des engrais. Une partie seulement de ces engrais est utilisée par la culture qui la reçoit ; le reste s'insolubilise dans le sol et constitue des réserves qui seront mises en circulation au cours des récoltes successives.

Si la terre est en mauvais état, les végétaux profitent immédiatement d'une assez faible portion des engrais actifs ; le surplus s'immobilise dans le sol, et tend à reconstituer sa fertilité naturelle. L'amélioration de la condition du sol se manifeste donc, mais sans toutefois produire d'effet bien sensible sur la récolte avant un certain temps. Pratiquement, c'est seulement sur les sols en bon état qu'on tire continuellement bénéfice de l'application des engrais.

Si, au cours des assolements, on laisse s'écouler une année sans apporter d'engrais, les récoltes restent à peu près équivalentes. Tout se passe en définitive comme si les engrais avaient pour résultat de maintenir le sol dans un *équilibre de fertilité*, équilibre dont l'influence sur la production des terres paraît bien plus nette que l'action des engrais eux-mêmes.

La fécondité d'un sol dépend, en dehors de la situation climatologique, de diverses conditions d'ordre physique, chimique, biologique.

Physiquement, le sol doit être perméable, immobile, continu, suffisamment profond ; les débris sableux ou calcaires seront normalement agglutinés par les éléments colloïdaux : argile et humus. A défaut d'argile, la matière noire du fumier détermine l'agglomération et favorise la production de particules terreuses, qui règlent en quelque sorte l'ameublissement.

Relativement à la constitution chimique d'un sol fertile, nos déterminations sont moins absolues. Nous avons vu, à l'étude de l'analyse chimique, que les données numériques ne peuvent servir que d'indication générale, dans l'ignorance où nous nous trouvons de l'état *passif* ou *actif* de l'azote, de l'acide phosphorique, de la potasse, de la chaux dosée. La richesse d'un sol en matière noire est plus nettement révélatrice de sa fertilité.

L'analyse chimique d'une terre méconnaît le degré d'assimilabilité des principes fertilisants dosés.

La présence de la matière noire est par contre une des conditions les plus évidentes de la fécondité des terres ; partout le rapport est manifeste entre le degré de productivité des domaines et leur richesse en cet humus noir, abondamment pourvu d'éléments minéraux et servant d'intermédiaire actif entre le sol et la plante (Grandeau).

La proportion d'humates et surtout d'humophosphates donnerait donc une idée exacte de la fertilité des sols (Dumont).

## V. — STÉRILITÉ DES SOLS.

La stérilité des terres peut dépendre de plusieurs causes. Elle peut avoir pour origine l'existence de conditions générales défectueuses : influence défavorable du climat, manque d'eau, altitude trop élevée, etc. Il est souvent difficile de réagir contre ces influences ; tout au plus peut-on rechercher les cultures spéciales qui pourraient s'établir sous ces climats particuliers et à ces hauteurs déterminées.

*Stérilité due à la mauvaise constitution du sol.* — La

Fig. 72. — Sol stérile.
Assises jurassiques horizontales sur schistes inclinés.

stérilité peut tenir à des causes purement locales, la mauvaise constitution du sol, par exemple (fig. 72).

Les sols calcaires des savarts de la Champagne pouilleuse ne donnent aucune récolte satisfaisante. Les sacrifices consentis pour l'achat d'engrais et l'établissement de façons aratoires seraient tentés en pure perte. Il convient de réserver ces terrains au boisement (fig. 71).

Les arènes granitiques, les terres humifères, les tourbières sont souvent stériles pour les mêmes raisons. Les dunes sablonneuses (1) doivent être au préalable consolidées par des clayonnages pour supporter les pins maritimes, qui consentent seuls à se développer dans ces terrains.

La fertilité du sol n'est assurée que par une équitable association des principes constituants des terres ; la présence en juste proportion du sable, de l'argile, du calcaire, de l'humus, permet l'aération du sol, sa pénétration par les eaux pluviales, son échauffement modéré, son travail facile, etc.

La prédominance nettement accusée d'un des éléments constituants donne des terrains sableux, calcaires, humifères, etc., dont les propriétés caractéristiques ont déjà été étudiées.

***Stérilité due à la faible épaisseur du sol arable***. — Même dans les cas où sa constitution est normale, une terre peut être stérile par suite de son manque de profondeur (fig. 73).

Un sol peu épais est soumis aux influences atmosphériques, et les sécheresses y sont à craindre. Une terre profonde garde au contraire de précieuses réserves d'humidité, qui remonte par capillarité aux assises superficielles.

La proportion d'humidité des différentes couches s'évalue comparativement ainsi (Lawes et Gilbert) :

*Sol de prairie.*

| | Eau dans 100 parties de terre. |
|---|---|
| Première couche de 22cm,5.............. | 10,83 |
| Deuxième — — .............. | 13,24 |
| Troisième — — .............. | 19,23 |
| Quatrième — — .............. | 22,71 |
| Cinquième — — .............. | 24,28 |
| Sixième — — .............. | 25,07 |

Les terrains profonds offrent de plus aux plantes des res-

---

(1) L'étendue des dunes sableuses régies par l'Administration des Eaux et Forêts est de 65 260 hectares s'étendant sur 436 kilomètres de long. 224 kilomètres sur les côtes de Vendée et Charente, 212 kilomètres suivant la Gironde et les Landes.

sources alimentaires plus abondantes. Le taux d'azote rencontré aux différents niveaux peut s'évaluer ainsi :

*Terre de la plaine de Caen.*

|  | Azote combiné par kilogr. |
|---|---|
| Première couche de la surface à 25 cent... | 1$^{gr}$,732 |
| Deuxième     —     —     50   — ... | 1$^{gr}$,008 |
| Troisième     —     —     75   — ... | 0$^{gr}$,765 |
| Quatrième     —     —     1 mètre. | 0$^{gr}$,837 |

*Terre de Grignon.*

|  | Azote combiné par kilogr. |
|---|---|
| A la surface............................ | 2$^{gr}$,040 |
| A 0$^m$,80............................... | 1$^{gr}$,600 |
| A 0$^m$,90............................... | 1$^{gr}$,500 |
| A 1 mètre............................ | 1$^{gr}$,060 |
| A 1$^m$60............................... | 1$^{gr}$,090 |

Sur ces quantités d'azote dosées, une faible fraction seulement est assimilable ; il importe donc que les racines des plantes aient à leur disposition un parallélipipède de terre d'une plus grande hauteur.

On estime qu'un pied des différentes plantes cultivées occupe les poids de terre suivants :

| | |
|---|---|
| Haricot nain...................... | 29 kilogr. |
| Pomme de terre.................... | 86   — |
| Tabac............................. | 215   — |
| Houblon........................... | 334   — |

Ces chiffres montrent donc l'importance de l'épaisseur du sol dans la fertilité générale. Si la terre n'offre qu'une faible couche aux végétaux, ceux-ci devront être très distants pour que leurs racines, en s'étendant, parviennent à gagner en surface le poids de terre indiqué, et cet espacement peut réduire l'importance des récoltes.

Lorsque le terrain est profond, ces plantes puiseront leur nourriture dans un parallélipipède de faible base et de grande hauteur ; leur rapprochement pourra s'accentuer, les rendements seront plus abondants. Ainsi s'explique la fertilité des terres noires de Russie, qui portent indéfiniment des récoltes de blé sans recevoir d'engrais. Deux terres inégalement fertiles diffèrent souvent plus par leur épaisseur que par leur composition (Dehérain).

Un sol de faible épaisseur offre aux végétaux de minimes

Fig. 73. — Coteaux granitiques stériles.

ressources en éléments nutritifs. Les plantes qu'on tentera d'y cultiver devront être éloignées les unes des autres, les cultures herbacées y sont impossibles, la vigne et la culture arbustive seules pourront s'y établir avec quelque profit.

On remédie à ces défauts en augmentant la couche arable, soit par des apports de terre provenant des parcelles voisines, soit en incorporant une partie du sous-sol, si sa constitution le permet, par des défoncements. Lorsque ces terrains infertiles sont à proximité des cours d'eau, on peut couvrir le terrain d'une couche de limon fertilisant, soit en laissant passer sur sa surface des eaux à faible courant, soit en maintenant par des digues, pendant un certain temps, les eaux animées d'une plus grande vitesse d'écoulement. On réalise ainsi un *limonage* ou un *colmatage*, opérations que nous étudierons plus loin en détail.

*Stérilité due à un mauvais mode de culture.* — *Cultures sans engrais.* — Cette cause d'infécondité dans nos régions septentrionales n'est jamais d'ordre général, elle dépend de certaines conditions particulières : épuisement du sol en principes nutritifs, cultures sans engrais, etc.

Même si la proportion d'azote, d'acide phosphorique, de potasse des terres est considérable, les récoltes peuvent cependant décroître sur un sol non fumé.

Le blé est une plante assez robuste pour subsister sur la même pièce pendant près de soixante ans sans recevoir d'engrais, à condition d'extirper soigneusement les plantes adventices (expérience de Lawes et Gilbert, à Rothamsted). Ce ne sont pas d'ailleurs les matières minérales assimilables qui font défaut dans une bonne terre cultivée sans engrais, mais bien plutôt la matière azotée susceptible de nitrifier rapidement, c'est surtout l'humus qui manque bientôt aux récoltes obtenues sans fumure.

La disparition de cet humus se fait sentir plutôt comme privation d'un aliment utile aux végétaux que comme agent modificateur de l'humidité des sols. La matière organique qui reste dans un sol épuisé est très différente de celle qu'on trouve dans une terre bien fumée ; la *diminution de l'humus utilisable* est manifestement un caractère des sols cultivés sans engrais (Dehérain, Hilgard).

L'apport d'engrais humiques et minéraux est donc absolument indispensable pour rétablir la fertilité de ces sols épuisés. Par leur action réciproque, ils constitueront des principes nutritifs solubles mis ainsi directement à la disposition des végétaux.

Le travail judicieux des sols, leur ameublissement, peuvent évidemment, sauf le cas de terres très légères, améliorer leur productivité. Dans les terrains argileux, une culture maladroitement dirigée produira, par contre, des effets pernicieux, dont l'influence se fera longtemps sentir ; labourés ou roulés sous l'humidité, ces sols se transforment en mortier impossible à travailler et qu'il faut de toute nécessité mettre en jachère ou en prairie ; la texture primitive du sol semble être détruite pour longtemps. C'est ce qu'on appelle « gâter » un sol.

**Stérilité due à la sécheresse.** — Nous avons établi assez

Fig. 74. — Terres stériles du nord de l'Afrique.

nettement le rôle primordial de l'eau dans les phénomènes végétatifs pour admettre sans difficulté l'influence défavorable de la sécheresse dans l'agriculture d'une région. Certains pays autrefois riches et peuplés, la Palestine, la terre de Chanaan, dont la Bible vante la productivité, la Mésopotamie, la Judée, la Perse ont vu leurs plaines devenir stériles par suite de leur dessèchement ou la destruction du réseau d'irrigation établi par des peuples patients et laborieux (1).

(1) Voy. RISLER et WERY, *Irrigations et drainages* (ENCYCLOPÉDIE AGRICOLE).

Le manque d'eau est une cause d'infertilité absolue : si les irrigations ne peuvent être économiquement et pratiquement aménagées, aucun résultat ne pourra être obtenu, l'eau étant le facteur indispensable de la productivité des sols.

En Algérie, dans le nord de l'Afrique (fig. 74), la densité de la population suit presque exactement la répartition de la pluie ; l'abondance de l'eau est la condition même de la prospérité de l'agriculture méridionale.

Ces conditions de sécheresse défavorables ne se rencontrent sous nos climats que lorsque les terres renferment une proportion considérable de sable grossier déterminant une perméabilité excessive. Même dans ces situations particulières, la stérilité absolue ne se maintient pas fatalement. Peu à peu une maigre végétation s'étend parfois sur ces surfaces incultes; et les débris végétaux remédient partiellement à l'absence de principes nutritifs, qui constitue dans ce cas particulier une cause de stérilité aussi évidente que la sécheresse.

Sur des bancs de galets littoraux, on peut constater ainsi la formation lente d'une végétation spontanée spéciale à ces situations.

Dans le cas de sols secs et sablonneux, la nappe d'eau souterraine est parfois à une faible profondeur et peut aider au développement des plantes spontanées poussant sur ces landes. La végétation spontanée qui couvre ces sols secs est d'ailleurs une flore spéciale, dotée par la nature d'une constitution particulière, qui lui permet de pousser et de se développer parmi ces conditions défavorables.

L'irrigation est le seul mode efficace d'amélioration des sols secs.

*Stérilité due à l'excès d'eau.* — L'excès d'eau est une cause absolue de stérilité : dans ce milieu réducteur, les racines des plantes sont asphyxiées. Aucune aération n'ayant lieu, les bactéries utiles des terres ne peuvent exercer leur salutaire action et, par suite de l'acidité du sol, de précieuses ressources d'azote organique restent ainsi inutilisées, comme on le voit dans les terrains tourbeux.

Il existe également des argiles si compactes que la végétation ne peut s'y maintenir. Les pâtures dégénèrent après quelques années ; les racines, cherchant l'oxygène, rampent à la surface du sol, qu'il est indispensable d'aérer par un hersage énergique si l'on veut rapidement s'opposer à cette situation.

Le drainage permettra d'enlever l'excès d'humidité de ces terrains incultes (fig. 75).

*Stérilité due à l'absence de calcaire.* — La stérilité par

Fig. 75. — Établissement d'un drainage en sol stérile.

insuffisance de carbonate de chaux est beaucoup plus fréquente qu'on ne le pense. On sait le rôle considérable de la chaux dans les phénomènes de la végétation, où elle agit comme agent physique, principe nutritif et adjuvant indispensable du ferment nitrique. L'absence de cet élément est donc une des conditions les plus néfastes pour l'utile exploitation des terres.

On s'aperçoit de l'insuffisance du calcaire dans un terrain sableux par l'accumulation de l'humus, par la rareté des légumineuses et l'existence de maladies cryptogamiques sur les végétaux (hernie du chou).

Dans les terres fortes, c'est la réaction acide du milieu qui révèle cette insuffisance. Le dépôt d'oxyde de fer au voisinage de la surface, la formation de tourbe indiquent cette même absence du calcaire ; l'eau stagnante des fossés est alors irisée par suite de la présence de sels de fer solubles.

*Stérilité due à la présence de substances nuisibles.* — L'infertilité des terres peut tenir à la présence de certaines substances toxiques pour les plantes.

On trouve parfois dans les sols du sulfure de fer ; la *pyrite jaune* cristallisée, inaltérable à l'air, n'offre aucun inconvénient ; la *pyrite blanche*, masses arrondies à structure rayonnée, s'oxyde à l'humidité, donne du sulfate de fer nuisible aux racines des plantes, dès qu'il les atteint, même en dissolution peu concentrée.

Beaucoup de sous-sols argileux sont colorés en bleu par des silicates ferreux doubles, comme la glauconie, ou par des pyrites de fer à un état extrême de division. Ces substances toxiques entraînent la stérilité du sol, tant qu'elles ne seront pas transformées, par oxydation, en hydrate ferrique.

Vœlcher a donné plusieurs exemples de sols dont la stérilité était due à ces sels. Un terrain conquis sur le lac de Harlem renfermait 0gr,71 p. 100 de pyrites de fer et 0gr,74 p. 100 de sulfate ferreux, en même temps qu'une certaine proportion de sulfate basique de fer insoluble. Les premières années, quelques cultures purent être obtenues, la pluie ayant entraîné le sulfate de fer des couches superficielles. Après un labour un peu profond, le sel toxique, remonté à la surface, détermina une stérilité absolue.

Une terre du Bedfordshire, contenant 1gr,05 de sulfate de fer pour 100, ne montrait aucune trace de végétation, sa couleur gris noirâtre provenait du sulfure de fer très divisé.

Pour reconnaître, dans un sol, la présence du sulfate de fer, il suffit de lessiver une petite quantité de terre. Après filtrage, l'eau de lavage est additionnée d'ammoniaque ; un précipité verdâtre, qui passe au rouge, indique la présence de fer. Le seul remède à préconiser est un chaulage énergique. qui décompose le sulfate de fer, donne du sulfate de chaux (plâtre) et de l'oxyde de fer insoluble, par conséquent inactif.

Kearnay et Cameron, en Amérique, ont démontré que les sels de magnésie, même en dissolution très étendue, possèdent une action toxique sur les racines des végétaux. Cette influence néfaste est neutralisée en partie par la présence des sels de chaux. Il semble donc prouvé que c'est seulement l'excès relatif de la magnésie sur la chaux qui entraîne la stérilité des sols (Lœw). Les terres reposant sur la serpentine, roche magnésienne, ainsi que certaines argiles wealdiennes riches en magnésie, sont connues pour leur pauvreté (Hall).

Il existe également, dans les pâtures, des places, dites « cercles de fées », « lieux maudits », constituées par des cercles d'herbe d'un vert foncé, à l'intérieur desquels l'herbe est en général plus pâle et de végétation plus affaiblie qu'à l'extérieur. Ces cercles, fréquents sur les sols pauvres, s'étendent d'année en année. En examinant le sol à la périphérie externe du cercle, on y trouve en abondance le mycélium de certaines variétés de champignons, tandis qu'on ne le rencontre que rarement en deçà et jamais à l'intérieur du cercle.

L'existence du cercle de fée est donc liée à l'existence d'un champignon s'étendant chaque année circulairement et vivant aux dépens des réserves d'humus du sol. Après sa mort, le champignon laisse dans la terre une certaine quantité de matière organique, qui, par suite de son passage à travers son mycélium, est nitrifiée plus facilement et devient plus facilement assimilable. Ainsi s'explique l'existence de ces cercles à végétation plus luxuriante ; en même temps, ce prélèvement de matière organique appauvrit le sol à l'intérieur du cercle, qui se présente sous des apparences de végétation plus précaire.

***Terrains salés.*** — Le sel marin ou chlorure de sodium peut, en très petite quantité, jouer un rôle dans l'alimentation des plantes (1). Mais, dès que sa teneur dépasse 2 p. 100 dans

(1) La betterave, provenant d'une plante croissant au bord de la mer, a la propriété de pouvoir remplacer partiellement les sels de potasse par les sels de soude.

un sol humide ou 1 p. 100 dans un terrain sec, la stérilité est absolue.

La quantité de sel que peuvent supporter les végétaux dépend d'ailleurs non seulement de la proportion d'eau du sol, mais de l'évaporation qui régit le mouvement ascensionnel du sel dissous dans leurs tissus.

A l'action toxique du sel marin viennent s'ajouter d'autres influences défavorables, qui accroissent encore l'infertilité des terres. L'eau de mer, envahissant les cultures, modifie désavantageusement la texture du sol; le sel marin attaque les silicates doubles de la terre avec déplacement, en particulier, de la chaux par la soude. L'argile cessant d'être coagulée modifie fâcheusement la perméabilité et l'aération des terrains.

On connaît, de plus, l'influence retardatrice des chlorures sur la nitrification. L'eau de mer enfin tue les vers de terre, dont le rôle dans la constitution de l'humus a été nettement défini ; elle nuit également au développement et à la multiplication des ferments du sol.

Ces terrains salés occupant des superficies parfois considérables le long des rivages de la mer, on a successivement appliqué plusieurs méthodes à leur amélioration.

Le dessalement du sol par l'eau offre de réelles difficultés : l'eau peut en effet aller dissoudre dans les couches profondes de nouvelles quantités de sel marin qu'elle ramène à la surface par évaporation. Il est donc peu recommandable de laisser par capillarité et dépose sur le sol en inflorescences blanches séjourner sur les terrains salés des eaux douces évacuées ensuite. Le dessalement à l'eau courante peut seul donner de bons résultats s'il est bien conduit et surtout *si l'on associe le drainage* à cette opération. L'eau qui a dissous le sel marin ne remonte plus dans les couches supérieures par capillarité ou évaporation pour y déposer le chlorure de sodium qu'elle renferme, *elle est entraînée au contraire par les drains.*

L'ignorance de ces phénomènes a pu causer, en certains pays, de véritables désastres, alors qu'on s'attendait aux bienfaisants effets de l'irrigation.

Il n'est même pas nécessaire que le sous-sol soit riche en sels pour que l'irrigation amène, sous les climats secs, l'alcalinisation d'une terre. La simple évaporation d'une eau de rivière ou de source ordinaire peut parfois causer à la surface une accumulation de matières salines suffisantes pour contrarier la végétation (Hall). L'irrigation continue de l'Égypte (fig. 76) par les eaux du Nil a entraîné une modification complète du sol et de la culture. Par suite de l'absence des pluies, la terre n'est pas lavée par l'eau comme dans les autres régions tropicales ;

Fig. 76. — Amélioration des terres en Égypte par les irrigations.

les sels entraînés par les eaux du Nil employées à l'irrigation remontent ainsi par évaporation à la surface, se concentrent et stérilisent le sol (Willcok).

Le seul remède à préconiser est l'établissement de drains ou de fosses de drainage à un niveau inférieur à celui des canaux d'amenée ; ainsi détermine-t-on artificiellement l'écoulement de l'eau, qui entraîne naturellement les sels nuisibles. C'est pour avoir négligé le drainage que les irrigations continues ont causé en Égypte de graves mécomptes.

L'évaporation exerçant une influence désastreuse par les dépôts constants d'inflorescences de sel qu'elle détermine à la surface du sol, on s'efforce de réduire cette ascension des eaux salines en couvrant le sol d'une couche de paille, de roseaux, etc., qui diminue l'évaporation. Les cultivateurs camarguais recouvrent les jeunes blés avec un *embolage* constitué par une épaisse couche de roseaux. On obtient aussi de bons résultats en enterrant au fond des sillons, à une profondeur de 70 centimètres, un lit de roseaux qui s'oppose à l'ascension capillaire. En Camargue, la culture du riz s'est établie grâce aux submersions fréquentes.

On pourra également ameublir profondément ces terrains salés et leur fournir des engrais en abondance. S'il s'agit d'une couche imperméable, reposant sur un sous-sol perméable, on aura recours au forage de trous atteignant les couches perméables ; on drainera au moyen de fagots ou à l'aide de fossés à ciel ouvert, profonds et étroits : l'eau s'écoule rapidement, et le sel ne peut être ni absorbé par la terre, ni remonter pendant les chaleurs.

Les cultures qu'il convient d'adopter sur ces sols améliorés, sont : l'avoine, la pomme de terre, la luzerne, l'artichaut, l'asperge. On peut y créer des prés à l'aide des graminées suivantes : *vulpin* et *brome des prés, crételle, dactyle pelotonné, fétuque, houque laineuse, ray-grass anglais, fléole des prés, paturin commun,* associées aux légumineuses suivantes : *lotiers corniculé et velu, trèfle des prés et trèfle blanc.*

**Sols alcalins.** — Il existe dans diverses régions des terres infertiles, connues sous le nom d'*alkali lands*, qui doivent leur stérilité à la présence des sels de soude, notamment de carbonate de soude.

Ce sel a pour origine la décomposition des roches et des éléments du sol. Son accumulation tient à l'absence d'eaux pluviales ; au lieu d'être entraîné dans les couches profondes il se rassemble dans le sous-sol et remonte par capillarité.

Ces sols alcalins couvrent de vastes superficies en Égypte, en Arabie, en Lybie, en Perse, dans les Indes, aux États-Unis, au Chili, au Brésil et dans la République Argentine.

Le carbonate de soude forme des inflorescences à la surface du sol, attaque la plante au collet, désorganise les tissus et provoque la mort par incision annulaire. On rencontre dans ces terres le carbonate de soude associé au sulfate de soude et au chlorure de sodium, ainsi qu'une certaine proportion de sulfate de potasse, phosphate de soude, nitrate de soude, etc., qui sont d'excellents engrais. Le chlorure de sodium et le sulfate de soude, associés aux sulfates de magnésie et de chaux, forment des taches blanches sur le sol (*alcali blanc*). Le carbonate de soude, beaucoup plus toxique, dissout une partie de l'humus, désagrège l'argile et forme l'*alcali noir* causant une stérilité absolue.

Les irrigations de ces terrains ne produisent aucun résultat, l'eau dilue les taches alcalines, et il faut alors lutter contre l'évaporation en couvrant la surface de feuilles, d'herbes ou même de cailloux. Beaucoup de régions productives plantées en arbres fruitiers et en vigne ont été ainsi ruinées, parce que l'irrigation avait ramené l'alcali à la surface.

En Californie, on reconnut également que l'amélioration des sols alcalins par le maintien de l'eau à leur surface ne s'affirmait qu'avec l'aide d'un système de drainage parfait assurant l'entraînement des dissolutions salines. Seulement, dans le cas des alcalis noirs (carbonate de soude), le sol est tellement imperméable que la circulation de l'eau est rendue impossible. On incorpore alors au sol des quantités considérables de gypse (sulfate de chaux), qui forme, avec le carbonate de soude, du sulfate de soude, moins nuisible, et du carbonate de chaux. En drainant le sous-sol, les sels solubles sont alors entraînés, le terrain peut même devenir fertile, grâce à la présence de calcaire et d'humus, précipité par le gypse sous forme floconneuse.

A la saison sèche, il est recommandable de gratter le sol et d'enlever 10 centimètres superficiels. Mais l'apport de sulfate de chaux (gypse ou plâtre) donne seul de bons résultats.

Sur ces sols stériles, certaines plantes peuvent cependant végéter. Le *Distichles maritima* fournit un fourrage apprécié, ainsi que l'*Atriplex des saltbushes* d'Australie et l'*Atriplex semibaccatum*. Le soleil (*Helianthus annuus et californicus*), la betterave, l'asperge, l'élyme condensé, le millet, le sorgho, l'alfa donnent des récoltes sur ces sols.

Le chêne blanc de Californie (*Quercus lobata*), le sycomore, l'eucalyptus, l'érable, l'amandier, l'olivier, la vigne s'acclimatent parfois sur les terres alcalines.

## VI. — NATURE DES TERRES CONVENANT AUX PRINCIPALES PLANTES CULTIVÉES.

Lorsqu'on étudie attentivement la végétation particulière à chaque sol et la répartition des cultures, on voit que trois facteurs influent sur la répartition de la flore : le régime des eaux, sa constitution chimique et ses propriétés physiques.

L'action de ces trois facteurs est complexe, des causes différentes pouvant produire les mêmes effets. Ainsi, on peut rencontrer une plante particulière dans un terrain sablonneux à cause de sa sécheresse, ou encore par suite de l'absence du calcaire (Hall).

Les végétaux résistent aux sécheresses soit en diminuant leur surface foliacée et en réduisant ainsi l'évaporation par les feuilles (ajonc, genêt), soit en accroissant l'épaisseur de la cuticule ou en recouvrant la feuille d'un feutrage de poils. Parfois les feuilles possèdent un tissu spécial pour concentrer l'eau mise en réserve (plantes xérophytes).

Les végétaux des sols alcalins ou des marais imbibés d'eau de mer s'organisent également pour réduire l'évaporation des feuilles, car elles souffriraient de l'absorption de quantités élevées d'eau salée.

Les terrains où les végétaux ont le plus à souffrir du manque d'eau sont non seulement les déserts proprement dits, les terrains sablonneux, les dunes, les plages de galets, mais encore les tourbières, l'humus du sol cédant très difficilement aux plantes l'eau qu'ils retiennent.

Les plantes, tout en nécessitant pour leur développement tous les principes fertilisants : azote, acide phosphorique, potasse, chaux, etc., manifestent une préférence marquée pour certains de ces principes utiles. Les légumineuses, la pomme de terre, par exemple, recherchent la potasse, et, sans admettre totalement la théorie trop absolue des *dominantes*, nous devons considérer que chaque culture a des exigences particulières en éléments fertilisateurs. Ceci nous montre que la nature chimique des terres donnera d'utiles indications sur les plantes qui pourront s'y développer avantageusement.

D'autre part, la proportion de calcaire régit d'une manière générale la répartition des cultures. On distingue les plantes, nous l'avons vu, en *calcicoles* ou *calcifuges*, selon qu'elles recherchent ou fuient le calcaire. Cette différenciation est même sensible parmi les sols tourbeux, où la flore diffère selon l'acidité du sol (tourbières acides) et sa basicité relative (terreau).

Les propriétés physiques du sol enfin : légèreté, compacité, sécheresse, pouvoir absorbant, etc., délimitent les cultures possibles. Le trèfle blanc, par exemple, se contente de terres légères, le trèfle violet exige des sols frais, tenaces, cohésifs, le trèfle hybride est favorisé par l'humidité du sol.

Il y a dans cet ordre d'idées des exigences particulières, corrigées d'ailleurs par le climat, qu'il est impossible de négliger.

L'étude des phénomènes biologiques, la connaissance des besoins des plantes permettent de placer les végétaux dans les conditions les plus favorables à leur développement. Mais cette intervention de l'homme est limitée par la difficulté qu'éprouvent les plantes à vivre dans des situations par trop dissemblables de celles que leur ont assignées les caractères botaniques et la nature des produits qu'on en tire.

Les végétaux peuvent s'adapter, dans une certaine mesure, aux conditions diverses du milieu. Il existe cependant pour chacun d'eux une catégorie de terrains qui assurent plus complètement et plus parfaitement l'abondance et la qualité des récoltes.

Le cultivateur devra, dans la mesure du possible, réserver à chaque sol les cultures qui lui conviennent particulièrement.

Nous établirons la nature de terrains convenant aux principales plantes cultivées, tout en insistant sur ce fait que ces données, en vertu de la faculté d'adaptation des végétaux, de l'influence indéniable du climat, ne peuvent servir que d'indication générale.

## Céréales.

*Froment.* — Parmi les céréales, le blé occupe la première place par l'importance de sa culture et la valeur des produits obtenus. Le blé donne les récoltes les plus rémunératrices dans les terres *franches* (fig. 77), les sols de consistance moyenne, sablo-argileux, argilo-calcaires ou argilo-sableux, sans humidité excessive (1).

Le calcaire est indispensable au développement des céréales et en particulier au froment et à l'orge ; l'eau stagnante est très nuisible au blé.

On peut néanmoins cultiver le blé avec succès dans toutes les *bonnes terres* bien traitées, quelle que soit leur nature. C'est ainsi que les sols sablonneux soumis à un traitement rationnel peuvent porter de beaux froments (Damseaux).

Le blé réussit mal sur les défrichements récents ; ces sols soulevés, *creux*, déterminent une mauvaise germination.

Le froment de printemps préfère les sols argilo-calcaires et redoute particulièrement les terres sèches.

*Seigle.* — Le seigle est la céréale des *terres sablonneuses*. Les sols légers, d'origine granitique ou schisteuse, peuvent lui suffire. Il donne néanmoins d'excellents résultats dans les sols argilo-calcaires, sablo-argileux et même crayeux ou marneux (fig. 78). Les terres fortes ne permettent pas d'obtenir de fortes récoltes, à moins que l'humus ou le calcaire n'aient amoindri leur compacité. L'humidité stagnante et les expositions basses lui sont également nuisibles.

Le seigle prospère dans les terrains qui, par suite d'une structure trop légère, retiennent une faible proportion d'eau ; il réussit dans les terres de bruyères et les landes écobuées.

*Orge.* — Il faut à l'orge, en général, une terre *douce* tenant le milieu, comme compacité, entre les sols *légers* du seigle et les terres *franches* du blé. On rencontre cependant cette céréale dans les sables lorsqu'on s'avance vers

(1) Voy. *Céréales*, par M. GAROLA (ENCYCLOPÉDIE AGRICOLE).

le nord, l'humidité du climat corrigeant la légèreté du terrain.

L'orge d'hiver prospère dans les terres assez fortes, fertiles

Fig. 77. — Champ de blé Dattel.

et riches en humus ; les sols trop secs ou légers lui sont nuisibles. Cependant, on peut obtenir des orges réputées dans les terres calcaires. L'humidité compromet le développe-

ment de l'orge d'hiver, ainsi que la compacité excessive
du sol.

L'orge de printemps demande un sol argilo-marneux ou
argilo-calcaire riche en humus. Pour porter de belles récoltes
d'orge, les terres sablonneuses à sous-sol perméable doivent
recevoir de fortes fumures de fumier de ferme.

Cette céréale germe mal dans les terres trop compactes;

Fig. 78 — Culture du seigle en sol crayeux (Marne).
Augmentation des récoltes par les superphosphates et le chlorure
de potassium.

les sols acides, humifères, tourbeux ne lui conviennent pas.

*Avoine.* — L'avoine est la moins exigeante des céréales,
relativement à la nature du terrain ; elle est particulièrement
réservée aux défrichements, aux marais desséchés, aux sols
bouleversés ou acides. Cette céréale souffre moins de l'humidité excessive que le blé ou l'orge, bien que le grain produit
dans ces conditions manque de qualité.

L'avoine d'hiver réclame des terres franches ou des sols perméables et profonds, car elle redoute l'humidité stagnante. L'avoine de printemps réussit partout, sauf dans les sols acides et les terres exclusivement calcaires. Cette céréale accepte les sols profondément remués.

**Sarrasin.** — Les terres *sablonneuses* conviennent au sarra-

Fig. 79. — Culture du maïs.

sin, qui réussit également sur les défrichements de landes granitiques et sur les sols tourbeux assainis. Les terrains humides ou compacts lui sont défavorables, ainsi que les terres riches où il prend un développement excessif qui nuit à sa maturation.

**Maïs.** — Le maïs, comme toutes les plantes sarclées et binées, est une plante exigeante qui demande de *bonnes terres saines*, ni trop calcaires, ni trop argileuses. On peut cependant obtenir, dans les régions septentrionales, des récoltes satisfaisantes sur les terres siliceuses, à condition que ces sols soient enrichis de fortes fumures (fig. 79).

**Millet.** — Le millet se sème en bonne terre légère et saine; les sols *sablo-calcaires* ou *siliceux* sont ses situations préférées.

### Plantes-racines et tubercules.

**Betteraves.** — Les terres *franches* profondes, sablo-argileuses, argilo-siliceuses ou argilo-calcaires, riches en humus, conviennent à la betterave. Les sols d'alluvion, profonds, bien ameublis et fumés, donnent d'excellentes récoltes. Les terres à betteraves les plus renommées en France, en Allemagne, en Belgique, en Autriche, sont toutes constituées par le limon des plateaux, le lœs.

L'élément calcaire exerce une influence favorable sur la richesse saccharine. La culture de la betterave à sucre s'établit difficilement dans les sables secs et sur les pauvres défrichements de landes, les argiles tenaces et humides, les sols acides ou les terrains crayeux.

**Chicorée à café.** — Les terres profondes et saines, les sols *silico-argileux*, un peu calcaires, ou *silico-marneux* de consistance moyenne, doivent être réservés à cette culture (fig. 80).

Les terrains argileux froids ou d'une excessive sécheresse lui sont également nuisibles.

**Carotte.** — La carotte demande un sol *léger* ou *sablo-argileux*, mais il faut, pour obtenir des récoltes satisfaisantes, que ce sol soit profond, fertile et riche en calcaire. Les terres marneuses donnent des rendements élevés pour certaines variétés. L'humidité du sol nuit à la végétation et produit des racines de moindre valeur nutritive.

**Navet, rave.** — Les navets prospèrent dans les terres

*douces*, légères, *fraîches* et *grasses*, où l'élément calcaire se montre en proportion suffisante.

Les rendements sont des plus satisfaisants sur les anciens défrichements.

**Chou-navet et chou-rave.** — Ces racines conviennent aux

Fig. 80. — Un champ d'expériences pour la chicorée à café.

terrains de *qualité moyenne*, meubles et conservant un peu de fraîcheur.

**Rutabaga.** — Les terres *fortes* ou de compacité moyenne, fraîches et ameublies, sont les sols préférés du rutabaga. Les défrichements de landes plus ou moins acides, les sols riches en matière organique peuvent être utilement consacrés à cette culture.

**Panais.** — Le panais exige des terres *profondes*, *franches*, riches, bien fumées et ameublies. Les sols siliceux, granitiques, argilo-siliceux ou argilo-calcaires, donnent des récoltes rémunératrices, s'ils sont profonds, frais et meubles. Les sols tenaces ne lui conviennent pas.

*Pomme de terre.* — La pomme de terre est spécialement cultivée en sol *léger, sablonneux* ou *sablo-argileux,* mais assez *frais,* c'est-à-dire contenant, à 30 centimètres de profondeur, de 15 à 18 p. 100 d'eau. La pomme de terre s'accommode, en général, des terres meubles, profondes et saines. Les défrichements de bois, les sols riches en matière organique, peuvent même donner des récoltes satisfaisantes.

Dans des terres également riches en principes alimentaires, l'importance des rendements est en raison directe de la fraîcheur du sol et en raison inverse de la ténacité du terrain.

S'il s'agit de la pomme de terre industrielle ou fourragère, l'influence du sol sur le rendement cultural n'est pas considérable, et les terres à pomme de terre sont beaucoup plus nombreuses qu'on ne le croit (A. Girard).

Cependant la maturation s'effectue mal et donne des produits de faible valeur dans les terrains tenaces et argileux, qui exposent, de plus, la plante aux attaques de la maladie. On cultive cependant ces dernières années une nouvelle variété de *Solanum,* le *Solanum Commersonii,* qui paraît convenir aux sols relativement humides.

*Topinambour.* — Le topinambour réussit dans tous les sols *sains* ; les terres les plus pauvres peuvent lui suffire, si l'humidité n'est pas excessive et le sous-sol perméable.

Ses racines s'enfoncent à une faible profondeur et permettent sa culture en terre peu épaisse. Cette plante constitue une ressource précieuse dans les mauvais sols sablonneux, crayeux, schisteux, sur les landes et les dunes. Sa culture mérite d'être étendue.

## Légumineuses fourragères.

*Luzerne.* — La luzerne réussit dans les bonnes terres *saines* et *profondes.* Les sols *argilo-sableux* ou *sablo-argileux* lui sont particulièrement favorables ; les sous-sols calcaires ou marneux assurent des rendements rémunérateurs. La longueur des racines pivotantes de la luzerne lui permet de se maintenir, quoique peu vigoureuse, sur des terres assez légères ; mais les eaux stagnantes ou l'humidité excessive du sous-sol compromettent son développement (fig. 81).

**Lupuline.** — Les terres de médiocre qualité, *calcaires* ou *sableuses*, peuvent suffire à la lupuline. Les sols plus compacts

Fig. 81. — Culture de la luzerne (avec et sans engrais).

lui conviennent cependant, si l'élément calcaire existe en proportion assez élevée.

**Luzernes diverses.** — La luzerne faucille résiste aux sécheresses et se développe sur les terres les plus sèches, *calcaires* ou *marneuses*.

La luzerne rustique, ou luzerne des sables, pousse dans les sols médiocres, secs, peu profonds, ou sur les coteaux arides. La luzerne maculée convient aux terrains frais et fertiles.

*Sainfoin, esparcette ou bourgogne.* — Le sainfoin est la légumineuse des terres *calcaires, sèches et pauvres* ; la plante poursuit activement son développement, pourvu que les racines puissent pénétrer dans le sous-sol.

Le sainfoin peut croître avec vigueur sur les terres arables, peu profondes, à sous-sol pénétrable ou fissuré ; l'humidité lui est funeste. Le sainfoin à deux coupes demande une terre plus fertile (fig. 82).

*Trèfle violet.* — Les sols *sains et profonds*, assez riches en argile et contenant du calcaire, conviennent au trèfle violet. Les bonnes terres à froment et à betterave, les terrains argilo-sablonneux ou silico-argileux enrichis d'humus, assurent des récoltes abondantes.

Lorsque la terre est constituée par des sables ou des limons, le trèfle violet ne réussit que si le sous-sol assure l'humidité nécessaire.

Les sols argileux très compacts, les sables légers, les terres calcaires sèches, les terrains tourbeux ne permettent pas la culture du trèfle violet.

*Trèfle blanc.* — Le trèfle blanc, très rustique, végète à peu près dans tous les sols. Il résiste à la sécheresse et se développe dans les terres *légères, calcaires* ou *siliceuses*. Les meilleurs rendements sont obtenus dans les terres sablonneuses fraîches, marnées ou chaulées. On peut également le cultiver dans les défrichements assainis et sur les sols tourbeux.

*Trèfle hybride.* — Le trèfle hybride doit être réservé aux terres humides, *argileuses* ou *argilo-sableuses* à *sous-sol marneux*. Les défrichements d'anciens étangs, les terrains tourbeux, les sols ferrugineux même suffisent à son développement ; les terrains pauvres ne lui conviennent pas.

*Trèfle jaune des sables.* — Cette légumineuse réussit surtout dans les *sols légers* et *sableux* ou de compacité moyenne à sous-sol perméable ; l'élément calcaire assure les meilleurs rendements.

*Trèfle incarnat.* — Le trèfle incarnat demande des sols profonds et *sains*. Les terres très compactes ou à humidité excessive ne lui conviennent pas ; sa végétation est misérable sur les terrains calcaires. On obtient les plus fortes récoltes dans les terres *sablo-argileuses*, possédant une proportion modérée de *calcaire*.

On sait l'intérêt que présente cette culture effectuée sur déchaumage. Le sol est ainsi occupé au moment des pluies automnales, et le trèfle incarnat donne un fourrage hâtif apprécié.

**Trèfles divers.** — Le trèfle filiforme (*Trifolium filiforme*)

Fig. 82. — Culture du sainfoin (avec et sans engrais).

pousse dans les terres légères *sablonneuses* ou *graveleuses*. Le trèfle fraise (*Trifolium fragiferum*) doit être réservé aux terrains froids, *glaiseux* ou très compacts. Le trèfle élégant (*Trifolium elegans*) convient surtout aux terrains argilo-siliceux; le sous-sol ferrugineux ne nuit pas à son développement.

**Lupin.** — Le lupin croît principalement dans les terres *sablonneuses* à sous-sol *perméable*; le calcaire est peu favorable à son développement. On peut obtenir des rendements satisfaisants dans les sols de ténacité moyenne bien ameublis. Il importe de distinguer les différents lupins : blanc, jaune, bleu, qui ont, à ce point de vue, des exigences sensiblement différentes.

**Ajonc.** — L'ajonc aime les terrains *sablonneux, granitiques*. Son développement peut se poursuivre même sur le sable des dunes ; mais il réussit mal dans les terres calcaires.

**Vesce velue.** — La vesce velue donne les meilleurs rendements dans les sols *sablonneux* reposant sur un sous-sol argileux ; elle réussit également en terre légère ou calcaire.

## Graminées fourragères.

Les graminées fourragères peuvent se classer en deux grandes catégories : les *graminées des terres fertiles*, les *graminées des terres médiocres*.

Parmi les premières, nous rencontrons le *ray-grass anglais*, le *ray-grass italien*, la *fléole*, le *dactyle*, la *fétuque des prés*, le *vulpin des prés*, le *paturin des prés*, le *paturin commun*.

Ces graminées devront donc être de préférence cultivées en sols riches, frais, fertiles, où l'on obtiendra les rendements les plus élevés.

Sur les sols médiocres et peu fertiles croissent le *brome des prés*, la *fétuque ovine*, la *crételle*, l'*agrostis blanche*, etc.

On devra réserver pour les terrains *frais* et *riches* les ray-grass, la fléole, les paturins ; le fromental réussit sur les *sols secs*. La fétuque des prés demande une terre *un peu fraîche*, ainsi que le dactyle, le vulpin des prés, etc.

Parmi les graminées fourragères de médiocre qualité, le brome, la fétuque préfèrent les sols *secs* ; la houque laineuse, la crételle, l'agrostis se plaisent en terrain *humide*.

## Légumineuses cultivées pour leurs graines.

**Fève.** — La fève et la féverole donnent les plus forts rendements dans les terres *argileuses profondes* et *riches en humus* ; on les cultive avec profit sur les polders.

Ces plantes, exigeantes, demandent des sols fertiles, en bonne condition ou fortement fumés.

**Vesce.** — La vesce convient aux *sols argileux* de *compacité moyenne* ; elle donne de bonnes récoltes dans les terres argilo-siliceuses.

**Gesse.** — Les terres *saines* de qualité moyenne, riches en

Fig. 83. — Culture du lin en sol argilo-siliceux ; amélioration du sol par les scories de déphosphoration.

calcaire, conviennent à la gesse cultivée. La jarosse ou gesse chiche, très rustique, réussit dans tous les terrains sains, même calcaires ou siliceux. La gesse des prés demande un sol d'assez bonne qualité.

**Pois.** — Les pois exigent des terrains de *consistance moyenne assez calcaires*. Les sols légers, chaulés ou marnés, peuvent lui suffire ; cependant les pois comestibles récoltés en terres très calcaires sont durs à la cuisson. Les pois perdrix prospèrent dans les terrains assez riches ; le pois gris d'hiver se satisfait des terrains secs et graveleux.

**Haricot.** — Les sols secs peuvent convenir au haricot, surtout si ces terrains sont *propres* et *bien ameublis*. On obtient néanmoins les récoltes les plus abondantes sur les terres de consistance moyenne bien travaillées, d'une teneur appréciable et bien équilibrée en principes fertilisants.

**Lentille.** — La lentille fournit les meilleurs produits dans les terres *assez légères*, mais *riches* et *profondes*. La lentille à une fleur, ou jarosse d'Auvergne, est précieuse pour les terres pauvres, sablonneuses et schisteuses.

### Plantes textiles.

**Lin.** — Les sols de *consistance moyenne, riches en humus*, profonds et frais, conviennent particulièrement au lin. Les récoltes peuvent être encore satisfaisantes sur les sols assez légers abondamment fumés, bien que les produits soient de moindre qualité (fig. 83).

**Chanvre.** — Les terres *riches*, profondes et *fraîches*, sont les situations de prédilection du chanvre. Les sols silico-argileux, fertiles et sains, assurent également des récoltes rémunératrices.

### Plantes oléagineuses.

**Colza.** — Le colza donne ses meilleurs produits dans les *bonnes terres franches* et sur les défrichements de prairies et de bois. Cependant sa culture peut s'établir avec succès sur les sols sablonneux, profonds, frais et fertiles.

La présence du calcaire est indispensable pour la réussite du colza.

Les terres compactes, humides, les sols marécageux ne peuvent lui convenir.

**Navette.** — La navette est moins exigeante que le colza sur le choix des terrains ; elle vient encore dans les *terres légères*.

Mais les meilleurs rendements sont obtenus sur les sols *assez fertiles* et *bien travaillés*.

*Pavot-œillette*. — L'œillette demande des terres *douces*, *riches* et *bien ameublies*, sablonneuses où calcaires, pourvu qu'elles soient fraîches, perméables et profondes.

L'humidité lui est particulièrement nuisible, et les situations découvertes déterminent une perte sensible du grain par suite du renversement des tiges.

*Cameline*. — La cameline est une plante des climats brumeux et des *sols légers, sablonneux*, des terres à seigle. On lui réserve ces terrains, les sols plus riches étant consacrés aux plantes susceptibles de procurer des revenus plus rémunérateurs.

Le *grand soleil* demande des terres riches et profondes ; la *gaude* préfère les terrains moyens, légèrement humides. La *moutarde* donne ses meilleurs produits en sols marneux ou dans les terres sablonneuses riches en humus et pourvues de calcaire.

### Plantes diverses.

*Tabac*. — Les sols *silico-argileux*, les alluvions de compacité moyenne, fraîches et fertiles, conviennent particulièrement au tabac. Dans les contrées méridionales, on consacre à cette culture les terres humifères.

Les terrains sablonneux enrichis d'humus et les défrichements peuvent lui suffire, mais il faut éloigner le tabac des sols argileux et froids ainsi que des sables secs et légers. L'humidité du sol occasionne une dépréciation des produits, les feuilles pouvant être attaquées par la rouille ou se préparant difficilement pour l'industrie.

*Houblon*. — Il faut au houblon des terres *fertiles, profondes, saines*. Les sols silico-argileux, riches en humus, peuvent avantageusement être consacrés à cette culture. Les expositions abritées des grands vents empêchent le renversement des perches et l'abatage des tiges.

*Osiers*. — Les osiers poussent dans tous les terrains, sauf sur les sols *très calcaires*. Il suffit que la couche de terre végétale ait 50 à 60 centimètres d'épaisseur pour que les osiers s'enracinent.

Les terres de plaine donnent une récolte moins abondante que les vallées, mais de meilleure qualité. Pour établir des oseraies en sols très humides, tourbeux, il faut assainir au préalable ces terrains par des rigoles.

**Sorgho à balais.** — Cette plante redoute les sols *compacts*, *argileux*. On lui réserve les *bonnes terres à blé*, et, dans le Sud-Est plus particulièrement, les sols un peu légers, les alluvions.

**Chardon à foulon.** — Il faut à la cardère des terres *saines*, *profondes*, plutôt légères que compactes. Les terrains en coteau exposés au sud lui conviennent particulièrement.

# DEUXIÈME PARTIE

## AMÉLIORATION DES TERRES

### CHAPITRE PREMIER

### LES AMENDEMENTS

#### I. — RÔLE DES AMENDEMENTS.

Le sol peut présenter des défauts qui contrarient sa productivité intensive. Le praticien devra alors s'appliquer à améliorer, à amender ses terres.

Il existe diverses améliorations d'ordre *physique, chimique* ou *physiologique*.

**Améliorations physiques.** — Parmi les améliorations d'ordre physique il faut citer en première ligne le *drainage*.

Le drainage est le premier travail à exécuter dans une terre dont l'excès d'humidité nuit à la bonne culture. L'*irrigation*, au contraire, réalise l'arrosage rationnel et réglementé du sol lorsque la situation l'exige.

Les façons culturales appropriées, les labours profonds sont des amendements d'ordre physique. Enfin les *amendements calcaires* ou *humiques* constituent des améliorations physiques d'une importance indéniable.

**Améliorations chimiques.** — L'épandage des engrais, qu'il s'agisse du fumier de ferme ou des engrais du commerce encore appelés engrais chimiques, constitue le type des améliorations chimiques.

**Améliorations physiologiques.** — On peut agir dans ce sens par l'apport de terres ensemencées par divers micro-organismes : sols ayant supporté des légumineuses, épan-

dage de *nitragine* (bouillon de culture des bactéries de légumineuses) ou d'*anilite* (microorganismes fixateurs de l'azote
de l'air, etc...).

Le fumier, le purin, les composts, par leur richesse en microorganismes, en ferments, moisissures, spores diverses, peuvent
être considérés comme des amendements physiologiques.
Enfin la destruction des mauvaises herbes se place parmi les
améliorations des terres les plus intéressantes.

Laissant de côté le drainage, l'irrigation qui font l'objet
d'études spéciales (1), nous étudierons, d'après l'ordre logique
établi, les amendements siliceux, argileux, humiques ou calcaires, pour passer ensuite à l'étude des engrais.

## II. — AMENDEMENTS SILICEUX, ARGILEUX ET HUMIQUES.

*Critique des amendements siliceux et calcaires.* — On
peut corriger les défauts physiques d'un sol en lui incorporant
une terre présentant le défaut contraire.

Un terrain argileux sera allégé, aéré, par son mélange avec
du sable. Inversement, une terre siliceuse sera heureusement
amendée par l'apport d'argile, etc.

En principe, ces opérations sont peu pratiques. Il faut des
doses élevées de terre pour corriger ou atténuer les inconvénients d'un sol.

Pour améliorer ainsi les vingt premiers centimètres d'une
terre lourde, il faudrait apporter au moins 16 000 tonnes de
sable à l'hectare. Si l'on utilisait des amendements argileux,
400 tombereaux à l'hectare seraient juste suffisants. Il faut,
de plus, tenir compte de la difficulté de mélanger les éléments ainsi mis en contact assez intimement pour que leurs
actions réciproques s'exercent.

L'emploi des amendements siliceux et argileux est donc, en
réalité, peu pratique.

*Amendements humiques.* — Il est loisible d'améliorer
un sol en lui incorporant de l'humus : fumier, engrais orga-

1) Voy. RISLER et WERY, *Irrigations et drainage* (ENCYCLOPÉDIE
AGRICOLE).

niques, végétaux coupés et enfouis en vert (*engrais verts*). Le rôle des engrais verts, très intéressant, sera étudié plus loin.

On peut mélanger également aux couches légères de sable des assises voisines de tourbe.

Il ne faut pas exagérer la valeur de la tourbe : une expé-

Fig. 84. — Sol tourbeux. — Brandes poitevines.

rience de Grandeau a montré qu'on peut parfois n'en tirer aucun avantage si l'on n'a pas soin, pour la rendre assimilable, de l'arroser de purin, de la mélanger au fumier. La tourbe est en effet une substance morte, inactive, qu'il faut ensemencer de ferments et de microbes nitrifiants (fig. 84).

On appelle *composts* des mélanges de matières organiques, de chaux et de terre. Ce sont des amendements humiques. Le praticien incorpore avantageusement aux composts des vases d'étang, des mauvaises herbes, du fumier. On arrose copieusement de purin ou d'eau. La nitrification se poursuit activement, la chaux désagrège la matière organique. On « recoupe » le tas, de temps à autre, pour aérer.

Ces amendements sont très précieux. Épandus sur les prairies, ils donnent un pâturage plus fourni en favorisant le tallage. Sur les vieilles prairies, le compost neutralise les matières organiques acides. En Suisse, la plus grande partie du fumier est transformée en compost.

## III. — AMENDEMENTS CALCAIRES.

### I. — GÉNÉRALITÉS.

*Sols pauvres en calcaire.* — Certains indices peuvent attester l'insuffisance d'une terre en calcaire. La végétation spontanée donne des renseignements utiles à cet égard et la présence de châtaigniers, de l'ajonc, de la bruyère, de l'oseille, de la spergule, de la serradelle, du lupin, de la vesce velue, indiquent la pauvreté d'une terre en calcaire.

L'examen des eaux stagnantes est intéressant. Lorsque le calcaire est rare, les terres présentent, dans les dénivellations, des eaux stagnantes offrant des reflets irisés et une surface paraissant « graisseuse ». Dans les dérayures s'accumulent des eaux montrant, sur le bord, des plaques, des dépôts rougeâtres de carbonate de fer qui ne se forme qu'en l'absence du calcaire.

Il convient de noter en effet la corrélation qui existe entre la présence du fer et la pauvreté en chaux : le fer favorise l'élimination du carbonate de chaux. Dans les terres rouges du Jura, les scories de déphosphoration se montrent supérieures aux superphosphates à cause de leur teneur en calcaire.

Lorsqu'un sol est pauvre en chaux, on l'améliore au moyen d'amendements calcaires qui, en apportant cet utile élément, corrigent en outre les défauts physiques de la terre.

Les amendements calcaires comprennent la chaux, la marne, les faluns, les calcaires marins, le plâtre, les cendres pyriteuses, les écumes de défécation, etc.

## II. — CHAULAGE.

*Rôle de la chaux.* — Le chaulage constitue une opération agricole des plus importantes par l'influence exercée à la fois sur les propriétés physiques, chimiques et biologiques du sol.

La chaux coagule l'argile ; les terres fortes sont ainsi rendues plus perméables, moins humides, plus aisées à échauffer. Ces sols seront donc plus faciles à travailler de bonne heure au printemps et, plus friables, tendront moins à former à leur surface une croûte, par dessiccation.

Sur les sols tourbeux, facilitant l'ascension capillaire de l'eau, le chaulage prolonge la période végétative, et cette action, associée au rôle de la chaux, au point de vue de la mobilisation des principes fertilisants du sol, permet d'obtenir des récoltes plus abondantes.

Sur les sols légers, la chaux se comporte parfois comme une sorte de ciment. Elle peut donc parfois accroître la compacité de ces terres et leur pouvoir absorbant vis-à-vis de l'eau.

En dehors de son influence sur la texture des sols compacts, la chaux agit énergiquement au point de vue chimique en mettant en liberté les principes fertilisants des terres retenus dans des combinaisons fixes.

Les silicates doubles hydratés de potasse et d'alumine qui résultent de la désagrégation partielle de feldspaths sont décomposés. La chaux se substitue à la potasse, qui est ainsi mise à la disposition des végétaux. Dans les herbages, cette augmentation de potasse assimilable, par suite d'un chaulage, est nettement visible par l'accroissement de la proportion des légumineuses.

La chaux met également, dans une certaine mesure, l'acide phosphorique en liberté ; elle transforme les phosphates de fer et d'alumine, complètement insolubles, en phosphates de chaux absorbés par les racines des plantes.

La décomposition de l'humus, la nitrification nécessitent la présence du calcaire, comme l'atteste l'exemple des sols tourbeux. On voit donc l'influence considérable de la chaux dans la nutrition générale des végétaux.

C'est évidemment la chaux qui maintient dans le sol la neutralité des réactions en saturant les acides provenant de la décomposition et de la nitrification des matières organiques ou de l'oxydation de certains sels. Le sulfate de fer est transformé en sulfate de chaux utile. La chaux préserve les terrains de l'invasion des microorganismes nuisibles aux plantes. Elle est indispensable à l'exercice du pouvoir absorbant du sol.

Par suite de ce pouvoir particulier de mettre en circulation les principes nutritifs du sol, la chaux détermine un actif mouvement de mobilisation des réserves nutritives de la terre. Aussi appauvrirait-elle le sol, si l'on ne pourvoyait au maintien de la fertilité du sol à l'aide des engrais. Précisément nous avons vu que ces engrais, pour être maintenus par le pouvoir absorbant du sol, devaient y rencontrer une certaine proportion de calcaire.

Les acides formés dans le sol par la décomposition des matières organiques sont rapidement neutralisés et utilisés dans les terres bien drainées et aérées. Dans des sols trop humides ou trop imperméables, ces acides s'accumulent et nuisent à la fertilité. Le chaulage remédie à ce grave défaut.

Fig. 85. — Production de la chaux.

Il importe de remarquer que, dans toutes ces actions, c'est *comme base* et non comme composé du calcium que la chaux est nécessaire, quel que soit le rôle du calcium dans l'économie de la plante. Par conséquent, c'est uniquement par le carbonate de chaux (craie, pierre à chaux), par la chaux vive ou éteinte, qui se carbonate d'ailleurs rapidement, que le chaulage manifeste ses effets bienfaisants.

Les superphosphates de chaux, le sulfate de chaux (gypse),

les phosphates d'os, étant acides ou neutres, ne sauraient remplacer la chaux basique. Cette confusion des états particuliers du calcaire, facilitée par l'emploi souvent inexact du mot « chaux », expliquerait bien des mécomptes survenus parmi les cultures parfois des plus intensives.

L'apport d'engrais à base de calcium ne saurait donc, dans tous les cas, remplacer le chaulage. Tout au contraire, la décalcification des sols par suite de l'épandage du sulfate d'ammo-

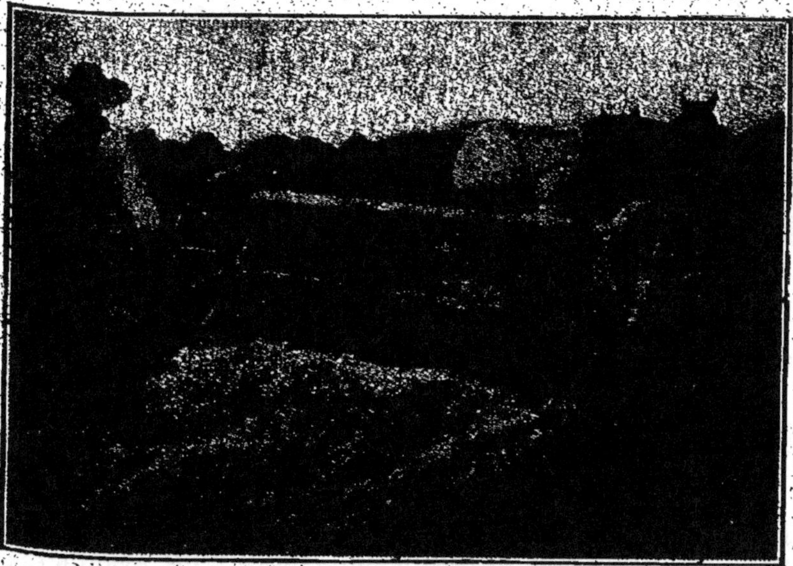

Fig. 86. — Épandage de la chaux avec le semoir à engrais.

niaque, de sels potassiques, oblige à considérer avec plus d'attention l'apport de chaux sur les terres cultivées.

*Production, transport et conservation de la chaux.* — La chaux destinée aux usages agricoles est obtenue par la cuisson de la pierre à chaux, soit dans des fours intermittents (fig. 85), soit dans des fours continus. En Amérique, on établit économiquement la combustion dans des fours primitifs formés de claies de bois (fig. 90). La chaux se vend ordinairement à l'hectolitre. Il est préférable d'acheter au poids, ce procédé donnant seul une indication précise. Suivant que la chaux est en morceaux plus. ou moins gros, suivant qu'elle est plus ou moins tassée, son poids varie, en effet, de 43 kilogrammes à 120 kilogrammes l'hectolitre. La chaux de bonne qualité a été chauffée au point désirable : elle ne présente ni fragments trop cuits et vitrifiés (*biscuits*), ni fragments de calcaire non décomposés (*incuits*). Il est bon de faire analyser la chaux du commerce.

Le transport de la chaux s'effectue facilement. On peut charger les morceaux de chaux vive directement dans les wagons, et les couvrir d'une bâche pour empêcher la pluie de les mouiller.

On place ensuite cet amendement dès son arrivée à la ferme dans un endroit sec, à l'abri de l'humidité. Il est même souvent recommandable de couvrir le tas avec de la paille ou des toiles, afin d'éviter le délitement avant l'épandage ; la chaux réduite en poussière fine se carbonate rapidement et perd ses propriétés actives.

Le prix de la chaux dépend des conditions de sa production, du voisinage des fours à chaux. Si les cours paraissent élevés et si la matière première existe, on a souvent avantage à fabriquer soi-même la chaux (1).

La craie, utilisée quelquefois comme amendement, n'équivaut chimiquement qu'à la moitié de son poids de chaux. De plus, sa division à l'état extrême est rarement obtenue ; on devra donc en employer des quantités plus considérables. jusqu'à 3 000 kilogrammes par hectare. Pour les terres sablonneuses et légères, la craie présenterait certains avantages ; dans ces sols secs et chauds, la chaux détermine parfois une combustion trop rapide de la matière organique.

## Épandage.

*Généralités.* — Il faut employer la chaux éteinte et réduite à l'état pulvérulent. Parfois on laisse la chaux se déliter à l'air libre sous les hangars. En absorbant l'humidité, elle se

_______

(1) Pour 3 à 4 000 francs on construira un four à chaux pouvant cuire 7 000 kilogrammes de chaux. On chauffe à la houille (200 kilogr. de houille pour 1 000 kilogr. de chaux).

réduit en hydrate pulvérulent ; au bout de deux ou trois mois, on la charge dans des tombereaux qui la déposent sur le champ en petits tas, épandus ensuite à la pelle.

On peut reprocher à cette pratique, en même temps qu'une hydratation désavantageuse, une carbonatation excessive de la chaux (jusqu'à 12 p. 100), qui agit alors avec moins d'effi-

Fig. 87. — Épandage de la chaux.

cacité. De plus, la manutention de cet amendement est très pénible, à cause des poussières irritantes soulevées par le vent. Si les pluies surviennent, la masse devenue pâteuse est d'une répartition difficile.

Différentes méthodes sont utilisées plus avantageusement.

**Méthode allemande.** — Ce procédé, commode à employer pour de petites quantités, consiste à placer les fragments de chaux dans un panier plongé deux minutes dans l'eau. 100 kilogr. de chaux peuvent ainsi absorber 32 kilogr. d'eau.

Hydratée, la chaux tombe ensuite en poussière: on la blute avec soin dans des appareils clos. On trouve comme déchets des pierres que l'on peut traiter une seconde fois. Finalement il reste les *incuits* ou les *biscuits* sans valeur.

La poudre ainsi obtenue est d'une ténuité extrême. On la transporte dans des sacs, mais son emploi est délicat. Cette poussière caustique, épandue à la main, blesse les yeux et irrite les muqueuses respiratoires. Il faut couvrir ses yeux de lunettes et placer une éponge devant la bouche.

Il est préférable d'utiliser le semoir à engrais par temps calme, en plaçant devant l'appareil un morceau d'étoffe qui empêche la chaux de voler. Au retour, on se brossera les cheveux et on se lavera les yeux à l'eau sucrée.

*Méthode italienne.* — On éteint la chaux sur place en constituant de petit tas (*binots*) couverts de terre, de 20 à 50 litres de volume, espacés de 7 mètres environ en tous sens. Cette terre doit fournir 32 p. 100 de son poids en eau environ.

La chaux se délite ainsi lentement. On a soin de boucher soigneusement avec de la terre les fissures produites. Au bout de vingt jours, la chaux est complètement éteinte et à l'état pulvérulent. On la mélange à l'aide d'une pelle avec la terre qui la recouvrait, ainsi qu'à la terre sous-jacente, et on l'épand sur le sol.

Par ces procédés, on empêche une carbonatation trop considérable, on évite le chargement et le déchargement de la chaux, et le mélange avec la terre permet une répartition régulière et uniforme.

Au lieu de former des petits tas distincts, on constitue parfois des tas volumineux de chaux couverts de terre : il est préférable d'avoir recours au premier procédé.

*Méthode française.* — En France, dans la Mayenne, l'Anjou, on place la chaux à une extrémité du champ, en alternant avec des lits successifs de terre. On constitue ainsi des *tombes* que l'on recoupe par mélange lorsque la chaux est éteinte. Si un ruisseau se trouve au voisinage, on se trouvera bien d'arroser chaque couche en formant les tombes. Ainsi pourra-t-on employer moins de terre.

***Épandage au semoir***. — On peut enfin utiliser la chaux moulue, employée actuellement pour la construction, et l'épandre à l'aide du semoir à engrais à la dose de 600 kilogrammes à l'hectare (fig. 88). Cette opération, répétée à intervalles rapprochés (un an ou deux ans) produira d'excellents effets et sa technique opératoire est peu coûteuse.

Fig. 88. — Épandeur d'engrais centrifuge.

L'incorporation de la chaux dans les mélanges de terre, de fumier et de détritus organiques (*composts* ou *tombes*) permet une extinction lente et un épandage facile. La causticité de la chaux a, de plus, produit une décomposition rapide et avantageuse des matières organiques.

***Qualités de la chaux***. — L'agriculteur doit toujours employer de préférence la chaux grasse ou, à défaut, la chaux maigre. La chaux hydraulique a l'inconvéient de faire prise avec l'eau du sol et de constituer des grumeaux durs répartis peu uniformément. Il ne faut l'employer que dans les cas de nécessité, après extinction complète, pulvérisation à l'aide de pilons ou battes et l'incorporer au sol par un temps sec.

Le calcaire magnésien ou dolomitique contient des carbonates de chaux et de magnésie en proportions à peu près égales.

*Mélanges.* — Afin d'éviter des opérations distinctes, on peut mélanger la chaux à certaines matières fertilisantes. Les sels de potasse, le nitrate de soude restent en contact avec la chaux sans inconvénient ; mais le sulfate d'ammoniaque, les engrais azotés organiques contenant de l'azote ammoniacal, ne doivent pas être mélangés à la chaux, qui faciliterait le départ de l'azote sous forme d'ammoniaque.

Il est préférable d'épandre les phosphates de chaux avant de chauler : l'acidité naturelle du sol pourra ainsi exercer son action dissolvante sur les engrais phosphatés. De plus, la chaux occasionnerait la *rétrogradation* des superphosphates, c'est-à-dire leur insolubilisation partielle.

Sauf dans le cas de la constitution des tombes où la terre exerce son action correctrice, la chaux ne doit pas être mélangée au fumier ; l'ammoniaque se dégagerait dans l'atmosphère et serait ainsi perdue pour la culture. Lorsqu'on enfouit des engrais verts, l'épandage de la chaux sur la coupe des végétaux exerce, au contraire, un utile effet en activant la décomposition de la matière organique.

### Époque de l'épandage.

*Chaulage d'automne.* — Le chaulage se pratique de préférence à l'automne, en septembre. Il est bon de ne pas faire coïncider cette opération avec l'exécution des semailles, la causticité de la chaux pourrait nuire à la germination (betteraves, carottes, luzernes et trèfle).

Quinze jours après son épandage, la chaux peut être considérée comme suffisamment carbonatée pour que sa présence dans le sol soit inoffensive, si cet amendement a séjourné au préalable un certain temps en tas.

Lorsqu'il s'agit des cultures de printemps, on peut chauler

à la fin de l'hiver. En principe, il convient d'employer la chaux
quelque temps à l'avance : son action n'est pas immédiate,
la décomposition des matières organiques et des silicates du
sol, la carbonatation au contact de l'air et la nitrification
qui en est la conséquence demandent un certain délai pour se
manifester.

La chaux n'est jamais employée en couverture, sauf lorsqu'il
s'agit de prairies naturelles.

Il est important de répartir la chaux bien uniformément
sur le sol à l'aide de pelles ; la trace blanche qu'elle laisse sur

Fig. 89. — Distributeur d'engrais à hérisson mobile
et plateau de réglage du débit.

la terre permet de vérifier ce travail. On peut utiliser avantageusement, nous l'avons dit, les semoirs à engrais (fig. 89).

Par les temps humides ou pluvieux, la chaux se pelotonne
et forme de petites agglomérations : on choisit pour l'épandage
un temps sec.

Un coup de herse, une dent en long, une dent en travers,
doit suivre l'épandage pour bien répartir l'amendement enfoui
ensuite par un labour. On devra incorporer la chaux au sol le
plus rapidement possible : en la laissant étalée à la surface du
champ, la carbonatation enlève à la chaux sa causticité nécessaire à la désagrégation des matières organiques et la décomposition des silicates.

Il n'est pas utile d'enterrer l'amendement par un labour profond; mieux vaut concentrer l'action énergique du chaulage dans les couches supérieures, toujours plus chargées de matières organiques dont on veut provoquer la décomposition. De plus, la chaux, en se transformant en bicarbonate, a des tendances à s'enfoncer dans le sous-sol. Pour ces deux raisons, il convient de procéder à l'enfouissement par un labour de 15 centimètres environ.

**Quantités de chaux employées.** — Selon les coutumes locales, on procède à des *chaulages importants à intervalles éloignés* ou à de *faibles chaulages répétés à court délai.*

Étant donné le rôle complexe de la chaux dans les phénomènes de la végétation, les apports d'amendements se chiffrent toujours par des quantités beaucoup plus élevées que pour les engrais.

En Angleterre, on applique 200 à 300 hectolitres de chaux dans les terres fortes, et 150 à 200 hectolitres dans les sols légers, ce qui correspond à des doses de chaux comprises entre 12 000 et 15 000 kilogrammes environ à l'hectare (l'hectolitre pesant en moyenne 75 kilogrammes) pour une durée de six à vingt ans.

Les cultivateurs belges emploient de 4 000 à 7 000 kilogrammes par hectare renouvelés à des intervalles variés. En Allemagne, la quantité moyenne est de 1 000 à 2 000 kilogrammes par hectare pour des délais peu éloignés. En France, les quantités de chaux utilisées varient beaucoup. Dans le Nord, la Haute-Garonne, on épand 150 à 400 hectolitres à des intervalles variant de douze à trente ans, ce qui correspond à 13 hectolitres par hectare et par an. Dans le Plateau central, les cultivateurs enfouissent 30 à 60 hectolitres de chaux tous les huit à dix ans, ce qui équivaut à 4 à 6 hectolitres par hectare et par an. En Loir-et-Cher, dans la Creuse, l'Ariège, l'Ain, les doses employées sont de 20 à 60 hectolitres tous les dix ans, ce qui représente 2 à 6 hectolitres par an.

On voit que les quantités de chaux employées varient de 2 à 13 hectolitres par hectare et par an, soit 150 à 975 kilogrammes par hectare et par an.

Les différences climatériques, la diversité des sols, des cul-

tures ne justifient pas semblables écarts et il importe de fixer
judicieusement la proportion de chaux nécessaire. La seule

Fig. 90. — Combustion économique du calcaire pour remplacer
le four à chaux.

méthode rationnelle consiste à doser ce que les récoltes prélèvent de chaux au sol.

Prenons comme type l'assolement triennal betteraves-blé-
avoine, suivi, à certains intervalles, de trois années de luzerne.

|  | | Kilogr. de chaux. |
|---|---|---|
| Une récolte moyenne de betteraves enlève au sol | — | 50 |
| — — blé | — | 25 |
| — — avoine | — | 25 |
| — — luzerne | — | 300 |

Sur le domaine, on établira par exemple quatre assolements triennaux suivis de trois récoltes de luzerne.

Ces récoltes enlèveront au sol $[(50 + 25 + 25)\,4 + 3 \times 300] =$ 1 300 kilogrammes de chaux pour 15 récoltes successives occupant le sol 15 années, soit par année $(1\,300 : 15) = 86^{kg},66$, soit en chiffre rond 100 kilogrammes de chaux par hectare et par an.

Mais il faut tenir compte, maintenant, de l'enlèvement de la chaux par les eaux de drainage. La chaux émigre du sol, en effet, soit par dissolution dans l'eau chargée d'acide carbonique, soit par double décomposition avec les sels d'ammoniaque et de potasse, etc...

Évaluons dans l'exemple d'une sole de luzerne la chaux ainsi exportée.

*Luzerne.*

| | |
|---|---|
| Chaux exportée par la récolte | 300 kilogr. |
| — dissoute par l'eau chargée d'acide carbonique | 130 — |
| — entraînée par décomposition chimique | 160 — |
| Total | 590 kilogr. |

Ce chiffre est un maximum réalisé rarement, car la luzerne ne revient sur le même sol qu'à des intervalles distants.

On voit que la déperdition de chaux est plus forte que 100 kilogrammes par hectare et par an et plus faible que 700 kilogrammes. En adoptant le chiffre de *400 kilogrammes par hectare* et *par an*, le praticien aura chance de réaliser les conditions moyennes exigées par la culture.

Les terres légères nécessitent des quantités de chaux plus faibles, leur légèreté n'a pas besoin de ce correctif ; de plus elles ne supportent pas de cultures de luzerne ou de trèfle épuisantes en chaux. En résumé, pour les *chaulages d'entretien,* destinés à subvenir aux besoins des récoltes, on pourra s'arrêter aux chiffres suivants épandus au plus tous les six ans.

*Chaulage d'entretien (tous les 6 ans, à l'hectare).*

Terres.

| Siliceuses. | Moyennes. | Fortes. | Granitiques. |
|---|---|---|---|
| 100 kilogr. | 200 kilogr. | 300 à 400 kilogr. | 300 à 400 kilogr. |

Pour les *chaulages de fond*, il faudra employer des quantités plus considérables, car la chaux ainsi incorporée aux terres doit jouer un rôle important aux points de vue physique, chimique (nutrition, pouvoir absorbant, assimilabilité des roches), physiologique (nitrification, etc.).

On adoptera donc les données suivantes :

*Chaulage de fond (par hectare).*

Terres.

| Siliceuses. | Moyennes. | Fortes. | Granitiques. |
|---|---|---|---|
| 1 000 kil. | 1 200 à 2 000 kil. | 2 000 à 3 000 kil. | 3 000 à 4 000 kil. |

Ce chaulage de fond réalisé, on chaulera ensuite tous les six ans tout au plus, en se conformant aux doses indiquées.

**Effets du chaulage.** — Lorsqu'on donne au sol une quantité de chaux considérable, les effets sont des plus sensibles pendant les deux ou trois années suivantes. L'action diminue graduellement d'intensité et on atteint ainsi une limite à partir de laquelle les résultats culturaux sont moins avantageux. Un apport élevé d'amendement calcaire modifie, en effet, la constitution physique du sol et les réactions chimiques qui s'accomplissent dans son sein. La terre, rendue perméable, est aisément lavée par les eaux pluviales, et la matière organique, facilement décomposée, se transforme en nitrates entraînés ensuite dans le sous-sol.

Le sol s'épuise donc après une période où sa fertilité semble s'être accrue, et ces faits montrent bien l'inconvénient des apports considérables de chaux espacés suivant de longs intervalles.

Les chaulages d'entretien, répétés plus fréquemment, tous les six ans par exemple, ont au contraire l'avantage de maintenir cet amendement dans les couches supérieures du sol, où son action est la plus utile, en prévenant son enlèvement par les eaux pluviales à l'état de bicarbonate soluble.

Il est donc recommandable de *n'employer que des quantités de chaux moyennes appliquées au sol à des époques peu éloignées, tous les six ans par exemple.*

La chaux, déterminant une nitrification active, met en circulation les éléments nutritifs du sol qui s'épuise. Les chaulages intensifs constituent donc un gaspillage des réserves du sol. C'est le procédé des fermiers indélicats arrivés à la fin de leur bail. Aussi la plupart des baux réglementent-ils les époques de chaulage.

La quantité de chaux qu'il convient d'introduire dans les sols cultivés varie avec la qualité de la chaux adoptée.

Les chaux grasses se délitent facilement et contiennent la plus forte proportion de chaux réelle par suite de leur grande pureté ; on pourra donc en épandre des quantités plus faibles que lorsqu'on utilise les chaux maigres.

Certains amendements renferment une forte proportion de silice, d'alumine, d'oxyde de fer, et doivent être employés en proportion plus considérable. Les chaux magnésiennes foisonnent moins et plus lentement ; elles passent cependant pour être très actives et peuvent être employées à des doses moyennes, la magnésie paraissant ajouter son action à celle de la chaux.

L'acidité du sol est souvent due à un manque de drainage. On ne doit pas compter sur le chaulage pour amender une terre qui a besoin d'être drainée. L'application de calcaire, d'autre part, ne saurait remplacer les engrais chimiques. En fait, il les rend plus nécessaires. Enfin on ne doit pas attendre de bons résultats du chaulage ou du marnage dans un sol manquant de matière organique.

## III. — MARNAGE.

***Qualités de la marne.*** — La marne est formée par un mélange, en proportions très variables, de carbonate de chaux, d'argile, de sable et de matières étrangères. Ces amendements se classent d'après la prédominance de l'un de ces éléments en marnes *calcaires*, marnes *argileuses*, marnes *siliceuses*, *magnésiennes*, etc.

La marne se délite, se désagrège aisément. On l'expose à l'air en l'arrosant. On tamise le produit obtenu, on abandonne à l'air la partie restante, tamisée à nouveau, etc.

Le prix de la marne varie selon sa valeur, et il convient d'être utilement renseigné sur son efficacité.

L'apparence de la marne donne peu d'indications ; seule l'analyse chimique permet de déterminer exactement le taux du calcaire total et du calcaire actif. La détermination de la proportion de chaux doit être complétée par l'examen des propriétés physiques de la marne. Cet amendement possède la propriété de tomber facilement en poussière : plus cette qualité sera accentuée, et plus grande sera la valeur de la marne. Ce qu'il faut doser exactement, c'est la proportion de carbonate de chaux finement divisé.

Les frais de transport doivent être pris en considération, la marne s'employant toujours à dose beaucoup plus élevée que la chaux. Il n'est pas avantageux de transporter la marne à de grandes distances. Les conditions les plus favorables sont réalisées lorsque la marne existe sur le domaine même, dans les couches sous-jacentes (1). Aussi le cultivateur doit-il étudier la formation géologique des terres de son domaine, se renseigner auprès des carriers, etc. Très anciennement, on améliorait ainsi les terres peu fertiles : dans le Norfolk, au début du XIXᵉ siècle, on creusait des puits à ciel ouvert jusqu'à ce que l'on atteignît la marne ou l'argile, répandue sur un défrichement de trèfle ou une jachère, après un turneps, à la dose de 180 à 500 hectolitres par hectare. Parfois on ouvrait des tranchées en travers du champ, et l'on rejetait l'argile marneuse de chaque côté.

Les bons effets du marnage sont plus nettement sensibles après une année ou deux de culture, car les particules de marne délitées s'unissent plus intimement aux terres ; les récoltes augmentent, le rendement des prairies s'accroît, les terrains

_______

(1) Ce cas se présente sur les formations voisines de l'argile à silex, en Brie et en Beauce.

deviennent plus résistants à la sécheresse ; les grains obtenus sont de meilleure qualité, la paille plus rigide.

La marne, comme l'argile, a une tendance à s'enfoncer dans le sous-sol, ce qui nécessite un nouvel apport d'amendement ; cependant un marnage bien fait peut durer de trente à cinquante ans.

## Épandage.

*Transport et enfouissement.* — On transporte toujours la marne directement aux champs afin d'éviter des frais d'emmagasinage et de manutention. Déposée en petits tas (*marnots*) tous les 7 mètres, la marne reste un certain temps à l'air pour se déliter, puis elle est épandue uniformément sur le sol au moyen d'une pelle. Parfois on place les morceaux de marne directement sur la surface du champ, leur délitement s'effectue simplement et évite l'épandage. Il reste souvent des morceaux non délités que l'on brise par un coup de rouleau suivi d'un hersage.

On enfouit ordinairement la marne par un labour d'une profondeur variant entre 15 et 30 centimètres. Il est préférable de ne pas enterrer cet amendement trop profondément, les eaux pluviales ayant une tendance à l'entraîner dans le soussol.

Parfois on fait coïncider les époques du marnage et de l'épandage du fumier, il faut éviter le contact prolongé de la marne avec l'engrais de ferme ; il se forme en effet du carbonate d'ammoniaque qui se dégage dans l'atmosphère.

Les mélanges de la marne avec les engrais azotés organiques, avec les engrais verts, n'offrent aucun inconvénient ; il est bon cependant de les enfouir sans retard.

Le sulfate d'ammoniaque ne doit pas être mis au contact de la marne ; il se produirait ainsi des déperditions d'ammoniaque.

Il vaut mieux employer les phosphates de chaux avant de marner, pour laisser à la matière organique du sol le temps d'exercer son action dissolvante. Les superphosphates incorporés à la marne seraient exposés à la rétrogradation.

*Époque de l'épandage.* — La marne est épandue de préférence en septembre, à la fin de l'automne. Passant l'hiver

Fig. 21. — Le marnage en Bric.

sur le sol, elle se délite et peut être incorporée à la terre au moment des labours de printemps.

L'épandage d'hiver trop tardif ne produirait pas sur la récolte suivante des effets sensibles. L'amendement est transporté aux champs lorsque le sol est sec et accessible aux attelages (fig. 91).

**Quantités de marne employées.** — Les doses d'amendement utilisées varient avec la nature du sol et les pratiques agricoles de chaque région, dans des proportions considérables.

En Picardie, on marne tous les quinze ou dix-huit ans en apportant à la terre 50 ou 55 mètres cubes par hectare. Dans la Beauce et le Gâtinais, on emploie 30 à 35 mètres cubes. Les marnages sont très distants dans le pays de Caux (tous les vingt-cinq ans), où l'on apporte 20 à 50 mètres cubes par hectare. Cette proportion est plus élevée en Sologne, où les terres argileuses reçoivent de 50 à 80 mètres cubes pour une période de quinze à vingt ans. Les cultivateurs de la Bresse épandent 7 mètres cubes de marne par hectare et par an.

L'importance du marnage dépend évidemment de la teneur du sol considéré en calcaire et de la composition de la marne. Les terrains légers exigent de faibles quantités de marne ; les sols consistants et compacts nécessitent des marnages abondants. Les terres riches en matière organique ont besoin d'une proportion encore plus élevée de calcaire.

Il existe des variations très considérables dans la composition des marnes, et ces considérations viennent réglementer la proportion d'amendement employée.

Certaines marnes ne contiennent que 10 p. 100 de carbonate de chaux, d'autres en renferment 90 p. 100. Les marnes qui se délitent facilement sont, de plus, beaucoup plus actives et peuvent être épandues en plus faible proportion. La marne pèse 1 500 kilogrammes le mètre cube environ.

Les marnages ont l'avantage d'incorporer au sol, en même temps que le calcaire, des éléments fertilisants utiles au développement de la végétation.

Les phosphates, la potasse, les matières azotées existent en petite proportion, et il faut tenir compte de certaines matières inertes par elles-mêmes, mais qui contribuent à modifier heureusement la constitution physique du sol. Les marnes argileuses doivent être, pour ces raisons, réservées aux sols légers et trop perméables ; lorsque cet amendement est mélangé de sable, les terres fortes seront ainsi divisées et allégées.

Dans l'ensemble, à cause de l'action de l'argile, on préférera la marne dans les terres siliceuses légères et la chaux sur les terres fortes, tourbeuses, les vieilles prairies.

On doit proportionner l'importance du marnage à la profondeur du labour. La quantité de terre travaillée étant plus considérable, lorsque la profondeur du labour augmente, il faut marner plus abondamment.

Les marnages doivent être de préférence renouvelés à des intervalles peu distants et à doses modérées ; les apports considérables de marne, surtout lorsqu'ils ne sont pas soutenus par des fumures appropriées, conduisent la terre à l'épuisement. On évitera donc de marner à forte dose et intervalles trop distants. Des praticiens avisés marnent tous les dix ans environ. Quelle proportion de marne peut remplacer un poids donné de chaux vive? On estime qu'un kilogr. de calcaire à l'état de chaux équivaut à 3 kilogr. de calcaire à l'état de marne. Les chiffres donnés pour les chaulages pourront donc, avec cette correction, être consultés à propos du marnage.

## IV. — AMENDEMENTS CALCAIRES DIVERS.

*Faluns.* — Les faluns, ou marnes coquillières, sont constitués par un mélange de sables grossiers et de coquilles marines. On les extrait de gisements appartenant à l'étage tertiaire en Indre-et-Loire, Maine-et-Loire, Ille-et-Vilaine.

L'extraction s'effectue par de simples travaux de terrassement. Cet amendement, contenant des proportions de carbonate de chaux variant entre 40 et 70 p. 100 et quelques traces d'acide phosphorique, de potasse, doit être appliqué au sol comme la marne ordinaire.

Les doses ordinairement usitées varient entre 10 mètres cubes par hectare pour une période de cinq à six ans, ou de 60 mètres cubes pour un espace de vingt-cinq à trente ans.

On réserve les plus forts épandages aux terres argileuses et compactes. L'apport de faluns doit être modéré sur les sols légers, le sable contenu dans cet amendement pouvant exagérer encore la perméabilité et la sécheresse de ces terrains.

**Calcaires marins.** — On désigne sous ce nom des amendements calcaires, de formation récente, qui se déposent le long des rivages.

La *tangue* est constituée par un mélange très ténu de coquilles marines et de débris de roches granitiques ou schisteuses désagrégées par les vagues. On rencontre ces sables calcaires dans les baies de Bretagne et de Normandie.

La proportion de carbonate de chaux varie entre 25 et 50 p. 100 environ. Les cultivateurs viennent chercher la tangue dans des tombereaux et laissent cet amendement exposé à l'air pendant deux mois environ, afin que l'eau de pluie enlève le sel marin qu'il renferme.

On constitue ensuite avec la tangue des composts, ou bien on l'utilise directement sur le sol. Les doses employées sont ordinairement de 10 à 25 mètres cubes tous les quatre à cinq ans selon la quantité de la tangue.

Le *trez* se dépose sur les pentes douces des grèves de Bretagne, sous forme d'un sable calcaire moins ténu que la tangue ; la proportion du calcaire varie entre 25 et 70 p. 100. Certains trez renferment des quantités de calcaire à peine appréciables ; aussi le cultivateur doit-il se guider dans l'achat de trez sur l'analyse chimique.

On emploie ces calcaires marins comme la tangue après exposition à l'air ; si l'action des pluies se prolonge, l'amendement perd de son activité et constitue le *trez mort*.

Le *merl* se présente sous forme de concrétions dures, irrégulières, d'un gris verdâtre (merl blanc), ou d'un blanc rose (merl rose). Ces sécrétions calcaires proviennent de certaines algues marines et se mélangent aux coquilles, au sable et au gravier des bas-fonds.

La teneur en calcaire se trouve ordinairement comprise entre 50 et 70 p. 100. On extrait le merl de la mer à l'aide de dragues entourées d'un filet à mailles qui laisse écouler la vase.

Cet amendement est employé de la même façon que la

tangue et le trez, soit à l'état frais (*merl vif*), soit après séjour à l'air libre et lavage par les eaux pluviales (*merl mort*). On constitue des composts ou bien on épand cet amendement sur les champs à la dose de 5 à 10 mètres cubes pour une courte période, ou de 20 à 30 mètres cubes principalement dans les terres fortes et pour une période de dix ans.

Citons encore parmi les amendements calcaires les *coquilles marines* (70 à 90 p. 100 de carbonate de chaux), les *charrées* ou cendres lessivées (25 à 40 p. 100 de carbonate de chaux), les *cendres de tourbe* (40 à 60 p. 100 de carbonate de chaux, 10 à 25 p. 100 de sulfate de chaux), les *cendres de houilles*, etc.

Les *écumes de défécation* des sucreries constituent un amendement calcaire précieux, le phosphate de chaux et les matières organiques qu'elles contiennent représentant souvent, à eux seuls, une valeur appréciable.

Les *chaux d'épuration* du gaz d'éclairage peuvent être utilisées. Mais on doit se souvenir qu'elles contiennent, en outre du carbonate et du sulfate de chaux, de la chaux caustique, du sulfate de chaux, de l'hyposulfite et du sulfocyanure de calcium, substances nocives ou toxiques. On oxydera le sulfite, l'hyposulfite, le sulfocyanure en épandant cette chaux à l'air pendant plusieurs mois.

*Avantages des amendements calcaires.* — Ces amendements exercent le plus salutaire effet sur l'agriculture. Les rendements s'élèvent, les cultures rémunératrices s'établissent. C'est ainsi que des soles de blé, de seigle, ont été possibles en Sologne, sur le Plateau central.

Le Limousin a été complètement transformé par l'apport de chaux et son bétail bovin a acquis ainsi sa réputation enviable et affirmé sa précocité (1). Tout autour de la Bretagne s'est constituée, grâce aux amendements calcaires marins, une zone protégée, la « ceinture dorée » de la Bretagne.

La flore des prairies se modifie aussi heureusement et l'élevage profite de ces améliorations.

_______________

(1) Voy. P. Diffloth, *Races bovines* (11ᵉ mille).

Les seuls mécomptes obtenus tiennent à un mauvais emploi des amendements calcaires (1).

## V. — PLATRAGE.

*Qualités du plâtre*. — Le plâtre ou sulfate de chaux se rencontre dans la nature, soit sous forme de sulfate de chaux anhydre ou *anhydrite*, soit, plus communément, sous forme de sulfate de chaux hydraté ou *gypse, pierre à plâtre* (fig. 92).

La cuisson du plâtre s'effectue dans des fours de différents systèmes. On obtient ainsi des pierres qui, pulvérisées, donnent une poudre blanche ou grisâtre contenant 41,2 de chaux, 58,8 d'acide sulfurique p. 100 et employée depuis longtemps en agriculture.

Les variations de composition du plâtre, parfois très notables, doivent déterminer le cultivateur à avoir recours à l'analyse chimique. Il faut être renseigné sur la teneur en acide sulfurique, c'est-à-dire en *sulfate de chaux réel*. L'état de finesse doit être également examiné attentivement.

Le plâtre cru ou gypse agit aussi nettement *à égalité du sulfate de chaux* que le plâtre cuit dont il ne diffère que par l'eau de cristallisation.

Le plâtre cuit, pur, renferme 90 à 92 p. 100 de sulfate de chaux et 8 à 10 p. 100 d'eau. Le plâtre cru, pur, contient 79 p. 100 de sulfate de chaux et 21 p. 100 d'eau. Le plâtre vendu à la culture est souvent fraudé ; il convient d'exiger à l'achat la garantie d'un titre minimum en sulfate de chaux anhydre.

(1) On reproche parfois au chaulage de donner des pommes de terre à peau rugueuse peu présentables. La valeur nutritive des tubercules n'est pas diminuée. Pour éviter cet inconvénient nuisible à la vente aux marchés, on chaulera longtemps avant la sole des pommes de terre les terrains où ce fait se manifeste. On opérera ainsi pour cultiver les plantes calcifuges, comme le lupin, et d'abondants engrais potassiques achèveront l'établissement de ces cultures.

## Épandage.

*Époque.* — L'époque la plus favorable pour l'épandage du plâtre est le commencement du printemps, d'avril à mai, lorsque les feuilles commencent à pousser. On répartit cet amendement en couverture, lorsque les végétaux sont encore mouillés par la rosée, en choisissant un temps humide et calme. Le plâtre peut être aussi épandu en automne, soit en couverture après la levée, soit au moment des labours ; les plâtrages d'automne paraissent donner aux plantes une certaine précocité.

*Quantités à employer.* — Les quantités de plâtre ordinairement employées sont très variables. Néanmoins, on considère l'apport de 300 à 400 kilogrammes de sulfate de chaux à l'hectare comme un plâtrage moyen. Il n'y a aucun intérêt à augmenter cette proportion, le plâtre s'éliminant assez rapidement du sol par les eaux pluviales. Le plâtre est assez soluble dans l'eau.

Cette disparition dans les couches profondes limite la durée d'action de cet amendement et oblige à des apports renouvelés de sulfate de chaux. Si le sol est naturellement pauvre en éléments fertilisants, il faut espacer les plâtrages.

Les cultures les plus sensibles à l'action du plâtre sont les légumineuses, les crucifères et les prairies naturelles.

On plâtre les légumineuses la première année après la coupe, on obtient ainsi un bon regain. On plâtre ensuite une deuxième fois au printemps, puis sur la repousse que donnera la deuxième coupe.

*Action du plâtre.* — D'après les expériences récentes, le plâtre paraît agir en fournissant au sol de la chaux et en faisant passer les alcalis : ammoniaque et potasse, du sol au sous-sol. Ces alcalis dissolvent les acides humiques en s'y combinant et les rendent assimilables. Ceci explique l'efficacité reconnue du plâtrage sur les plantes à racines profondes.

Le plâtre offre de la chaux aux végétaux cultivés sur les sols non calcaires, mais il n'est pas absorbé en nature. Des expériences récentes sur le rôle du soufre permettent de supposer une action utile de cet élément. Le plâtre ne favorise dans le sol ni l'élaboration des nitrates, ni la formation de l'ammoniaque. Mais, par contre, il détermine la solubilisation de la potasse dans les terres ; les sols plâtrés abandonnent plus de potasse à l'eau qui les traverse (Dehérain). Cette mobilité de la potasse, de l'azote, tient vraisemblablement à la transformation des carbonates en sulfate de potasse, sulfate d'ammoniaque plus mobiles.

La diffusion de la potasse profitera évidemment plus aux plantes à racines profondes qu'aux céréales, aux plantes à racines superficielles. Les effets avantageux du plâtre sur les légumineuses s'expliquent donc : les alcalis des assises superficielles sont ainsi soustraits à l'action absorbante de l'argile.

Ces sulfates entraînés dans les couches profondes sont réduits au contact des matières organiques des couches profondes et transformés de nouveau en carbonates ou même en humates avec production de soufre.

Le plâtre, en résumé, a donc servi à déplacer la potasse et l'ammoniaque vers les couches profondes où ces alcalis se combinent à l'acide humique, et sont mis ainsi, sous une forme très assimilable, à la disposition des racines pivotantes.

## VI. — CENDRES PYRITEUSES.

Les cendres ou terres pyriteuses, appelées encore cendres noires, cendres rouges, sont des variétés de lignites pyriteux de formation tertiaire. Elles agissent sur les terres par le sulfate de fer, le sulfate d'alumine, les débris calcaires et l'azote qu'elles renferment.

On extrait ces cendres pyriteuses de gisements répandus surtout dans les départements de l'Aisne, de la Somme, etc.

Très riches en sulfure de fer nocif (20 p. 100), elles doivent subir, avant leur emploi agricole, l'action de l'oxygène de l'air, qui oxyde le sulfure et le transforme en sulfate.

Ces cendres sont placées en tas et subissent une combustion lente, qui dure de quinze jours à un mois. Peu à peu, les cendres noires sont transformées en cendres rouges et vendues directement aux agriculteurs.

On destine cet amendement principalement aux prairies

artificielles (15 à 30 hectolitres par hectare), où il se comporte
vraisemblablement à la manière du plâtre.

Les prairies naturelles bénéficient d'un apport de 4 à
6 hectolitres par hectare de cendres pyriteuses : le sulfate de

Fig. 92. — Carrière de pierre à plâtre.

fer qu'elles contiennent aide à la destruction des mousses.
Cet amendement peut être employé également avec succès sur
les cultures de plantes sarclées et céréales. Par suite de leur
teneur appréciable en azote et matière organique, les cendres
pyriteuses sont surtout actives en sols calcaires.

# CHAPITRE II

## LES ENGRAIS. — LE FUMIER DE FERME.

### I. — RÔLE DES ENGRAIS.

***Nécessité des engrais.*** — Les récoltes prélèvent au sein des terres les éléments nutritifs du sol. Au bout d'un certain nombre d'années, les terres s'appauvrissent donc et bientôt les rendements déclineraient si le praticien ne comblait ce déficit au moyen des amendements chimiques, des engrais.

L'enfouissement du fumier de ferme, pratiqué depuis les temps lointains, se montre insuffisant à rétablir l'équilibre foncier des terres rompu par les récoltes successives, et c'est grâce à l'application des engrais chimiques que les terres peuvent maintenir ou développer leur fertilité.

Par une application rationnelle des découvertes de la chimie agricole, on a pu établir les règles précises de l'emploi des engrais chimiques, et les méthodes rationnelles de conservation et d'emploi du fumier de ferme. Ainsi s'est marqué le progrès scientifique de la culture moderne.

***Fumier et engrais chimiques.*** — Un engrais est, en principe, une matière utile à la plante et qui manque au sol (Schribaux).

On peut les classer en :

1° *Engrais commerciaux*, appelés encore engrais *concentrés*, engrais *chimiques* ;

2° *Engrais produits sur l'exploitation* : fumier, engrais végétaux, etc.

Les engrais chimiques sont, à proprement parler, les engrais « complémentaires » de ceux qui sont produits sur l'exploitation.

On a parfois cherché à établir une sorte d'opposition, de

dualité entre ces deux classes d'engrais. En réalité, il faut employer simultanément ces deux types d'amendements chimiques pour obtenir des résultats satisfaisants.

Avec les engrais recueillis sur le domaine, avec le fumier de ferme par exemple, il est impossible de conférer aux terres les propriétés qui leur manquent.

Le fumier, en effet, ne restitue au sol qu'une partie des matières exportées par les récoltes. Composé des litières et des déjections, il renferme tous les principes nutritifs des récoltes, moins ce que les animaux ont prélevé pour la production du lait, de la viande, du travail, etc. Il faut tenir compte en outre des déperditions qui se produisent aux étables, sur le tas de fumier, au moment de l'épandage ; on peut donc dire que le fumier est le reflet du sol, mais un reflet encore affaibli. Si les terres du domaine manquent de potasse, le fumier obtenu manquera également de potasse et l'on ne pourra remédier à cette insuffisance par l'épandage du fumier.

D'autre part, la composition à peu près fixe du fumier de ferme ne permet pas de satisfaire aux exigences particulières des récoltes. Si le sol est mal équilibré en éléments nutritifs, le fumier le sera également.

Dans l'impossibilité où l'on se trouve de séparer les divers éléments constitutifs du fumier, son emploi peut constituer un véritable gaspillage. C'est une faute évidente d'employer le fumier sur des terrains tourbeux, sur les vieilles prairies, déjà trop riches en azote : des engrais phosphatés et potassiques donneront de meilleurs résultats. Sur les soles de légumineuses qui puisent l'azote de l'air, l'épandage du fumier de ferme peut être contre-indiqué.

De plus le fumier doit être décomposé dans le sol pour devenir assimilable ; son effet n'est pas immédiat, contrairement à l'action des engrais chimiques.

C'est enfin un engrais peu maniable, difficile à transporter. Les engrais commerciaux, au contraire, permettent d'enrichir les terres éloignées de la ferme, les terrains peu accessibles. Mais le fumier possède un avantage incontestable ; c'est sa teneur en matière organique, en humus.

En réalité, c'est par une judicieuse association du fumier et des engrais chimiques que la culture du sol présente les formes les plus intensives.

**Commerce des engrais.** — L'emploi des engrais chimiques s'est généralisé assez lentement. Cela tient au prix élevé des premiers engrais qu'on offrit à la culture, aux fraudes nombreuses dont ils étaient et sont encore parfois l'objet. Enfin l'intelligence imparfaite des conditions de nutrition des plantes contrariait leur généralisation (1).

Les fraudes sont moins nombreuses aujourd'hui, grâce à une législation protectrice. La loi du 4 février 1888 impose au vendeur l'obligation de mettre sur facture la nature exacte et l'origine de la marchandise. L'acheteur, en faisant analyser l'engrais, décèle la fraude. De nouvelles lois enfin, protègent le cultivateur contre toute escroquerie en édictant que, si un produit est vendu à un prix d'un quart supérieur au prix moyen, l'acheteur, s'il intente une action dans les quarante jours qui suivent la livraison, a droit à une réduction et à des dommages et intérêts. Le procès est jugé au domicile de l'acheteur par le juge de paix, quel que soit le montant de l'achat, avec droit d'appel au-dessus de 300 francs.

On ignorait autrefois l'économie générale de la nutrition des végétaux et cette *loi du minimum* qui, dans l'ensemble et d'une manière générale, indique que « les rendements sont réglés par l'élément qui se trouve dans le sol en moindre quantité ».

Chaque engrais particulier ne peut jouer un rôle que si la terre est suffisamment riche en tous les autres éléments. Un essai d'engrais devra donc, dans ses grandes lignes, s'établir ainsi : dans la parcelle 1 on emploiera l'engrais complet; dans les parcelles 2, 3, 4, le même engrais à l'exception de l'acide phosphorique, de l'azote, de la potasse, etc... La comparaison des récoltes donnera les renseignements utiles.

Au début, on commit quelques fautes essentielles. On omit de réaliser au préalable toutes les améliorations physiques et physiologiques possibles. Avant d'employer les engrais chimiques, il faut, tout d'abord, obtenir l'amélioration physique des terres par le drainage, l'irrigation, les amendements calcaires

(1) Voy. PLUVINAGE, *L'Industrie et le Commerce des Engrais* (ENCYCLOPÉDIE AGRICOLE).

ou humiques, par des façons culturales appropriées : sous-
solages, labours profonds, etc...

L'amélioration physiologique conseille de se débarrasser
des plantes nuisibles qui, parfaitement adaptées au sol, au climat, sont les premières à bénéficier des engrais chimiques. On
ne doit pas hésiter à mettre périodiquement en jachère les

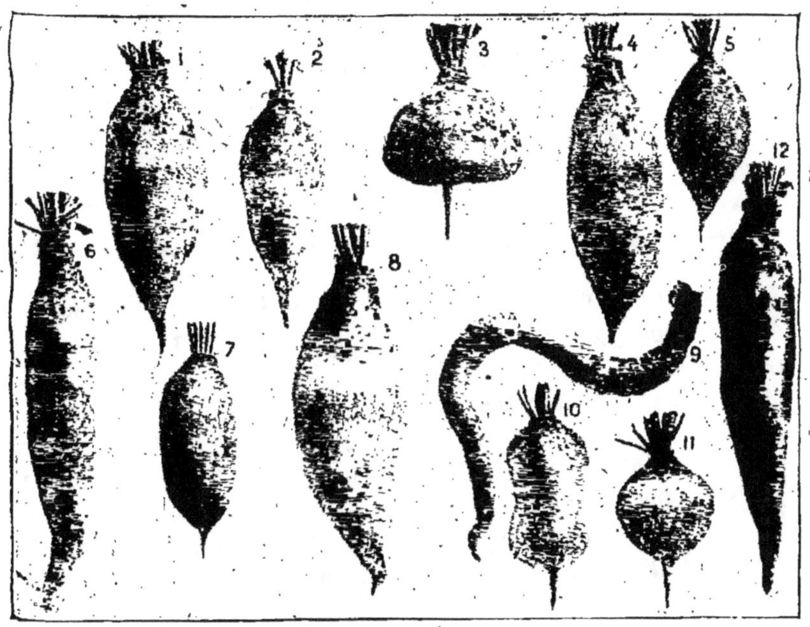

Fig. 93. — Principales variétés de betteraves fourragères.

1, géante demi-sucrière; 2, demi-sucrière; 3, d'Oberndorf; 4, jaune
de Vauriac; 5, Jaune-des-Barres; 6, Jaune longue d'Allemagne;
7, Jaune Tankard; 8, Mammouth; 9, Corne de bœuf; 10, Ecken-
dorf; 11, Jaune globe; 12, Blanche longue.

parcelles infestées de plantes adventives, afin de travailler
judicieusement ce sol. Sur des terres un peu nettoyées, on cultivera des plantes *sarclées* [betteraves (fig. 93), pommes de terre,
blés semés en ligne] exigeant de nombreux binages, ou des
plantes *étouffantes* (luzerne, maïs-fourrage, vesce) ne permettant
pas aux plantes adventives de se développer. Alors pourra-t-on
percevoir le bénéfice des engrais chimiques.

Nous étudierons tout d'abord le fumier de ferme pour examiner ensuite les engrais chimiques.

## II. — PRODUCTION DU FUMIER DE FERME.

Le fumier constitué par les déjections solides, liquides des animaux domestiques et par les litières, est en réalité un mélange très complexe de matières hydrocarbonées, azotées et salines. Il contient, d'une part, des hydrates de carbone : cellulose, sucres, amidons, acides organiques et leurs sels ; d'autre part, des matières albuminoïdes, leurs nombreux dérivés et des sels.

### 1. — Évaluation de la quantité de fumier produit.

On peut déterminer la quantité de fumier produite dans une exploitation agricole soit empiriquement, soit par des règles plus exactes.

Il est évident que ces indications sont toutes relatives. La proportion de fumier obtenu dépend des races de bétail, du poids des animaux, de l'alimentation, de la litière. C'est ainsi qu'il faudra séparer les domaines où les étables emploient beaucoup de litière (pays d'herbage et régions septentrionales) des exploitations où l'on use peu ou point de litière (régions méridionales).

*Fumier et poids du bétail.* — Voici quelques règles empiriques usitées.

Boussingault, à la ferme de Bechelbronn, avait remarqué que le poids total du fumier produit par an correspondait au poids total du bétail multiplié par 22,4.

D'après Girardin, le poids du fumier obtenu annuellement serait égal à 25 fois le poids du bétail entretenu sur la ferme. Les données pour chaque espèce sont les suivantes :

|                              | Poids vif. kilogr. | Fumier. kilogr. | Rapport. |
| ---------------------------- | ------------------ | --------------- | -------- |
| Vache en stabulation         | 400                | 11 000          | 28       |
| Bœuf à l'engrais             | 500                | 25 000          | 50,0     |
| Cheval de trait              | 600                | 9 000           | 15,0     |
| Bœuf de trait                | 600                | 11 000          | 18,5     |
| Mouton allant au pâturage    | 40                 | 500             | 12,5     |
| Porc                         | 100                | 1 500           | 14,0     |
| Totaux et moyenne            | 2 240              | 57 900          | 25,0     |

Fig. 94. — Fosse flamande.

Lefour fixe ainsi la quantité annuelle de fumier produit par 100 kilogrammes de poids vif des différents animaux :

|          | Fumier par 100 kilogr. de poids vif. |
| -------- | ------------------------------------ |
| Cheval   | 2 000 kilogr.                        |
| Bœuf     | 1 700 —                              |
| Vache    | 3 000 —                              |
| Mouton   | 1 400 —                              |
| Porc     | 4 500 —                              |

L'ancienne ferme de Grignon fournit à M. Lecouteux les chiffres de proportionnalité suivants :

| Poids vif, par tête. kilogr. | Bétail. | Coefficient. | Fumier produit par tête. | |
|---|---|---|---|---|
| | | | par jour. kilogr. | par an. kilogr. |
| 500 | Cheval de travail... | 15 | 20 | 7 500 |
| 600 | Bœuf de travail..... | 15 | 25 | 9 000 |
| 500 | Vache laitière....... | 30 | 41 | 15 000 |
| 600 | Bœuf à l'engrais..... | 35 | 57 | 21 000 |
| 30 | Mouton ............ | 22 | 1,8 | 660 |
| 100 | Porc ..... ......... | 30 | 8,5 | 3 000 |

Le poids vif du bétail était, à Grignon, de 109 000 kilogrammes. Ce poids, multiplié par le coefficient 25, donnerait 2 725 000 kilogrammes de fumier, chiffre approximativement conforme aux résultats obtenus à la bascule.

D'après les constatations faites par M. Berthault à la ferme de Saint-Bon, voici les coefficients par lesquels il faudrait multiplier le poids vif d'un animal pour obtenir le poids du fumier, à l'état frais, produit par an :

| Bétail. | Coefficient. |
|---|---|
| Cheval............................ | 23,9 |
| Bœuf de travail................... | 26,3 |
| Bœuf à l'engrais.................. | 31,5 |
| Vache laitière.................... | 36,7 |
| Mouton........................... | 18,8 |
| Porc............................. | 125,0 (1) |

On constate, en résumé, une grande variabilité dans la quantité de fumier obtenu dans les diverses exploitations. Cela tient surtout au régime d'alimentation accordé au bétail, à la quantité de litière fournie, ainsi qu'à la façon dont le fumier est soigné à l'étable et sur l'aire (fig. 95, 96).

Le fumier diminue de poids pendant sa conservation sur l'aire et ceci rend difficilement comparables les données de chaque praticien. Presque tous les auteurs ont eu cependant l'intention de donner des renseignements sur le poids du fumier *fait*, c'est-à-dire pouvant être disponible au tas, et non sur le fumier *frais*, pesé à sa sortie des logements des animaux.

La quantité de fumier produit annuellement par les oiseaux de basse-cour est très faible, on l'évalue par tête :

(1) Aucun animal n'est capable d'imbiber, de souiller et de triturer autant la litière que le porc.

Fig. 59. — Cour de ferme de l'École de Grignon, avec la plate-forme à fumier, en partie débarrassée. Au centre, on distingue la citerne à purin.

| | |
|---|---|
| Pigeon ...................... | 2 à 3 kilogr. |
| Poule....................... | 5 à 6 — |
| Canard...................... | 8 à 9 — |
| Oie......................... | 10 à 12 — |

Les déjections des oiseaux sont analogues au guano, et constituent un engrais très concentré.

*Fumier et rationnement.* — Pour obtenir une évaluation plus précise du fumier obtenu, il paraît logique de chercher la relation existant entre le fumier produit et la quantité de matière sèche des fourrages consommés et des litières employées.

D'après Stœckhardt et Heuzé, il conviendrait, dans cette évaluation, d'additionner la matière sèche des fourrages et des litières, et de multiplier cette somme par les facteurs suivants :

| | Facteurs. | |
|---|---|---|
| | Stœckhardt. | Heuzé. |
| Chevaux...................... | 1,40 | 1,30 |
| Bœufs de travail.............. | 1,60 | 1,50 |
| Vaches....................... | 2,30 | 2,30 |
| Moutons...................... | 1,30 | 1,20 |
| Porcs........................ | 2,50 | 2,50 |
| Moyenne................. | 1,82 | 1,80 |

La règle proposée par Wolff paraît relativement exacte. En multipliant par 4 la somme des poids de matière sèche des déjections et des litières, on aurait le poids du fumier obtenu.

Or, la matière sèche des déjections, d'après les expériences de Wolff, représente la moitié de la matière sèche des aliments, et l'on donne environ 25 kilogrammes de matière sèche par tonne de poids vif de bétail. Il est donc facile, d'après ces données, de déterminer la matière sèche des déjections d'après le poids du bétail.

La proportion de litière accordée au bétail varie sensiblement avec les races exploitées. On donne plus de litière aux moutons, aux vaches, qu'aux porcs et aux chevaux, mais il est avantageux d'adopter la moyenne suivante : par tonne de poids vif, il faut 10 kilogrammes de litière.

Avec ces indications et en s'aidant des tables de Wolff (1), on

(1) Voy. P. Diffloth, *Zootechnie générale.*

pourra évaluer avec quelque précision le poids de fumier produit dans une exploitation.

*Volume du fumier*. — Il importe de connaître également le volume correspondant à un poids de fumier donné pour faire les calculs nécessaires à l'établissement d'une fumière.

Le poids du mètre cube de fumier varie suivant sa provenance et son état (frais, tassé, fait, etc.). Voici les indications fournies par quelques auteurs sur ce sujet :

*D'après de Voïgt :*

|  | Poids au mètre cube. kilogr. |
|---|---|
| Fumier frais de cheval......................... | 365 |
| — de cheval, après huit jours de fermentation ................... | 355 |
| — frais, de bœuf...................... | 580 |
| — de cheval (60 p. 100 d'eau)........ | 660 |
| — gras, de bœuf...................... | 702 |
| — des bêtes à cornes, bien fermenté (75 p. 100 d'eau)...... | 730 à 750 |
| — d'une ferme du Midi, bien tassé dans des voitures........ | 820 |

*D'après Boyssingault :*

|  |  |
|---|---|
| Fumier frais, très pailleux, à la sortie des étables.................. | 300 à 400 |
| — sorti depuis peu des étables, mais bien tassé.............. | 700 |
| — à demi consommé, très humide, tassé en fosse........ | 800 |
| — très consommé, humide et fortement tassé.................. | 900 |

*D'après Lefour :*

|  |  |
|---|---|
| Fumier de cheval, ou de mouton, pailleux, frais, peu tassé (40 p. 100 d'eau). | 300 |
| Le même, plus tassé (50 p. 100 d'eau).. | 440 |
| Le même, moins pailleux, fermenté, (60 p. 100 d'eau)................... | 600 |
| Le même, tassé, à demi consommé (70 p. 100 d'eau)................... | 700 |

|                                                                              | Poids au mètre cube. kilogr. |
| --- | --- |
| Fumier de vache ou de bœuf, pailleux, frais, peu tassé (60 p. 100 d'eau).... | 600 |
| Le même, moins pailleux, peu tassé (70 p. 100 d'eau)..................... | 750 |
| Le même, à demi consommé (75 p. 100 d'eau)............................. | 800 |
| Le même, consommé................................................... | 900 à 1 000 |

Lefour ajoute que le fumier chargé du tas dans les voitures peut doubler de volume par foisonnement. Jeté ou épandu sur le sol, il occupe un volume apparent trente à quarante fois plus considérable.

D'après Heuzé, le poids de 1 mètre cube de fumier serait :

|  | Fumier. | |
| --- | --- | --- |
|  | frais. | ayant fermenté. |
| Fumier de cheval..... | 350 à 400 kil. | 500 à 550 kil. |
| —  de bêtes à corne. | 500 à 600 — | 700 à 800 — |
| —  de bêtes à laine. | 400 à 450 — | 550 à 700 — |

Si le poids du mètre cube de fumier augmente avec l'âge, la même masse de fumier diminue de poids par la fermentation et par l'évaporation.

Kœrte a constaté que 100 kilogrammes de fumier frais s'étaient réduits à :

| 73 kilogr. après | ................................. | 84 jours. |
| --- | --- | --- |
| 64 — | ................................. | 254 — |
| 62 — | ................................. | 284 — |
| 47 — | ................................. | 339 — |

Lefour cite une expérience de Vœlcher sur deux masses de fumier du même tas, mises, la première sous un hangar, la seconde laissée à l'air libre. La diminution en matière sèche a été : pour le tas abrité, de 40 p. 100 après un an ; pour le tas non abrité, de 30 p. 100 après six mois et de 50 p. 100 après un an.

De Gasparin cite une expérience italienne relative à la diminution du poids d'une masse de fumier abritée ; la perte de poids a été de plus de 50 p. 100 en cent dix-neuf jours.

En moyenne générale, on peut admettre, pour les calculs, que le tiers supérieur d'un tas de fumier pèse 400 kilogrammes le mètre cube, le second tiers, à moitié fait, pèse 700 kilogrammes le mètre cube et le dernier tiers, fortement tassé et bien fait, pèse environ 800 kilogrammes le mètre cube (M. Ringelmann).

Grandeau estimait qu'on se rapprochait de la vérité *en adoptant le poids de 500 kilogrammes au mètre cube pour le*

Fig. 96. — Fosse à fumier couverte, avec fosse à purin.

*fumier mixte de ferme frais, et celui de 800 kilogrammes pour le même fumier convenablement consommé.*

Nous possédons ainsi tous les éléments nécessaires à la détermination de la surface de la plate-forme ou de la fosse à fumier à construire. On suppose ordinairement que le tas présente une hauteur de 2 mètres au moment de son emploi.

Les calculs donnent la place qui serait nécessaire pour la production annuelle ; il faut faire la réduction correspondant aux trois ou quatre déchargements du tas qu'on opère durant l'année.

## 2. — Déjections.

Les déjections varient en poids et en composition suivant les animaux considérés et leur régime alimentaire.

**Cheval.** — Le cheval donne des excréments solides, peu humides et des urines concentrées, très alcalines.

Les chevaux nourris exclusivement de grains fournissent 3 à

Fig. 97. — Intérieur d'une écurie simple.

5 kilogrammes de crottins. Avec le foin et la paille, on arrive jusqu'à 15 à 20 kilogrammes d'excréments solides par jour.

La proportion d'urine obtenue varie entre 2 et 4 kilogrammes suivant le régime, la taille, le service, etc.

La composition moyenne de ces déjections est la suivante :

|  | Crottins p. 100. | Urines p. 100. |
|---|---|---|
| Eau | 73,80 | 89,7 |
| Matière sèche | 26,20 | 10,3 |
| Azote | 0,59 | 1,5 |
| Acide phosphorique | 0,38 | » |
| Potasse | 0,42 | 1,0 |
| Chaux et magnésie | 0,30 | 0,8 |

En choisissant pour production moyenne les chiffres de 16 kilogr. de crottin, 4ᵏᵍ,1 d'urines par jour (Stœckhardt), nous trouvons qu'un cheval de culture donnerait par an environ 6 000 kilogrammes de crottins contenant 4 440 kilogrammes d'eau, 1 560 kilogrammes de matière sèche, et 1 500 kilogrammes d'urines renfermant 1 345 kilogrammes d'eau et 155 kilogrammes de matière sèche, soit au total 7 500 kilogrammes d'excré-

Fig. 98. — Intérieur d'une bergerie.

ments dosant 5 785 kilogrammes d'eau et 1 715 kilogrammes de matière sèche (fig. 97).

Ce poids d'excréments correspondrait annuellement aux quantités suivantes de matières fertilisantes :

| | |
|---|---|
| Azote | 58 kilogr. |
| Acide phosphorique | 23 |
| Potasse | 40 |
| Chaux et magnésie | 30 |

**Ovidés.** — Les moutons fournissent, comme le cheval, des excréments secs, des urines peu abondantes et concentrées. Un mouton de poids moyen produit annuellement environ

740 kilogrammes d'excréments mixtes, comprenant 500 kilogrammes de crottins et 240 kilogrammes d'urines (fig. 98).
La composition moyenne de ces déjections est la suivante :

|  | Crottins p. 100. | Urines p. 100. |
|---|---|---|
| Eau | 66,00 | 88,00 |
| Matière sèche | 34,00 | 12,00 |
| Azote | 0,70 | 1,32 |
| Acide phosphorique | 0,86 | 0,05 |
| Potasse | 0,33 | 1,86 |
| Chaux et magnésie | 1,50 | 0,60 |

Un mouton fournirait donc annuellement 500 kilogrammes de crottins dosant 330 kilogrammes d'eau, 170 kilogrammes de matière sèche, et 240 kilogrammes d'urines dosant 210 kilogrammes d'eau, 30 kilogrammes de matière sèche. Soit en tout 740 kilogrammes d'excréments mixtes renfermant 541 kilogrammes d'eau et 199 kilogrammes de matière sèche.

Le poids des éléments fertilisants obtenus annuellement serait pour un mouton, d'après les moyennes choisies :

| | |
|---|---|
| Azote | 6,7 kilogr. |
| Acide phosphorique | 4,3 — |
| Potasse | 6,2 — |
| Chaux et magnésie | 8,8 — |

L'hectolitre de crottin de moutons pèse, sec, environ 70 kilogrammes.

**Bovidés.** — Nous arrivons avec les bêtes bovines et porcines aux déjections aqueuses, froides, plus difficiles à fermenter (fig. 99).

Une bête bovine de poids moyen fournit par jour (Stœckhardt) en moyenne 41$^{kg}$,6 de déjections mixtes, comprenant 26 kilogr. de bouses et 15$^{kg}$,6 d'urines, ces chiffres étant évidemment sous la dépendance étroite du régime alimentaire.

La composition moyenne des excréments est la suivante :

Fig. 99. — Étable modèle de la Laiterie de la Belle-Étoile (Alfort).

|  | Bouses p. 100. | Urines p. 100. |
|---|---|---|
| Eau | 83,50 | 91,70 |
| Matière sèche | 16,50 | 8,30 |
| Azote | 0,32 | 0,85 |
| Acide phosphorique | 0,21 | 0,01 |
| Potasse | 0,15 | 1,40 |
| Chaux et magnésie | 0,30 | 0,13 |

Une vache de 500 kilogr. produit donc par an 9 490 kilogr. de bouses, contenant 7 924 kilogr. d'eau, 1 566 kilogr. de matière sèche, et 5 694 kilogr. d'urine dosant 5 221 kilogr. d'eau, 473 kilogr. de matière sèche. Soit en tout 15 184 kilogr. de déjections mixtes renfermant 13 145 kilogr. d'eau, 2 039 kilogr. de matière sèche.

La proportion d'éléments fertilisants ainsi recueillie annuellement est donc :

| Azote | 78,9 kilogr. |
|---|---|
| Acide phosphorique | 20,6 — |
| Potasse | 93,7 — |
| Chaux et magnésie | 35,9 — |

**Porcs.** — Les déjections des porcs sont très aqueuses et les urines très abondantes. Un porc de poids moyen donne par an, en moyenne, 900 kilogr. de déjections solides et 600 kilogr. d'urines (fig. 100).

La composition de ces excréments est la suivante :

|  | Déjections solides p. 100. | Urines p. 100. |
|---|---|---|
| Eau | 82,0 | 97,70 |
| Matière sèche | 18,0 | 2,30 |
| Azote | 0,65 | 0,26 |
| Acide phosphorique | 0,53 | 0,08 |
| Potasse | 0,50 | 0,20 |
| Chaux et magnésie | 0,30 | 0,50 |

Par an, on obtiendrait donc par tête porcine 900 kilogr. d'excréments dosant 738 kilogr. d'eau, 162 kilogr. de matière sèche, et 600 kilogr. d'urines contenant 586 kilogr. d'eau et 14 kilogr. de matière sèche, soit en tout 1 500 kilogr. de déjections mixtes renfermant 1 324 kilogr. d'eau, 176 kilogr. de matière sèche.

La proportion d'éléments fertilisants ainsi fournie par le fumier d'un porc serait, d'après ces évaluations :

| | |
|---|---|
| Azote .................................... | 7,5 kilogr. |
| Acide phosphorique.................... | 5,3 — |
| Potasse................................. | 5,7 — |
| Chaux et magnésie .................... | 3,0 — |

**Conclusions pratiques**. — Ces données générales nous montrent que les urines du bétail sont *riches en azote, en*

Fig. 100. — Extérieur d'une porcherie moderne.

*potasse* et *très pauvres en acide phosphorique* ; ces divers éléments y sont contenus sous une forme *très assimilable*.

Leur réaction alcaline permet une action rapide sur les litières et la transformation de la matière organique du fumier en humates alcalins.

Les excréments solides, au contraire, sont *relativement pauvres en azote et en potasse* et ces éléments y sont plus *difficilement solubles et assimilables* ; mais on y rencontre *les quatre cinquièmes de l'acide phosphorique et de la chaux* des aliments. Ces principes, par des transformations ultérieures, deviennent assimilables et leur matière organique constituera une source importante d'humus. En principe, on peut dire que les urines favorisent la végétation herbacée ; les déjections solides sont plus favorables à la production des grains. Le mélange de ces deux types d'excréments est donc à tous les points de vue avantageux.

### 3. — Litières.

Les litières, destinées à absorber les urines et à procurer aux animaux un coucher moelleux, enrichissent le fumier en principes fertilisants dont l'importance varie avec la substance utilisée : pailles, tourbe, terre, feuilles mortes, etc.

Les pailles sont le plus généralement employées : pailles de blé, avoine, orge, etc. La paille de seigle, très résistante, est réservée à la confection des liens, paillassons, couvertures, etc.

Très élastiques, surtout celle de blé, les pailles ont vis-à-vis des liquides un pouvoir absorbant élevé : 100 kilogr. de paille retiennent de 220 kilogr. (blé) à 228 kilogr. (avoine) et même 285 kilogr. d'eau (orge).

En général, les pailles sont peu riches en éléments fertilisants, comme l'indique le tableau suivant :

|  | Blé p. 100. | Avoine p. 100. | Orge p. 100. | Seigle p. 100. |
|---|---|---|---|---|
| Azote | 0,48 | 0,56 | 0,64 | 0,40 |
| Acide phosphorique | 0,22 | 0,28 | 0,19 | 0,25 |
| Potasse | 0,63 | 1,63 | 1,07 | 0,86 |
| Chaux | 0,27 | 0,43 | 0,33 | 0,31 |
| Magnésie | 0 11 | 0,23 | 0,12 | 0,12 |

La proportion de litière distribuée étant de 4 à 5 kilogrammes par tête de gros bétail, soit 10 kilogr. par tonne de poids vif environ, l'apport annuel d'éléments fertilisants par le fait des litières est peu considérable : 1 500 kilogr. de litière de blé correspondent annuellement à 7$^{kg}$,2 d'azote, 3$^{kg}$,3 d'acide phosphorique, 9$^{kg}$,45 de potasse, 4$^{kg}$,05 de chaux, 1$^{kg}$,65 de magnésie environ.

Les balles de céréales sont utilisées comme litières, lorsqu'on ne les emploie pas dans l'alimentation (blé, avoine). Les balles de seigle, d'orge munies de barbes sont réservées spécialement aux litières. Leur composition révèle une richesse plus élevée que les pailles.

|                          | Blé p. 100. | Avoine p. 100. | Orge p. 100. | Seigle p. 100. |
|--------------------------|-------------|----------------|--------------|----------------|
| Azote                    | 0,72        | 0,64           | 0,48         | 0,58           |
| Acide phosphorique       | 0,40        | 0,13           | 0,24         | 0,56           |
| Potasse                  | 0,84        | 0,45           | 0,93         | 0,52           |
| Chaux                    | 0,17        | 0,40           | 1,25         | 0,35           |
| Magnésie                 | 0,12        | 0,15           | 0,15         | 0,11           |

Fig. 101. — Couchage économisant la litière.

Les tiges de colza, de pavot, les capsules de cameline, les siliques du colza, bien que plus ligneuses et plus longues à amollir, seront employées utilement comme litières. Elles sont plus riches en principes fertilisants que les pailles et les balles.

Les fanes de légumineuses procurent un coucher médiocre,

mais elles sont riches, surtout en azote. La paille de sarrasin, les tiges de topinambour, les bruyères, fougères, ajoncs, roseaux, les varechs, les feuilles mortes même peuvent être utilisées ainsi que la sciure de bois, la tannée.

Les feuilles mortes, riches en azote, ont un pouvoir absorbant assez élevé (200 p. 100); le fumier obtenu est froid, compact, acide, lent à se décomposer; il convient aux terres calcaires. Les aiguilles de pin, utilisées parfois en Bretagne, sont d'un emploi peu avantageux. La sciure de bois (4 à 5 kilogr. par tête de gros bétail) montre un pouvoir absorbant considérable, mais elle est pauvre en principes fertilisants. La sciure de chêne, riche en tanin, peut nuire à la végétation.

La tourbe mousseuse (75 à 100 kilogr. par mois pour les chevaux, 90 kilogr. pour les bovins, 15 kilogr. pour les porcs) contient 1 à 2 p. 100 d'azote, mais renferme seulement des traces de potasse et d'acide phosphorique. Son pouvoir absorbant très élevé (100 kilogr. de tourbe retiennent 500 à 700 kilogr. d'eau), son avidité pour l'ammoniaque qu'elle fixe, en font une litière précieuse, surtout en cas de disette de pailles.

La terre sèche, en cas exceptionnel, peut fournir une litière passable. Son pouvoir absorbant est faible (50 p. 100), mais on évite ainsi sensiblement la déperdition des éléments fertilisants.

*Étables sans litières.* — Il existe certaines régions où la paille est rare et chère, dans les pays d'herbage par exemple, dans le Jura, la Suisse. On peut supprimer la paille en donnant aux écuries, aux étables une disposition convenable.

En Suisse, les vaches laitières sont placées sur un plan incliné maçonné long de 1$^m$,40. En avant se trouve une crèche très basse (0$^m$,40) pour que l'animal puisse passer la tête par-dessus lorsqu'il est couché ; les déjections tombent ainsi directement dans la rigole, on y envoie des chasses d'eau pour nettoyer. Les déjections sont rassemblées dans des citernes et, délayées ainsi, constituent le *lizier*. Il existe deux fosses, l'une pour le lizier fait, prêt à être épandu, l'autre pour le lizier frais, non encore fermenté. La Hollande possède un type d'étable du même ordre assurant une hygiène minutieuse.

Dans les pays scandinaves, en Suède, on construit des étables sans litières au premier étage, les déjections tombent dans le sous-sol par les interstices du plancher ou par des canalisations spéciales.

Les cantons suisses de Zurich, Lucerne, Uri entretiennent des prairies à litières, donnant des foins grossiers de carex qui se vendent parfois très cher. Aux environs de Zurich, on a

Fig. 102. — Porcherie de la Haute-Savoie.

transformé de bonnes prairies en marécages pour y faire pousser des carex destinés aux litières. On choisit pour ces plantations les espèces les plus productives se multipliant par stolons. En sol naturellement humide, le *Carex acuta*, le *Carex paludosa*, le *Scirpus palustris* (grands joncs), le *Juncus obtusiflorus* conviendront particulièrement.

On plante un pied tous les mètres carrés, et des carex sélectionnés, donnant en septembre jusqu'à 10 000 kilogr. de litière sèche à l'hectare, procurent des bénéfices appréciables.

Sur des sols sains pouvant être irrigués, on cultivera le *Phalaris arundinacea* (15 000 kilogr. de foin à l'hectare). Les terres acides, argileuses non irriguées supportent des cultures de molinie bleue (*Molinia cærulea*).

***Abondance de paille. Écuries profondes.*** — Il peut arriver au contraire qu'en certaines régions la paille soit extrêmement abondante. La paille en excès placée sous les animaux ne s'imbibe pas de purin, il se développe alors des champignons qui brûlent la matière azotée.

Pour utiliser sans inconvénient ces litières épaisses, on édifie parfois des *écuries profondes* creusées au-dessous du sol, où la paille, placée en grande quantité, est saturée de déjections et foulée par les animaux laissés en liberté.

On n'enlève pas le fumier avant qu'il n'ait atteint une certaine hauteur. Ainsi peut-on produire du fumier tassé, humide et de bonne qualité.

On a calculé que, toutes choses égales d'ailleurs, le fumier des fosses profondes contient 25 p. 100 en plus de matière sèche, et, en particulier, 40 p. 100 en plus d'azote (Wercker).

Ce dispositif présente néanmoins quelques inconvénients. Pour que le fumier soit bien tassé, il faut que les animaux soient laissés en liberté, ce qui oblige à avoir de vastes locaux.

Le fumier accumulé peut être une source d'infection pour le bétail. Les locaux doivent être vastes, hauts et largement ventilés. On doit disposer, d'autre part, des crèches, des auges mobiles. Ces écuries sont souvent trop chaudes et envahies par les mouches.

Dans le Nord, cette méthode est employée *en plein air* pour les fosses à fumier (fig. 103), donne d'excellents résultats (fosse flamande).

Les bergeries constituent, à proprement parler, des écuries profondes. On n'y enlève le fumier qu'à des intervalles éloignés. Ce fumier est sec; comme nous le verrons plus loin, les pertes d'azote sont sensibles.

Fig. 103. — Fosse flamande.

### 4. — Fumiers divers.

Par suite de la nature des déjections, de la diversité des litières employées, les fumiers des animaux de la ferme diffèrent sensiblement suivant les espèces.

Le *fumier de cheval* est sec, chaud, à fermentation rapide. On y dose les principes fertilisants suivants :

| | Eau p. 100. | Matière sèche p. 100. | Azote p. 100. | Potasse p. 100. | Acide phosphorique p. 100. |
|---|---|---|---|---|---|
| Boussingault | 67,4 | 32,6 | 0,67 | 0,72 | 0,23 |
| Émile Wolff | 71,3 | 28,7 | 0,58 | 0,53 | 0,28 |
| Müntz et Girard | 64,9 | 35,1 | 0,48 | 0,84 | 0,32 |

Le *fumier de moutons* est également concentré, chaud, à fermentation active. Sa composition est la suivante :

| | Eau p. 100. | Matière sèche p. 100. | Azote p. 100. | Potasse p. 100. | Acide phosphorique p. 100. |
|---|---|---|---|---|---|
| Boussingault | 61,6 | 38,4 | 0,82 | 0,84 | 0,21 |
| Émile Wolff | 64,6 | 35,4 | 0,83 | 0,67 | 0,23 |
| Müntz et Girard | 66,8 | 33,2 | 0,64 | 0,50 | 0,40 |

Le *fumier des bovidés* est, par contre, plus aqueux, plus difficile à fermenter. On y dose :

| | Eau p. 100. | Matière sèche p. 100. | Azote p. 100. | Potasse p. 100. | Acide phosphorique p. 100. |
|---|---|---|---|---|---|
| Boussingault | 81,8 | 18,2 | 0,34 | 0,35 | 0,43 |
| Émile Wolff | 77,5 | 22,5 | 0,34 | 0,40 | 0,16 |
| Müntz et Girard | 69,0 | 3,10 | 0,57 | 0,88 | 0,26 |

Le *fumier de porc*, très variable comme composition, est toujours aqueux, froid. Sa teneur en principes fertilisants est environ de :

| | Eau p. 100. | Matière sèche p. 100. | Azote p. 100. | Potasse p. 100. | Acide phosphorique p. 100. |
|---|---|---|---|---|---|
| Boussingault | 72,8 | 27,2 | 0,78 | 1,69 | 0,20 |
| Émile Wolff | 72,4 | 27,6 | 0,45 | 0,60 | 0,19 |

**Fumier mixte.** — Dans la généralité des cas, on mélange ces divers fumiers pour obtenir un fumier mixte, dit *fumier de ferme*, de composition évidemment variable comme le prouvent ces chiffres divergents :

| | Eau p. 100. | Matière sèche p. 100. | Azote p. 100. | Potasse p. 100. | Acide phosphorique p. 100. |
|---|---|---|---|---|---|
| Boussingault | 65,0 | 35,0 | 0,63 | » | 0,78 |
| Wölcker | 76,0 | 24,0 | 0,64 | 0,32 | 0,23 |
| Grandeau | 73,0 | 27,0 | 0,32 | 0,82 | 0,36 |
| Wolff | 75,0 | 25,0 | 0,39 | 0,45 | 0,18 |
| Aubin | 75,0 | 25,0 | 0,65 | 0,73 | 0,55 |
| Garola | 73,0 | 27,0 | 0,68 | 0,54 | 0,63 |

Ces évaluations montrent les écarts que peut présenter la composition du fumier de ferme. Le cultivateur devra donc judicieusement faire exécuter l'analyse de son fumier de ferme.

## 5. — Valeur du fumier.

Connaissant la valeur $a$, $b$ et $c$ du kilogramme d'azote, d'acide phosphorique, de potasse au moment de l'évaluation, et en prenant pour moyenne de composition du fumier A kilogr. d'azote, P kilogr. d'acide phosphorique, K kilogr. de potasse par tonne, on obtient pour la valeur de la tonne de fumier :

$$\text{Azote} \dots\dots\dots\dots\dots\dots\dots\dots\dots\dots\dots\dots \quad A \times a$$
$$\text{Acide phosphorique} \dots\dots\dots\dots\dots\dots\dots \quad P \times b$$
$$\text{Potasse} \dots\dots\dots\dots\dots\dots\dots\dots\dots\dots\dots \quad K \times c$$

Il faut en outre, dans ces évaluations, tenir compte des matières humiques, d'une importance si considérable en agriculture.

## 6. — Déperditions d'azote.

La valeur fertilisante du fumier dépendra des réactions du milieu, de la température, de l'humidité, de l'aération du tas, de l'énergie des fermentations, etc. De toute nécessité, on doit éviter le départ du purin qui enlève au fumier des principes fertilisants précieux.

D'autre part, le fumier subit, dans la plupart des cas, des pertes importantes d'azote : 1º à l'étable; 2º hors de l'étable.

1º *Pertes à l'étable.* — Il importe de noter ici que, dès l'étable, le fumier peut subir, sous forme d'ammoniaque, une déperdition d'azote très sensible. Müntz et Girard ont montré que ces pertes s'élevaient pour le cheval à 28,7 p. 100 de l'azote ingéré ; pour la vache, à 33 p. 100 ; pour le mouton, à 50 p. 100. L'urée, décomposée par un ferment spécifique, donne du carbonate d'ammoniaque qui se dissocie en produisant de l'acide carbonique et de l'ammoniaque. L'élévation des déperditions du fumier de mouton s'explique par la sécheresse de ce fumier.

Pour éviter ou réduire au minimum les pertes d'ammoniaque à l'étable et à l'écurie, il importe donc d'enlever tous les jours les litières souillées, conduites de suite au tas de fumier. L'atmosphère des fosses ou plates-formes à fumier, saturée d'acide carbonique, empêchera la dissociation du carbonate et, par suite, le dégagement de l'ammoniaque. Il importe en outre de maintenir humides les fumiers secs, ceux des bergeries par exemple, afin de retenir l'ammoniaque très soluble dans l'eau.

Les litières, surtout la tourbe, la terre, contrarient dans une certaine mesure ces déperditions d'azote. La tourbe absorbe l'ammoniaque et il est avantageux de placer sous la paille-litière une couche de tourbe. On met pour dix à quinze jours de tourbe, la paille supérieure est changée toutes les fois qu'elle est mouillée. Au bout de quinze jours on enlève le tout que l'on porte au fumier. On a proposé d'imprégner la tourbe-litière d'acide sulfurique qui détruit les ferments dénitrifiants. Il faut se défier de cet acide qui attaque les sabots des animaux, les pavés des bâtiments, irrite la peau du bétail.

L'emploi d'agents chimiques est à examiner. La chaux doit être rejetée, elle accélère le départ de l'ammoniaque ; le sulfate de fer, actif en théorie, est d'un emploi coûteux et modifie fâcheusement les décompositions intimes du fumier. Le plâtre seul pourrait être utilisé, mais il donne du sulfure de calcium qui se décompose en acide sulfhydrique et en sulfhydrate d'ammoniaque qui s'échappent dans l'air et vicient l'atmosphère. On a parfois recommandé le plâtre phosphaté (résidu de la fabrication des superphosphates riches). Mais ces méthodes sont économiquement et pratiquement peu recommandables.

L'emploi de tourbe-litière est seul à préconiser avec l'épandage de 100 grammes de kaïnite par tête pour les bergeries. Ce sel hygroscopique est un régulateur d'humidité et, en outre, un antiseptique. La kaïnite peut être utilisée dans les étables d'élevage, mais jamais dans les écuries de chevaux et les étables à vaches laitières, à cause de l'action corrosive de ce sel sur les sabots et les mamelles.

*2° Déperdition hors de l'étable. — Aménagement de fumier.* — Hors de l'étable, les déperditions d'azote sont sensibles, car le fumier est en général mal fabriqué. On estimait, en 1900, les pertes résultant de cette incurie à un demi-milliard de francs par an. Les pertes de fumier à l'étable et hors de l'étable ont été évaluées par l'expérience suivante (Müntz et Girard) :

*Pertes d'azote du fumier.*

| | Pour 100 de l'azote fourni par les aliments. | |
| --- | --- | --- |
| | À l'étable. | Hors de l'étable. |
| Chevaux de la Compagnie des Omnibus de Paris........ ...... | 28,7 | 20 |
| Vaches en stabulation........ ...... | 27 à 36 | 10 |
| Moutons................ ...... | 50 | 5 |

Pour réduire les déperditions du fumier hors de l'étable, il faut ne pas le déposer au hasard, mais l'étaler, le *comprimer* et *l'arroser.*

L'expérience suivante de Vogel montre l'importance de ces pratiques.

*Pertes du fumier maintenu hors de l'étable de février à juin.*

| | | Étalé, comprimé, le purin recueilli dans une fosse. P. 100. | Ni comprimé, ni étalé et lavé par l'eau de pluie. P. 100. | |
| --- | --- | --- | --- | --- |
| Mat. organiques ...... | Perdues par oxydation......... | 28,37 | 17,58 | 51,44 |
| | Entraînées par l'eau de pluie. | » | 3,86 | |

Diffloth. — *Le Sol.* I. — 19

| Mat. azotées | Perdues dans l'at-mosphère...... | 16,19 | 34,78 | 35,84 |
| | Entraînées par l'eau de pluie.. | » | 1,06 | |
| Potasse ......................................... | | | 19,86 | |
| Acide phosphorique........................... | | | 2,94 | |

Dans un tas de fumier mal soigné, on peut perdre ainsi le tiers des matières azotées, le cinquième de la potasse.

Il faut donc étaler le fumier avec soin et le comprimer convenablement. C'est parfois difficile à réaliser à cause de son élasticité. On peut faire passer le rouleau ou mieux laisser circuler les animaux au retour du travail. En été, il est aisé de faire séjourner les bœufs sur la fosse à fumier, protégée parfois par un léger abri qui met le fumier à l'abri des coups de soleil. L'eau de pluie n'est pas à craindre, si la fosse à fumier est étanche.

Pour maintenir le fumier toujours humide, on l'arrose avec du purin ou avec de l'eau. L'ammoniaque est ainsi retenue.

Le purin contient des matières azotées facilement décomposables qu'il faut recueillir. On construira donc une fosse à purin très étanche. On pourra, si cela est utile, verser dans cette fosse de l'acide sulfurique jusqu'à ce que la réaction soit légèrement acide : on sera sûr qu'aucune trace d'ammoniaque ne sera perdue.

*Fermentation du fumier.* — Une fois mis en tas, le fumier est livré aux fermentations ; mais, la masse n'étant pas homogène, les réactions varient dans les diverses parties du tas.

Les régions supérieures, au contact de l'air, subissent des oxydations énergiques qui élèvent leur température à 68 ou 70° C., tandis que le centre de la masse est à une température de 35°, qui descend à 25° C. pour les couches inférieures.

Les gaz résultant des décompositions en ces divers niveaux sont également différents, comme le montre le tableau suivant (Dehérain) :

| | Acide carbonique. | Oxygène. | Méthane. | Azote. |
| --- | --- | --- | --- | --- |
| Haut............. | 21,6 | 0 | 00,0 | 78,4 |
| Milieu............ | 31,0 | 0 | 33,3 | 35,6 |
| Bas.............. | 37,1 | 0 | 58,0 | 4,9 |

Fig. 101. — Constitution régulière et soignée d'un tas de fumier.

On peut donc distinguer dans un tas de fumier deux phénomènes distincts : la fermentation *aérobie* en haut, avec fort dégagement de chaleur ; la fermentation *anaérobie* en bas avec faible dégagement de chaleur, c'est-à-dire phénomène d' « oxydation » dans les couches supérieures, de « réduction » dans les assises inférieures. A un autre point de vue, il faut distinguer les actions chimiques et les actions microbiennes (1).

Dans les couches supérieures, les phénomènes d'oxydation paraissent dus à la superposition des actions chimiques et microbiennes (Dehérain). Par suite du travail des microbes, la température s'élève jusqu'à un point où les affinités chimiques entrent seules en jeu.

Les microbes qui interviennent ainsi sont apportés à la fois par les déjections solides des animaux, par les litières. Les arrosages du fumier ont pour utile effet de les disséminer dans la masse. Les espèces dominantes sont divers *Proteus*, le *Bacillus saprogenes*, le *B. coprogenes fœtidus* (fréquents dans l'intestin du porc) ; le *B. fluorescens putridus*, les ferments de l'urée, les ferments *butyriques*, le *B. subtilis* du foin, des *Amylobacter*, des *Granulobacter*, beaucoup de *Thermophiles* (Miquel), le *B. mesentericus*, le *B. thermophilis Grignonii* (Dehérain), etc.

Nous allons étudier maintenant la décomposition de chacun des constituants du fumier.

***Matières hydrocarbonées.*** — Les matières hydrocarbonées du fumier se composent d'une faible quantité de sucres réducteurs et non réducteurs, de matières grasses, des gommes de la paille, de vasculose, de cellulose.

Les sucres réducteurs et les gommes de la paille deviennent la proie des ferments aérobies. Les sucres réducteurs sont entièrement brûlés à l'état d'acide carbonique, de vapeur d'eau ou d'acides divers (Hébert) ; la gomme subit également ces combustions. Les matières grasses ne semblent subir aucune action microbienne ; elles s'oxydent, se saponifient. La glycérine, ainsi mise en liberté, est attaquée alors par les microbes ; une partie des acides gras volatils s'échappe dans l'air, une autre partie devient la proie des microorganismes. L'acide

(1) Voy. KAYSER, *Microbiologie agricole* (ENCYCLOPÉDIE AGRICOLE).

oléique fournit notamment dans cette oxydation une substance acide, l'acide oxyoléique, qui se combine avec l'ammoniaque du fumier, donnant des sels solubles dans l'eau et dans la matière noire du fumier.

L'arrosage régulier du tas facilite ces décompositions et diminue en outre les pertes d'azote ammoniacal.

La cellulose subit parallèlement une décomposition par voie

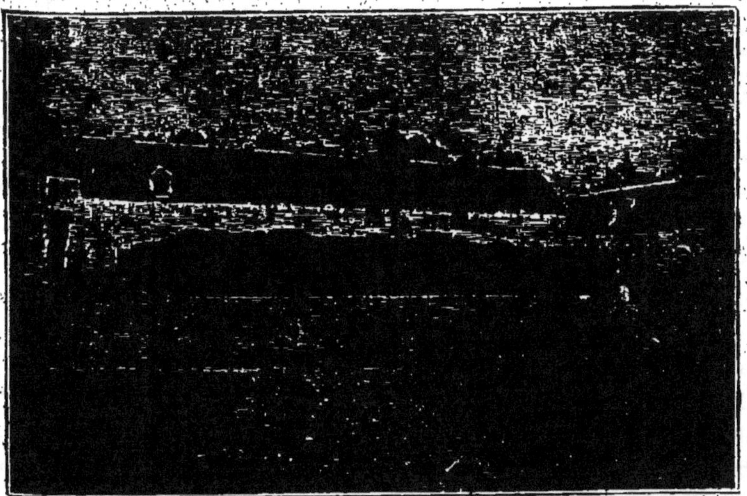

Fig. 105. — Plate-forme à fumier de la ferme de Trappes.

aérobie ou anaérobie, sous l'influence de microbes toujours nombreux.

La décomposition de la cellulose par voie anaérobie est l'œuvre de microbes étudiés par Oméliansky, Schlœsing ; les dénitrificateurs transforment également la cellulose.

Par voie aérobie, on obtient la décomposition de la cellulose en milieu acide par les moisissures ou les mycéliums des champignons supérieurs. En milieu neutre ou légèrement alcalin, des microbes aérobies peuvent intervenir, agissant seuls ou en symbiose, notamment les nitrificateurs, le *Bacillus ferrugineus* vivant en symbiose avec un *Micrococcus* jaunâtre.

La vasculose mise en liberté par la destruction de la cellulose se déshydrate et devient partiellement soluble dans les liquides alcalins du fumier, qui, dissolvant également des matières azotées, constituent ainsi ces liquides noirs qui s'écoulent des fumiers.

**Matières azotées.** — Les matières azotées peuvent subir la *fermentation putride* ou la *fermentation ammoniacale*.

Le nombre des bactéries qui interviennent dans les phénomènes de putréfaction est très considérable.

On trouve généralement les genres *Proteus vulgaris*, *P. mirabilis* et *P. Zenkeri*, le *Micrococcus prodigiosus*, le *Bacillus erythrosporus*, le *B. fluorescens liquefaciens*, le *B. pyocyaneus*, le *B. coli commune*, le *B. fœtidus*, etc., et enfin, parmi les anaérobies, le *B. putrificus*, le *Vibrion septique* de Pasteur, le *Proteobacter scatol* (Beijerinck). Sous l'influence de ces divers ferments de putréfaction, il peut résulter une perte en azote gazeux du fumier (Reiset, Joulie, Schlœsing, Dehérain, Dumont). Pour éviter ces pertes d'azote libre, on doit essayer de provoquer dans le fumier une fermentation forménique énergique ; en mouillant la masse par d'abondants arrosages de purin, il se forme de l'acide cabonique qui retient l'ammoniaque.

La matière azotée du fumier transformée se dissout alors dans les liquides alcalins du fumier, qui entraînent en outre la vasculose déshydratée pour constituer la matière noire, base essentielle de la fertilité de l'engrais de ferme, précisément parce qu'elle contient ainsi de l'azote, de l'acide phosphorique, de la chaux, du fer.

La fermentation ammoniacale est l'œuvre de nombreux bacilles, *Coccus*, *Sarcines*, *Urobacillus*, *Urococcus*, et même de moisissures.

Ce sont ces microorganismes qui décomposent l'urée en carbonate d'ammoniaque. Très nombreux, on les rencontre dans l'air, les boues, le sol, et ils imprègnent en grand nombre le fumier. Ils transforment en particulier le purin en l'amenant à l'état ammoniacal directement assimilable.

## 7. — Soins à donner au fumier.

Il est indispensable, pour la bonne préparation du fumier, qu'une fosse recueille le purin qui s'écoule. Ce purin servira à arroser le tas de fumier à l'aide d'une pompe et de gouttières qui l'épandent sur toutes les parties, au besoin en s'aidant de baquets et d'écopes.

Les arrosages s'effectuent fréquemment lorsque la nécessité s'en fait sentir, par les temps secs en particulier.

Lorsque le fumier est bien arrosé, son atmosphère inté-

Fig. 106. — Coupe de la fumière de Grignon.

rieure, même près de la surface, est pauvre en oxygène et riche en acide carbonique, qui évite la décomposition du carbonate d'ammoniaque. Les champignons connus sous le nom de *blanc*

Fig. 107. — Fumière de Mathieu Dombasle.

*de fumier* n'y étendent pas leurs mycéliums ; la présence de ces champignons indique que les combustions ne sont pas assez actives pour utiliser tout l'oxygène qui pénètre la masse ; il faut en conclure que les arrosages ne sont pas assez fréquents (fig. 106, 107).

Ainsi préparé, le fumier peut attendre le moment d'être conduit aux champs, sans subir d'autres pertes que celles que supportent les hydrates de carbone. En règle générale, il faut éviter de laisser longtemps le fumier en tas. On ne doit pas attendre que le fumier soit à l'état de beurre noir ; on chargera lorsque la paille, brune, ramollie, se brise seulement sous la fourche. La masse a perdu alors environ un cinquième de son poids.

Dans les exploitations bien tenues, le tas de fumier est l'objet de soins spéciaux. Chaque jour le fumier apporté est épandu régulièrement en couches uniformes, et, pour délimiter les parois, les ouvriers retournent l'extrémité des pailles de manière à former de larges tresses (fig. 104).

En résumé, il convient de disposer avec soin les couches de fumier, de le tasser, de l'arroser, afin de favoriser la production d'acide carbonique, qui retient l'ammoniaque provenant de la dissociation du carbonate d'ammoniaque.

On a proposé souvent d'ajouter au tas de fumier certaines substances qui réduiraient les déperditions : de la kaïnite, du plâtre phosphaté. Holdefleiss a réalisé à ce propos l'expérience suivante :

|  | Pertes de matières sèches du fumier après 7 mois. | Pertes d'azote. | Récolte fournie avec ce fumier (1). |
|---|---|---|---|
| Témoin ................ | 31,2 | 23,3 | 108 |
| Tas mélangé de kaïnite. | 11,9 | 0,0 | 116 |
| — — de plâtre phosphaté................ | 22,5 | 4,6 | 133 |
| Tas recouvert de terre.. | » | 2,2 | 127 |

La kaïnite paraît avoir joué le rôle d'antiseptique qui retarde la décomposition du fumier ; le plâtre phosphaté a réduit les déperditions et augmenté les récoltes. Mais il faut tenir compte des dépenses entraînées et examiner la question au point de vue économique. Certains auteurs pensent que ces additions de sulfate de fer, plâtre, etc., sont inutiles ou nuisibles par la décomposition qu'elles déterminent des carbonates de potasse,

(1) 100 étant le produit d'une parcelle non fumée.

d'ammoniaque, qui diminuent l'alcalinité de la masse et, par suite, l'action du ferment forménique. L'emploi d'une couverture de terre associé à l'arrosage du fumier tassé, paraît en tous points recommandable.

On peut réunir le fumier sur une *plate-forme*, dans une *fosse*, ou employer divers modes spéciaux.

**Plates-formes à fumier.** — La plate-forme comprend une surface plane à fond bétonné (pierre, sable et chaux) établie au niveau du sol. La citerne à purin, maçonnée en chaux hydraulique, peut être placée au centre ; des pentes conver

Fig. 108. — Plate-forme à fumier débarrassée de fumier.

gentes y conduisent le purin. Tout le périmètre extérieur est entouré de rigoles protégées, par un rebord, des eaux pluviales et qui conduisent les suintements dans la fosse à purin. Les urines des étables, écuries, sont également conduites dans cette fosse ou dans une citerne profonde (fig. 108).

On élève deux tas de fumier en ayant soin d'en édifier un seul à la fois (2 mètres de hauteur environ). On arrose fréquemment avec du purin, de façon à régler la fermentation et ne pas dépasser une température de 50° C.

Lorsque le fumier est prêt à être conduit aux champs, le tas s'est affaissé d'environ 40 à 50 centimètres sur les 2 mètres de haut.

Si l'on ne pouvait conduire aux champs le fumier décomposé, il faudrait le recouvrir d'une couche de terre de 10 à 20 centimètres qui empêche les déperditions ammoniacales. On construit ensuite le second tas, de façon à avoir un tas en construction et un tas achevé ; le cultivateur enfouit ainsi dans ses champs du fumier à un même état de décomposition, et la fumure est uniforme. Le dispositif des plates-formes à fumier est, en général, peu pratique : la difficulté d'élever le purin au-dessus des tas, le dessèchement du fumier, la main-d'œuvre du chargement font préférer, dans la plupart des cas, les fosses à fumier.

**Fosses à fumier.** — La fosse à fumier sera établie le plus près possible des étables, et loin de la maison d'habitation, dans un endroit abrité du soleil. L'exposition au nord est préférable, car elle prévient les élévations de température. On peut assurer l'ombre désirable en plantant des marronniers qui poussent vite.

Le seuil de la fosse sera un peu au-dessus du sol de la cour, pour que les eaux n'y pénètrent pas. Le fond de la fosse sera étanche, c'est-à-dire bétonné à la chaux hydraulique. Elle ne doit pas être profonde ni à pente trop rapide, afin de permettre un accès facile réduisant la main-d'œuvre. On établit quatre plans légèrement inclinés vers le centre et dont la plus grande pente ne dépasse pas 5 à 8 centimètres. La fosse à fumier est protégée sur son pourtour contre l'envahissement des eaux pluviales par une petite levée de terre. Au centre, la citerne à purin réunit les liquides d'écoulement ; elle est fermée par une grille retenant les débris solides et laissant passer le tuyau d'aspiration des pompes à purin mobiles. Le plan ci-joint (page 299) donne des indications précises sur un type de fosse à fumier.

On transporte le fumier des étables à la fosse à l'aide de véhicules, wagonnets, ou avec un traîneau glissant sur patin.

Dans les fosses, le fumier paraît mieux protégé contre les conséquences d'une mauvaise stratification ou d'arrosages insuffisants.

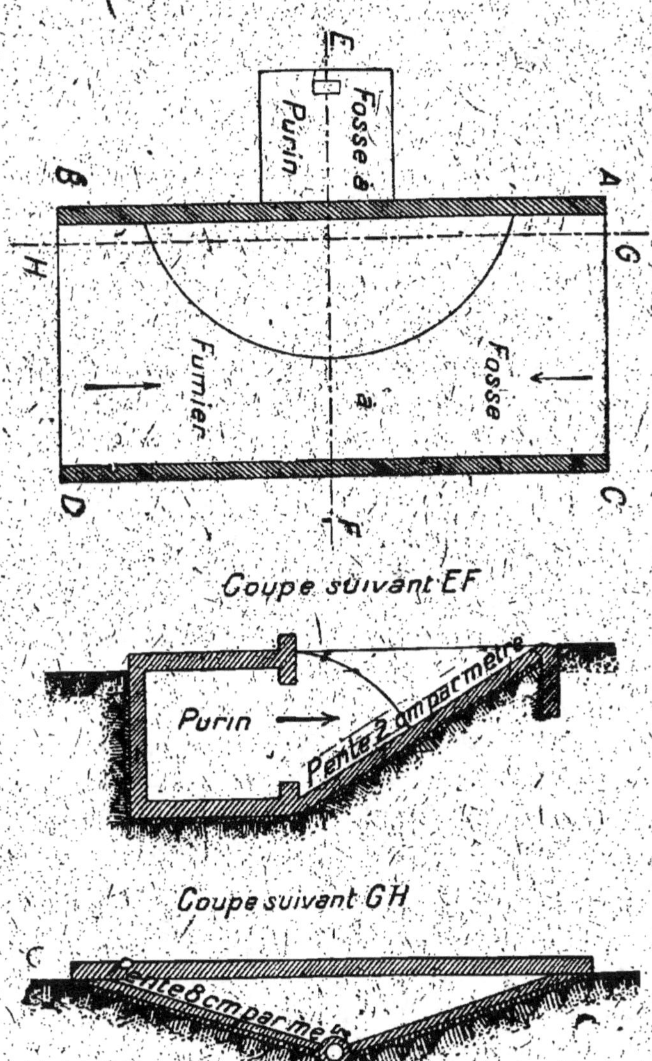


Fig. 109. — à fumier rationnelle.

La fosse à purin est placée sur le côté de la plate-forme.

**Fosses flamandes.** — Dans les fermes du nord de la France, la *fosse flamande* est placée au centre de la cour ; les animaux d'étable restent en permanence sur le tas de fumier nuit et jour. Des barrières circulaires les y maintiennent ; des mangeoires et abreuvoirs permettent d'assurer leur alimentation.

On évite ainsi le transport, de l'étable au tas, du fumier, constamment tassé, imprégné de l'urine des animaux, du purin, des eaux d'égout que des canalisations y conduisent. Il se transforme en matière humique dans les conditions les plus favorables.

La fosse flamande représente donc un dispositif des plus rationnels et a permis aux agriculteurs du nord de la France d'augmenter considéralement leur bétail.

**Conservation du fumier dans les étables.** — En Belgique, en Angleterre, on conserve parfois le fumier dans une fosse située dans l'étable derrière les animaux, et où se concentrent les urines. On obtient ainsi une proportion élevée de fumier de bonne qualité, mais ce dispositif loge l'engrais à grands frais et charge l'atmosphère de l'étable de vapeurs chaudes et nuisibles.

Cette pratique, sauf en cas exceptionnel, n'est pas recommandable.

**Chargement du tas.** — Les parties supérieures du tas de fumier sont pailleuses et peu décomposées : dans les portions inférieures, les transformations chimiques ont amené la désagrégation complète des tissus organiques et la formation d'un fumier parfaitement décomposé. De plus, les écuries, les étables, bergeries, porcheries, etc., de la ferme étant nettoyées à des époques non concordantes, les déjections de ces divers animaux se trouvent réunies en des places nettement délimitées.

Les différentes assises du tas de fumier présenteront donc des richesses variables en matières fertilisantes, comme le montre l'analyse suivante (Joulie) :

| | Couches | | |
|---|---|---|---|
| | ancienne. | moyenne | récente. |
| Eau.................... | 75,92 | 79,30 | 75,85 |
| Azote................. | 0,58 | 0,63 | 0,56 |
| Potasse............... | 0,59 | 0,71 | 0,77 |
| Acide phosphorique..... | 0,37 | 0,34 | 0,46 |
| Chaux................. | 0,40 | 0,65 | 0,69 |
| Magnésie.............. | 0,17 | 0,14 | 0,45 |

Il importe donc ne de pas enlever le fumier en commençant par les couches supérieures et en chargeant les voitures de lits horizontaux successivement approfondis : on s'exposerait ainsi à avoir, les charretées de nature et de composition différentes, et les diverses parties du champ seraient inégalement fumées. Le tas de fumier doit être *entamé latéralement* en enlevant successivement des tranches *verticales*, assez semblables entre elles, puisqu'elles intéressent également la masse entière du fumier.

Il n'y a avantage à débiter le tas en tranches horizontales que lorsque le cultivateur possède à la fois des terres lourdes et des sols légers.

Ce chargement s'opère facilement, en s'aidant au besoin de bêches tranchantes ou même de couteaux spéciaux. Un ouvrier charge 1 000 à 1 500 kilogrammes de fumier par heure.

## III. — COMPOSITION DU FUMIER.

Le fumier contient les principes des aliments ingérés augmentés de ceux des litières, diminués des matières nutritives fixées par le bétail et des pertes (dans l'étable ou hors l'étable).

La composition du fumier, dépendant de l'alimentation du bétail et de la nature des litières, est loin d'être fixe. Le fumier des fermes des environs de Paris, par exemple, où le bétail est fortement alimenté et où les pailles sont riches en principes fertilisants, montrera une richesse évidente.

Les animaux adultes, les bêtes à l'engrais assimilant peu d'acide phosphorique et d'azote, livreront un fumier plus riche que celui des fermes d'élevage ou des laiteries.

Les analyses du fumier faites il y a trente ans différent des analyses récentes, parce que les modes de culture, les méthodes l'alimentation du bétail ont changé. Voici quelques données :

*Analyses de Wolff.*

| Composition du fumier. | Azote p. 1 000. | Acide phosphorique p. 1 000. | Potasse p. 1 000. |
|---|---|---|---|
| Fumier de bœuf à l'engrais..... | 9,2 | 4,4 | 5,5 |
| — de vache laitière et de bête d'élevage................. | 4,1 | 1,3 | 5,4 |

*Analyses de M. Aubin. — Ces chiffres se rapportent à une tonne.*

| Composition du fumier. | Maximum. Kilogr. | Minimum. Kilogr. | Moyenne. Kilogr. |
|---|---|---|---|
| Azote...................... | 11,0 | 3,7 | 6,5 |
| Acide phosphorique ...... | 13,4 | 1,2 | 5,5 |
| Potasse................... | 12,9 | 4,0 | 7,3 |

Les moyennes nous donnent ces résultats approximatifs faciles à retenir sous cette forme schématique :

| | |
|---|---|
| Acide phosphorique ................ | 5 p. 1 000 |
| Azote ............................ | 6 — |
| Potasse .......................... | 7 — |

**Rôle du fumier.** — Le fumier utilisé comme engrais agit sur les *propriétés physiques* du sol par l'humus qu'il contient, sur les *propriétés chimiques* par les principes fertilisants qui seront assimilés par les plantes avec l'aide des ferments nitrificateurs, si la température, l'humidité, la présence de la chaux exercent des actions parallèles à celles des microorganismes.

Relativement aux *propriétés physiologiques* du fumier, on peut dire qu'il renferme des semences, des graines de bonnes plantes et de mauvaises herbes. On y décèle des microorganismes utiles et nuisibles (microbes nitrificateurs, microbes dénitrifiants), des bactéries des nodosités de légumineuses, etc. C'est donc un milieu extrêmement vivant, capable de réveiller l'activité des terres mortes.

Les sols présentant des propriétés extrêmes (terres légères, sols lourds) bénéficieront surtout de l'apport du fumier : l'humus allège les terres fortes, et donne du corps aux terres légères. On devra fumer souvent et à petites doses les terres légères; le fumier bien décomposé sera enfoui à une certaine profondeur. Dans les terres fortes on enfouira peu profondément du fumier moins fait et en plus grande quantité. Ce serait une faute que de fumer les tourbières, les terres tourbeuses qui ont déjà trop d'humus : on y épandra du purin dilué qui réveillera la vitalité de ces sols.

Le fumier se décompose lentement, mais c'est au début de son enfouissement que sa décomposition est le plus active. On devra donc l'appliquer aux plantes particulièrement exigeantes en azote : betteraves, fourrages, maïs, céréales. Sur le blé, le fumier peut même provoquer la verse et favoriser en outre le développement des mauvaises herbes, l'apparition du charbon; mais il est facile d'utiliser des blés résistant à la verse, aux maladies, que l'on sème en lignes pour effectuer des binages. Néanmoins on accordera au blé 20 000 kilogrammes de fumier au maximum, et l'on complétera par du nitrate de soude. Les

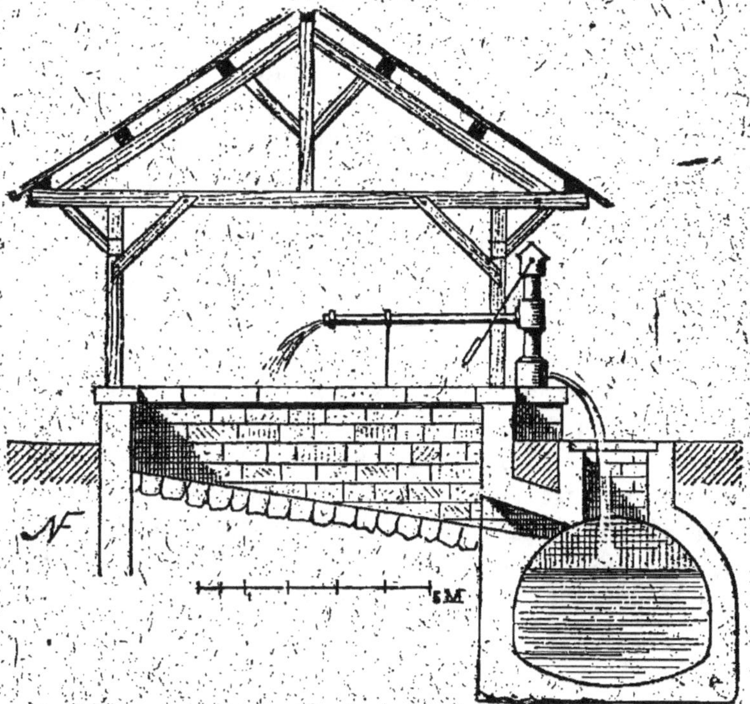

Fig. 110. — Fosse à fumier couverte.

praticiens évitent d'épandre du fumier sur l'orge de brasserie qui serait trop riche en azote, sur le lin qui verserait et serait mélangé de mauvaises herbes.

Le fumier pailleux introduit dans le sol des microbes dénitrifiants, et on peut voir la plante jaunir et manifester un aspect chétif. Il importe d'employer du fumier demi-décomposé, à un point tel que la litière se discerne encore, mais soit bien décomposée.

Le fumier très fait, le *beurre noir* est évidemment supérieur mais, pour l'amener à cet état, il faut perdre des quantités sensibles d'azote.

Le fumier pailleux empêcherait l'eau de monter par capillarité; en cas de sécheresse, la plante aura faim et soif (Schribaux). Les racines des plantes obtenues seront fourchues.

**Quantités de fumier à employer.** — Les quantités de fumier incorporées varient avec la nature du sol, l'assolement suivi, l'état d'épuisement des terres, la qualité du fumier, etc.

Les sols légers exigent de faibles fumures répétées fréquemment. Les terres argileuses, grâce à leur pouvoir absorbant, pourront être fumées plus énergiquement. On peut estimer que pour une rotation de trois ans :

60 000 kil. de fumier par hect. constituent une très forte fumure.
50 000 — — — forte —
30 000 — — — ordinaire —
20 000 — — — faible —

Une fumure moyenne de 30 000 kilogr. de fumier apporte au sol, par hectare, 6 450 kilogr. de matières organiques, 1800 kilogr. de matières minérales. La proportion d'éléments fertilisants ainsi confiés au sol est environ de 180 kilogr. d'azote ; 150 kilogr. d'acide phosphorique ; 210 kilogr. de potasse. L'expérience culturale révèle d'ailleurs que l'effet de cette fumure se fait sentir les trois années qui suivent.

## IV. — ÉPANDAGE DU FUMIER DE FERME.

La distribution des engrais et amendements ne termine pas nécessairement la suite des opérations aratoires. Selon la nature des matières fertilisantes et les effets qu'on en attend, leur épandage et leur enfouissement se placeront aux différentes époques de l'année. C'est ainsi que les engrais solubles (nitrate de soude, chlorure de potassium, superphosphates de chaux, etc.) devront être distribués au printemps ; les phosphates naturels, qui ont besoin de subir l'action dissolvante des acides du sol ou des racines, sont des engrais d'automne; fumier sera enfoui par un labour précédant le labour des semailles d'un temps suffisant pour permettre sa décomposition, etc...

On peut disposer le fumier, les engrais à la surface du sol *en couverture*, ou les enfouir à des profondeurs diverses. Certaines matières fertilisantes sont répandues sur des plantes en cours de végétation ; d'autres sont incorporées à la terre pendant les opérations culturales.

Les engrais et amendements sont soit à l'état solide, sous forme de fragments compacts ou de masses pulvérulentes, soit à l'état liquide, et les procédés d'épandage diffèrent suivant ces cas.

Nous examinerons ici le traitement du fumier, son transport dans les champs et sa distribution.

**Enfouissement du fumier.** — Le fumier porté aux champs est déchargé en petits tas d'un volume approprié à l'importance de la fumure, et distants d'environ 7 mètres. Un homme d'une force moyenne peut, en épandant le fumier, le projeter à l'aide de la fourche à une distance d'environ 3m,50 ; en écartant les tas de 7 mètres, on permet ainsi la réunion des parties extrêmes.

Il existe des machines, des dispositifs spéciaux pour l'épandage du fumier, soit à la volée, soit en bandes dans l'intervalle des lignes ; leur usage est encore trop peu répandu.

Deux procédés peuvent être mis en usage : le fumier étalé à la surface du sol est enfoui immédiatement, ou bien son incorporation au sol n'a lieu qu'après un certain temps.

*Enfouissement immédiat.* — Les petits tas ou fumerons régulièrement disposés sur le champ, on répand le fumier à l'aide de fourches, et un labour l'incorpore immédiatement au sol.

On peut procéder à cet enfouissement en même temps que le labour. Un aide marchant soit en avant, soit en arrière de la charrue, rejette le fumier au fond de la raie précédemment tracée (1). Cette opération, indispensable avec les fumiers pailleux qui engorgent les instruments aratoires, est avanta-

_____

(1) Il existe même des appareils dits « enfouisseurs de fumier » chargés d'effectuer mécaniquement cette besogne.

geuse par l'enfouissement complet qu'elle permet de réaliser à l'aide d'un seul labour. Elle évite les déperditions des matières fertilisantes, et permet l'égale répartition des éléments nutritifs ; les sels minéraux restent fixés dans le sol, et l'ammoniaque qui tendrait à se dégager est retenue par l'humus. C'est le mode qu'on doit toujours préférer.

*Enfouissement après un certain temps.* — Suivant ce procédé, le fumier, maintenu en tas ou épandu sur le champ, n'est enterré qu'après un séjour assez prolongé à la surface du sol.

Le fumier restant disposé en *fumerons* dans les champs avant son épandage perd avec son ammoniaque une partie de son azote organique.

Les pluies qui surviennent entraînent les éléments solubles du fumier placé en tas, et les parties de la terre voisines des fumerons reçoivent une fumure abondante, tandis que le fumier épandu ensuite sur le champ n'apportera qu'un faible contingent de matières fertilisantes, par suite des déperditions considérables de principes solubles. Il en résultera une inégale distribution des éléments nutritifs, pouvant amener la verse dans les endroits trop fumés, ou une inégalité de récolte préjudiciable à la bonne exécution des travaux de la moisson.

L'ammoniaque du fumier placé en petits tas tend à s'échapper dans l'air. Cet inconvénient est encore plus sensible si l'on adopte le procédé d'épandage du fumier à la surface du champ et son enfouissement à une date assez éloignée. Dans ce dernier cas, les pluies peuvent répartir assez uniformément les matières fertilisantes ; le sol est maintenu dans un état de fraîcheur favorable ; mais l'évaporation de l'ammoniaque s'accroît dans une proportion considérable.

Cette pratique a moins d'inconvénients lorsque le temps est froid et pluvieux : les déperditions d'ammoniaque sont réduites, son incorporation au sol étant presque assurée par le passage des eaux pluviales.

Le meilleur mode d'épandage consiste à conduire sur la pièce de terre, le même jour, le tombereau à fumier et la charrue. Le fumier épandu est immédiatement enterré par le labour et ne subit que des pertes insignifiantes.

Fig. 111. — Convoi de chariots de fumier dans un grand domaine de l'Europe centrale.

*Fumure en couverture.* — Le fumier peut être épandu en couverture, soit après les semailles, soit au printemps sur les récoltes en végétation. On peut même disposer ainsi cet engrais pendant l'hiver sur les sols nus destinés à être labourés au printemps ; mais on s'expose, ainsi que nous l'avons vu, à une évaporation active de l'ammoniaque, et ces procédés doivent être réservés exceptionnellement aux prairies naturelles et artificielles, ou aux terres légères, sablonneuses et calcaires.

En jardinage, les *paillis* isolent le sol, ralentissent l'évaporation et maintiennent l'ameublissement de la couche supérieure.

**Époque de l'enfouissement.** — Les principes fertilisants du fumier ne sont pas immédiatement assimilables et doivent subir diverses transformations ayant pour but de solubiliser les éléments fixes et de nitrifier l'azote organique. On incorpore donc le fumier au sol à une époque qui permet ces modifications avant son utilisation par la plante.

Ordinairement, on enfouit le fumier en automne afin de rendre ses principes fertilisants assimilables au printemps, époque à laquelle la terre sera ensemencée.

Le début de l'hiver est d'ailleurs favorable aux transports, les attelages et le personnel étant disponibles ; les routes affermies par les premières gelées rendent les charrois moins pénibles. Lorsque les champs sont détrempés par les pluies, on est obligé d'épandre le fumier en ajournant son enfouissement à une époque où le terrain se présentera dans des conditions satisfaisantes.

En principe, les fumiers peu décomposés doivent être employés longtemps à l'avance. Les fumiers *faits* ou à l'état de *beurre noir* contiennent déjà une forte proportion de leurs principes sous forme assimilable et peuvent être enfouis plus tardivement. Les fumiers des espèces bovine et porcine sont plus froids et moins actifs que les fumiers des races équine et ovine.

Rappelons que les sols légers, sablonneux (fig. 112) et calcaires consomment beaucoup de fumier, par suite de la rapidité de la nitrification, de l'activité des réactions chimiques et de leur faible pouvoir absorbant, qui ne permet pas de retenir les éléments solubles facilement entraînés par les pluies. Il faut donner aux terres légères ou calcaires de faibles fumures souvent répétées, en utilisant le fumier bien décomposé, de

Fig. 112. — Sol sableux reboisé. Pins de quatre ans.

préférence au fumier pailleux, qui allègerait encore ces sols trop soulevés, trop poreux.

Dans les terrains argileux, la décomposition du fumier s'effectue très lentement et rend son effet peu sensible la première année. La nitrification est peu active, mais, par contre, les éléments de fertilité sont retenus énergiquement par le pouvoir absorbant du sol. On peut donc incorporer aux terres argileuses des doses massives de fumier, sans craindre de déperdition. C'est une avance faite au sol, dont les bons effets se feront sentir plus tard. L'apport du fumier de ferme contribue d'ailleurs à modifier heureusement la constitution physique de ces sols lourds et compacts, et les fumiers longs, frais et pailleux leur conviennent.

Lorsque les terres sont dépourvues de calcaire et manifestent une certaine acidité, la décomposition de la matière organique du fumier est extrêmement lente ; c'est le cas des terres de landes, de bruyères, de terrains tourbeux. Le fumier ne produit dans ces sols aucun effet sensible, par suite de l'absence de toute nitrification ; il faut au préalable faire disparaître l'acidité de ces sols par des amendements calcaires appropriés, par un drainage, etc.

Lorsque le terrain est en pente, les éléments nutritifs du fumier tendent à s'accumuler dans les parties basses du terrain, par suite de leur entraînement par les eaux pluviales ; il convient alors de fumer plus énergiquement les portions élevées du champ.

La nature de la plante cultivée influe également sur les conditions d'épandage du fumier. Un apport excessif d'azote rendu assimilable à une époque tardive expose les céréales à la verse et donne des betteraves relativement pauvres en sucre, un houblon moins riche en principes aromatiques (fig. 113).

On enfouit en général le fumier assez profondément lorsqu'il s'agit de plantes à racines pivotantes, et on réserve ordinairement cet engrais pour les cultures en terres labourées. Dans les prairies naturelles et artificielles, les légumineuses tirent des profondeurs du sol, ou de l'atmosphère, des ressources d'azote suffisantes, en général, au développement de leur végétation.

Si l'on veut acheter du fumier, ce qui est rare, il faudrait en connaître la richesse et évaluer l'acide phosphorique au prix de celui des superphosphates, l'azote au prix de l'azote organique, la potasse comme dans le sulfate de potasse.

***Transport immédiat et fractionné du fumier dans les champs.*** — Dans certaines exploitations, le fumier est transporté dans les champs au fur et à mesure de sa production et enfoui sans qu'on établisse dans la ferme de tas de fumier.

Le praticien évite, par cet enfouissement immédiat, les

Fig. 113. — Houblonnière à perche de la région du Nord.

déperditions d'azote occasionnées par le séjour à l'étable, dans la fosse ou la plate-forme ; mais le fumier peu décomposé se mélange mal au sol et reste plus longtemps à un état peu assimilable.

Lorsque les terres sont en culture, le tas de fumier est parfois constitué à la lisière du champ dans des conditions défectueuses. Si l'emplacement est bien choisi, les liquides et les eaux de lavage du fumier ne sont pas perdus et sont absorbés par la terre; mais cette portion se trouve alors trop abondamment fumée.

Il serait avantageux d'établir sur la parcelle envisagée une simple plate-forme en terre meuble de quelques décimètres de hauteur et sur laquelle on placerait le fumier. Une rigole tracée tout autour permettrait de recueillir les eaux de lavage du tas et faciliterait leur infiltration dans la terre, qui serait ensuite épandue sur le champ comme un véritable engrais.

*Décomposition du fumier dans le sol.* — Les décompositions, commencées dans le tas de fumier, se continuent dans le sol. Pour les matières hydrocarbonées, il semble que la paille soit détruite plus tardivement; elle permet ainsi l'aération des terres fortes. La matière azotée à l'état organique et ammoniacal nitrifie, sous cette dernière forme, très rapidement; le carbonate d'ammoniaque apporté par le purin, par le fumier, se transforme rapidement dans les sols légers; en terre forte, il peut persister longtemps.

La matière azotée du fumier subit les trois phases successives de la nitrification: ammonisation, nitrosation, nitrification.

La matière carbonée de l'engrais de ferme, la matière noire humique favorise, de plus, dans le sol, la fixation de l'azote atmosphérique. C'est dans la combustion de ces matières hydrocarbonées que les bactéries trouvent l'énergie nécessaire pour triompher des résistances de l'azote atmosphérique et l'engager en combinaison (Berthelot). Les terres arables bénéficient largement de cette action bienfaisante.

Il n'y a pas à craindre une amplification néfaste du rôle des ferments dénitrificateurs, comme on semblait le craindre, et la pratique de la destruction des ferments du fumier avant son épandage, au moyen des acides ou des superphosphates très acides, est peu recommandable. Les ferments dénitrificateurs existent partout, dans le fumier pailleux comme dans la terre et les débris végétaux, mais ils n'entrent en jeu que lorsque le milieu leur est favorable, c'est-à-dire lorsque le sol, insuffisamment ameubli, imparfaitement aéré, réalise un milieu réducteur.

Dans les conditions ordinaires d'une pratique agricole

Fig. 114. — Épandage du fumier.

rationnelle, le fumier ne saurait que favoriser la production des nitrates par l'oxydation des matières azotées qu'il apporte.

Le fumier *fait*, *consommé*, diffère essentiellement du fumier *frais* par la consistance des pailles : ramollies, transformées par les diverses fermentations, elles forment, dans le premier cas, une masse spongieuse, qui s'incorpore aisément et utilement au sol. Ces modifications sont dues à la pénétration des liquides et à l'action de microorganismes : *Mesentericus ruber*, *Thermophiles Grignonii* en particulier, qui brûlent une partie

des hydrates de carbone de la paille, la gomme notamment,
forment de l'ammoniaque, puis décomposent, par la fermentation forménique, la cellulose, et favorisent la mise en liberté
de la vasculose, à laquelle se mêle intimement la matière azotée
pour constituer la *matière noire.*

Du fumier desséché, avant d'avoir subi une fermentation
de deux semaines, peut renfermer 10,8 p. 100 de matière
organique soluble ; après fermentation aérobie, on en dose
12,8 p. 100, et cette matière soluble atteint 13,6 p. 100 après
fermentation anaérobie.

L'influence fertilisante du fumier, très sensible l'année
même de son enfouissement, est en outre durable. Cet engrais
accumule dans le sol des réserves qui ne disparaissent que
lentement et constitue ainsi des terres de *vieille force,* de
*vieille graisse.*

D'après des expériences récentes de M. Garola, l'assolement :
1° racines sarclées ; 2° blé d'hiver ; 3° céréales de printemps ;
4° prairie artificielle, recevant 30 tonnes de fumier sur les
racines têtes d'assolement, bénéficie ainsi de la fumure du
fumier :

| Racines | 50 p. 100 ou 1/2 |
| Blé | 24 — 1/4 |
| Avoine | 14 — 1/8 |
| Prairie | 12 — 1/8 envir. |

**Utilisation du purin.** — Les liquides qui s'écoulent de
la masse du fumier renferment des matières fertilisantes et
constituent, sous le nom de *purin,* un engrais apprécié.

Les substances solubles du fumier, entraînées par les eaux
pluviales ou d'arrosage, se réunissent aux urines des animaux,
dans une fosse étanche destinée à cet usage.

Il n'y a pas à craindre, en général, de déperdition d'ammoniaque dans les fosses à purin, la proportion d'acide carbonique qu'on y dose surpassant de beaucoup celle qui est nécessaire à la formation de bicarbonate d'ammoniaque.

La composition du purin dépend des conditions de sa production. Obtenu directement dans les étables, il est plus
riche que celui qui s'écoule directement du fumier. En règle

générale, les purins sont pauvres en acide phosphorique, d'une teneur moyenne en azote, mais ils contiennent une proportion élevée de potasse. Les éléments nutritifs se trouvent, dans cet engrais liquide, sous une forme soluble et, par suite, *très assimilable* ; l'azote est presque entièrement à l'état de carbonate d'ammoniaque caustique.

La composition moyenne du purin ressort des analyses suivantes :

|  | P. 1000. |
|---|---|
| Eau | 982 |
| Azote | 1,5 |
| Acide phosphorique | 0,1 |
| Potasse | 4,9 |

Dans un litre de purin, on trouve donc 982 grammes d'eau, $1^{gr},5$ d'azote, $0^{gr},10$ d'acide phosphorique, $4^{gr},9$ de potasse. Le purin est un engrais incomplet, puisqu'il est riche en potasse, assez riche en azote, mais très pauvre en acide phosphorique. C'est, en somme, un engrais relativement pauvre qu'il ne faudra pas transporter à longue distance. Il entrera avantageusement dans la constitution des composts.

L'emploi agricole du purin n'offre aucune difficulté : il suffit, en effet, de l'incorporer au sol par des arrosages. Les principes fertilisants, immédiatement absorbés par la terre, produisent les effets les plus rapides. Il faut cependant avoir la précaution de *diluer le purin d'une certaine quantité d'eau* lorsqu'on le répand sur des plantes en cours de végétation, le carbonate d'ammoniaque qu'il renferme étant caustique et pouvant brûler les végétaux.

Le degré de dilution dépend de la richesse de cet engrais en ammoniaque ; lorsque l'odeur dégagée est assez forte, il faut étendre le purin d'une quantité d'eau plus considérable. La densité comparée ou des essais préalables sur un petit espace de terrain permettent de se rendre compte de la proportion d'eau nécessaire. On admet, en général, que le purin ordinaire, étendu de quatre à six fois son volume d'eau, peut être employé sur les plantes en végétation.

Lorsque les champs à fertiliser sont dans le voisinage de l'exploitation, on peut y conduire le purin par des rigoles qui

le distribuent régulièrement : c'est le cas des prairies situées
à proximité de la ferme.

Dans les circonstances ordinaires, on transporte le purin
aux champs dans de vieux tonneaux emplis à l'aide d'écopes,
de pelles en bois, de pompes à purin, et déversés sur les terres
cultivées par des procédés analogues.

Il est préférable d'utiliser les tonneaux montés sur roues

Fig. 115. — Tonneau avec pompe à purin.

(fig. 115); les charrois sont ainsi facilités, et l'écoulement peut
être effectué d'une façon uniforme et régulière.

On choisit pour l'arrosage un temps calme, à une époque
où le sol n'est pas détrempé, en évitant les journées de grande
chaleur.

Le purin est particulièrement réservé aux prairies naturelles et artificielles, où sa richesse en potasse favorise le développement des légumineuses. On le répand également sur
le sol nu avant les semailles ou au printemps, sur les céréales
peu vigoureuses. La dose employée est de 300 hectolitres
(30 mètres cubes) à l'hectare, correspondant à 45 kilogr. d'azote,
3 kilogr. d'acide phosphorique et à 150 kilogr. de potasse

L'emploi du purin sur des blés d'une belle venue pourrait déterminer un accroissement de végétation susceptible d'amener la verse.

Les terres sablonneuses, perméables, peu fertiles, sont surtout sensibles aux effets du purin.

**Tonneaux à purin.** — Il existe deux types de tonneaux à purin distingués par la position du réservoir cylindrique par rapport à l'essieu. L'axe du cylindre réservoir peut être per-

Fig. 116. — Tonneau à purin, type moderne.

pendiculaire ou parallèle à l'essieu (fig. 115 et 116). Dans la seconde catégorie, les vagues produites par le mouvement viennent s'amortir contre la paroi courbe du tonneau et fatiguent moins l'animal tracteur.

On remplit les tonneaux à purin soit avec des pompes à liquides, tantôt installées à poste fixe sur la citerne à purin, tantôt montées sur le tonneau lui-même, soit avec les pompes à air fixées sur le tonneau. Les pompes à air font le vide dans le tonneau qui s'emplit de purin par un tuyau partant de la partie inférieure pour joindre la citerne. On évite, par ce dernier mode, les engorgements de pompe assez fréquents.

Ces tonneaux garnis de leur pompe présentent l'avantage de pouvoir être utilisés à divers usages : transport de l'eau pour la machine à battre, pour les arrosages, etc. Il serait évidemment dangereux de transporter dans ces tonneaux l'eau destinée à la boisson du personnel ou des animaux

La régularité de l'épandage du purin est importante à réaliser, et il existe divers dispositifs, à palette, à ajutages, etc., permettant de résoudre ce problème.

## V — COMPOSTS ET TOMBES.

Parfois les cultivateurs constituent, nous l'avons vu, sous le nom de *composts*, des mélanges de chaux, de terre et de débris organiques.

Dans les fermes où l'on fait des composts, on y incorpore tous les débris de l'exploitation : balayures, criblures, suie, déchets du ménage, chiffons de laine, tourbe, sciure, feuilles d'arbres, fanes, genêts, joncs, roseaux, etc.

On mélange ces substances à la terre et à la chaux en stratifiant les couches, et, pour activer la décomposition, il est bon de les arroser et d'effectuer des *recoupages* à la pelle à diverses reprises.

Les arrosages se pratiquent avec l'eau seule, ou mieux avec les eaux ménagères, les eaux de féculerie, le purin, le sang des abattoirs, les matières fécales délayées, etc.

La chaux agit sur la matière organique et détermine la production de matières noires, qui, se combinant aux éléments alcalins, forment du terreau. La matière organique est donc désagrégée et se présente sous une forme rapidement assimilable par les végétaux.

L'ammoniaque résultant de l'action de la chaux sur la matière organique est, nous l'avons vu, retenue par la terre, à condition que le compost présente une humidité satisfaisante ; cette ammoniaque nitrifie d'ailleurs rapidement dans ce milieu favorable.

**Tombes.** — On appelle ainsi des composts dans la composition desquels entrent de la chaux, de la terre et du fumier.

Ces tombes sont fréquemment utilisées dans la Normandie, l'Anjou, la Mayenne, la Manche.

À l'automne, un fossé creusé reçoit de la chaux vive, recouverte de terre, de curures de fossés, de vases d'étang, etc. Quelque temps après, la chaux éteinte est mélangée à la terre. On recoupe la masse pour bien mélanger, puis, à la fin de l'hiver, on y associe du fumier; on laisse le tout fermenter quinze à vingt jours avant son emploi..

Il faut environ 1 mètre cube de chaux pour 4 à 6 mètres de

Fig. 117. — « Magasin » des viticulteurs champenois.

terre ou de gazon et 2 mètres cubes de fumier. Cette pratique détermine la mise en liberté d'une certaine quantité d'ammoniaque, retenue par la terre. Tant que la masse n'est pas exposée à l'action de l'air, elle n'élabore pas de nitrates. Mais, aussitôt le compost divisé en petits tas, épandu à l'air et enfoui dans le sol, toutes les conditions favorables à une rapide nitrification se trouvent réunies, puisque la légère réaction alcaline indispensable à l'activité du ferment nitrique se manifeste grâce à la chaux.

Ce compost exerce une influence avantageuse sur les matières humiques du fumier, l'humate de chaux formé étant rapidement assimilable par les végétaux.

Le mélange de fumier et de chaux ainsi réalisé est donc justifié dans les contrées où le calcaire fait défaut ; il est peu rationnel dans les pays où les sols sont suffisamment riches en calcaire.

A la place de chaux, les cultivateurs du littoral utilisent parfois les calcaires marins, tangue, trez, etc., dont le rôle est d'ailleurs analogue.

**Magasins champenois.** — Les viticulteurs champenois utilisent, sous le nom de *magasin* (fig. 117), un compost particulier composé de terre, de fumier et de cendres pyriteuses, qu'ils trouvent en bas de coteaux. L'épandage de ce compost sur les vignobles passe pour donner les résultats les plus avantageux.

Les composts et les tombes doivent être regardés, en définitive, comme des terreaux et non comme des *engrais* proprement dits, puisque leur richesse en principes fertilisants atteint tout au plus celle du fumier. Lorsque l'élément calcaire y est associé, ils constituent en outre un *amendement,* et les prairies naturelles bénéficient surtout de cet apport.


## VI. — ENGRAIS VERTS.


On désigne sous ce nom des matières végétales enfouies directement dans le sol sans qu'elles aient servi à l'alimentation du bétail. Le praticien peut ainsi enfouir soit des végétaux produits sur le domaine, soit des plantes apportées du dehors : varechs, goémons (fig. 118), bruyères, etc. (1).

Les plantes rassemblent dans leur organisme les principes fertilisants puisés dans le sol par leurs racines, dans l'air par leurs organes foliacés. Fauchées et enfouies dans la terre, elles contribuent : 1° à rassembler dans les couches supérieures du sol des éléments de fertilité dispersés dans les assises profondes ; 2° à enrichir le terrain des principes nutritifs constitués aux dépens du carbone, de l'oxygène, de la vapeur d'eau et de l'azote de l'air. Cette dernière considération nous montre l'avantage considérable que présentent les légumineuses utili-

(1) Voy. à ce sujet : GAROLA, *Engrais* (ENCYCLOPÉDIE AGRICOLE).

sées comme engrais verts par suite de leur faculté spécifique
de puiser l'azote dans l'atmosphère.

Les végétaux cultivés comme engrais verts doivent être à
racines profondes, à organes foliacés développés et à végétation rapide. De cette façon, la terre ne reste pas inoccupée,
et cette *culture dérobée* permet, en outre, de retenir les nitrates que les eaux pluviales entraîneraient dès leur forma-

Fig. 118. — Récolte des goémons en Bretagne.

tion. Les Romains connaissaient déjà les engrais verts et con-
seillaient la culture du lupin blanc, qu'on rencontre encore
parfois dans le Midi. La Campine belge, les terres siliceuses
de l'Allemagne du Nord ont vu leur culture radicalement transformée par les engrais verts et notamment par le lupin jaune,
la « plante d'or des sables » importée d'Italie il y a un siècle
environ. Aussi a-t-on pu obtenir des récoltes rémunératrices
de seigle et de pomme de terre.

**Culture sidérale.** — Il ne faudrait pas cependant exagérer
l'importance économique de ces pratiques culturales. Georges

Ville conseillait un système cultural un peu excessif basé sur l'enrichissement du sol en azote, uniquement par l'enfouissement des légumineuses coupées en vert. Un trèfle semé dans une céréale-abri était récolté fin juillet. L'année suivante, on coupe le foin, placé en tas; on attend la seconde coupe qui, fauchée, mélangée à la première récolte, est enfouie sur place. Les résultats obtenus sont remarquables, mais ce procédé de culture est onéreux. Comme dépense, il faut ajouter, au prix de fumage de la sole occupée par le trèfle, le prix des semences, les dépenses de fauchage, d'épandage, d'enfouissement.

On obtient une excellente récolte : 30 000 kilogr. de fourrage vert renfermant 5 p. 100 d'azote, soit 150 kilogr. d'azote.

Mais le kilogr. d'azote peut ainsi atteindre un prix supérieur à sa valeur dans le nitrate de soude. La valeur culturale de l'azote organique des engrais verts ne vaut que les sept dixièmes environ de l'azote nitrique.

Économiquement, l'enfouissement du trèfle n'est pas toujours une opération recommandable. Il est préférable de faire consommer le trèfle aux animaux qui le transforment avantageusement en production de travail, en lait, en viande, etc., avant de fournir du fumier (1).

Kühn a étudié la question de la serradelle considérée comme engrais vert. Une récolte de 20 000 kilogr. de serradelle consommée par des vaches laitières produisit un bénéfice de 311 francs qui faisait ressortir le kilogr. d'azote à 3 fr. 11. A l'état d'engrais vert, la serradelle fournissait l'azote à 1 fr. 30 le kilogr. La pratique des engrais verts ainsi considérée est donc condamnée économiquement. Cette opération culturale est uniquement intéressante s'il s'agit de *cultures intercalaires*, de cultures *dérobées* établies entre deux cultures.

**Conditions culturales.** — *Climat*. — Les climats doux et humides sont indispensables à la pratique des engrais verts; déjà dans la région de Paris la réussite des cultures dérobées d'automne est aléatoire (Schribaux).

Pour faire économiquement des engrais verts, il faut des conditions favorables, c'est-à-dire un sol, un climat et une plante

(1) Voy. P. Diffloth, *Zootechnie générale* (14e mille).

appropriés. En Bretagne, ces pratiques seront excellentes. Dans le Midi, on est obligé de faire entrer la plante-engrais dans l'assolement.

*Sol.* — La production des engrais verts est *onéreuse en terre riche* et d'une utilité problématique en terre de moyenne richesse (Kühn). Elle est surtout avantageuse en terres légères pauvres, et *particulièrement en terres siliceuses* (expériences de Schultz-Lupitz). Les terres calcaires pauvres et les terres fortes sont moins faciles à améliorer par les engrais verts que les terres siliceuses.

Il faut un sol pauvre. Les bonnes terres renferment de l'humus, et les légumineuses qu'on y cultivera puiseront de préférence leur azote dans le sol ; elles ne recourent à l'atmosphère que dans les cas de nécessité extrême. En terre riche, les cultures dérobées n'exercent aucune action améliorante ; on ne restitue au sol que ce que la plante lui a pris, et les frais de culture, de récolte sont ainsi engagés en pure perte.

L'expérience suivante le démontre aisément.

*Engrais verts en terre riche ou moyenne.*

Les plantes-engrais ont été semées le 13 août, enfouies le 28 octobre ; au printemps suivant, on a semé de l'orge.

Les résultats sont consignés dans le tableau suivant :

Récolte à l'hectare.

| | I.<br>Sur légumineuses<br>(pois, vesce<br>commune<br>et lupin jaune).<br>Kilogr. | II.<br>Sur moutarde<br>blanche.<br>Kilogr. | III.<br>Témoin<br>(sans engrais).<br>Kilogr. |
|---|---|---|---|
| Grain | 3 348 | 3 354 | 3 348 |
| Balles | 416 | 438 | 490 |
| Paille | 3 709 | 3 304 | 3 392 |

La comparaison des chiffres indique que l'emploi des engrais verts s'est montré sans intérêt sur une terre riche.

Sur un sol de moyenne qualité, les résultats ont été les suivants :

Récolte à l'hectare.

|  | I.<br>Sur légumineuses<br>(pois des champs).<br>Kilogr. | II.<br>Sur une parcelle fumée<br>(32 kilogr.<br>d'azote nitrique<br>à l'hectare).<br>Kilogr. |
|---|---|---|
| Grain.............. | 3 626 | 3 656 |
| Balles............. | 302 | 332 |
| Paille............. | 3 216 | 3 330 |

Économiquement, cette pratique s'est montrée sans intérêt, car, en face de la légère plus-value, il faut estimer les dépenses de culture des engrais verts.

Il faut donc réserver les engrais verts aux terres médiocres pauvres en humus et surtout aux sols siliceux.

*Expériences culturales.* — Les expériences réalisées par M. Schultz-Lupitz à Rimpeau obtinrent, de 1855 à 1895, un grand retentissement et déterminèrent les recherches précises d'Hellriegel et Willfarth.

Schultz-Lupitz se proposa d'améliorer des terres siliceuses de très mauvaise qualité. De 1855 à 1864, il entretint sur son domaine un nombreux bétail nécessaire pour fumer ces sols ingrats qui donnaient une maigre récolte de graines de lupin (bénéfice : 20 francs par hectare).

De 1865 à 1874, des marnages copieux n'eurent pour résultat que de faire péricliter le lupin, qui est calcifuge. On commença à enfouir le lupin comme engrais vert une année sur trois ; le bénéfice s'éleva à 50 francs par hectare.

De 1875 à 1884 : marnage et épandage de phosphates, d'engrais potassiques ; la potasse neutralise l'action déprimante de la chaux sur le lupin, qui prospère ; le bénéfice s'élève à 80 francs par hectare.

De 1885 à 1895, le bétail est diminué, les moutons supprimés ; on établit des cultures dérobées de lupin enfouies comme engrais vert sur le tiers du domaine : le bénéfice atteint 120 francs.

Cet exemple a été suivi et la méthode s'est étendue sur de vastes superficies de terres siliceuses. Les terres calcaires sont sensibles à cette influence, mais moins nettement.

*Choix des espèces.* — On préférera évidemment les légumineuses qui s'enrichissent aux dépens de l'azote de l'atmosphère, source illimitée et gratuite. Le praticien recherchera
les plantes à fortes racines capables d'aller chercher loin dans
les couches profondes les éléments fertilisants ramenés ensuite
dans les assises superficielles. Le sol sera parcouru, ainsi
de fins canaux dans lesquels s'enfonceront les racines des betteraves et des pommes de terre qu'on cultivera ensuite.

Schultz-Lupitz, en 1893, année exceptionnellement sèche,
ensemença une terre de 20 hectares divisée en deux parcelles.
La première parcelle reçut 40 000 kilogr. de fumier (240 kilogr.
d'azote). Sur la seconde on enfouit une récolte de 20 000 kilogr.
de lupin (100 kilogr. d'azote). La première parcelle donna
14 640 kilogr. de pommes de terre à 16,60 p. 100 de fécule ; la
seconde, 26 360 kilogr. de tubercules dosant 18,20 p. 100 de
fécule. Ces résultats exceptionnels s'expliquèrent par l'examen
d'une tranchée limitrophe. Sur la première parcelle, les racines
des pommes de terre ne s'étendaient qu'à 40 centimètres, profondeur du labour à la vapeur ; sur la seconde parcelle, elles
atteignaient 1$^m$,20, zone atteinte par les racines du lupin.

Ainsi ces pommes de terre avaient pu résister à la sécheresse.
On doit se garder, bien entendu, de généraliser ces résultats.

Comme engrais vert, il faut choisir les plantes rustiques, à
fortes racines, donnant la *plus abondante* récolte au *plus bas
prix*, celles dont les semences coûtent bon marché (serradelle,
trèfle incarnat, minette, colza, moutarde), en donnant la
préférence aux légumineuses.

I. Sur les sols légers renfermant peu de chaux, on pourra
semer les *lupins*, les *pois*, la *serradelle*, la *gesse pourpre* (toxique
au bétail), la *vesce velue*, la *vesce commune*, la *vesce de Nar-
bonne* (midi de la France), la *gesse commune*, le *trèfle incarnat*,
la *minette*, le *trèfle violet*, le *trèfle hybride*, le *mélilot blanc*, le
*fenugrec* (midi de la France), le *galéga officinal*.

II. En terre légère riche en chaux, on choisira entre la
*minette*, les *pois*, les *vesces*, les *gesses*, le *sainfoin*, le *mélilot*,
qui sont des légumineuses. Sur ces sols on pourra également
semer le *sarrasin*, le *colza*, la *moutarde blanche*, le *pastel*.

III. Les terres fortes recevront les *féveroles*, les *pois*, les *vesces*, les trèfles *violet*, *hybride* ou *blanc*.

*Lupins.* — Il existe des lupins blanc, bleu, jaune. Cette plante est originaire du Midi. La meilleure variété est le lupin blanc. Les semences du Midi germent parfaitement.

Le lupin jaune a des semences de moins bonne qualité, mais résiste mieux au froid. Tous les lupins sont calcifuges, mais le lupin blanc est le plus tolérant à ce point de vue : il possède des racines plus longues, un feuillage plus abondant.

On essaiera cette culture sur de petites parcelles. Il se peut que les premiers essais échouent ; on ajoutera des engrais phosphatés, potassiques : peu à peu la texture du sol se modifie, les microbes fixateurs d'azote agissent et le lupin prospère. La terre de la parcelle cultivée sert alors à ensemencer de microorganismes les champs cultivés en lupin.

Dans le Nord, on sème le lupin en terre nue, au printemps, quand les gelées ne sont plus à craindre ; c'est une époque favorable pour la production des semences que le cultivateur utilisera ensuite. En été, on sème dans un seigle en fleur à la volée, le poids de la graine de lupin aide à son enfouissement. On coupera le seigle un peu haut ; les pieds du lupin mutilés repoussent mal ; il faut donc des cultures-abris laissant le sol libre de bonne heure.

Enfin on sème le lupin en culture dérobée tout de suite après la récolte du seigle. Si les gelées sont à craindre, on attend l'automne. Les viticulteurs du Midi effectuent ces semailles avant les vendanges.

Au printemps, ces cultures dérobées donneraient de mauvais résultats au point de vue économique.

*Serradelle.* — Cette plante de valeur, qui n'est pas assez connue, se sème au printemps dans une céréale.

Cultivée sur les sols siliceux de l'Allemagne du Nord, la serradelle paraît convenir également aux terres moyennes et fortes ; elle fournit au sol autant d'azote que le fumier de ferme, tout en nécessitant moins de frais.

*Minette.* — La minette est intéressante à cultiver sur les terres pauvres qu'on ensemencera (20 kilogr. à l'hectare) au lieu de laisser en jachère. On l'enfouira le mois de mai qui suit l'ennée des semailles, et il restera encore le temps d'établir une culture d'été.

*Trèfle incarnat.* — On le sème en automne, ou même sur un déchaumage de céréales, et on l'enfouit de bonne heure.

*Moutarde blanche.* — *Colza.* — Ces plantes ne sont plus des légumineuses, mais des crucifères ; elles sont donc moins avantageuses, mais la facilité de leur culture et la rapidité de leur croissance les rendent précieuses.

Les résidus des cultures : feuilles (betteraves, carottes, navets), racines (vieilles prairies, prairies artificielles), constituent à proprement parler des engrais verts. Nous avons déterminé plus haut leur importance.

*Conditions de réussite.* — Il faut semer les plantes-engrais dans une *terre parfaitement nettoyée*, car les légumineuses notamment se développent lentement. Il convient d'enrichir le sol d'engrais minéraux. Il est avantageux de préférer les légumineuses, de produire les semences à la ferme et de semer des mélanges de plantes, car les chances de réussite augmentent avec le nombre des espèces. Le praticien sèmera aussitôt après la moisson.

On enfouit les engrais verts *à la floraison*, jamais après. A ce moment, le développement végétal est maximum, et les tissus ne sont pas encore lignifiés. Ces plantes-engrais soulevant le sol comme du fumier frais, on attendra, pour les semailles des cultures qui suivent, au moins un mois, et l'on tassera le sol au préalable. Sur la plante qui succède on épandra une certaine quantité de nitrate, au printemps.

Certains engrais verts peuvent être enfouis *au printemps*. On cultive à cet effet : la féverole d'hiver, la vesce d'hiver, le colza, la navette d'hiver, le lupin blanc, le trèfle incarnat, le seigle. Ces plantes se sèment de septembre à octobre et sont fauchées de mars à mai. Les végétaux enfouis *en été* sont le lupin jaune, le lupin blanc, le sarrasin de Tartarie, qui se sèment en mai et s'enterrent en août-septembre. La moutarde blanche et la navette, la spergule, semées en juillet, sont enfouies en octobre ; ces engrais d'été servent de fumure aux céréales d'hiver.

La féverole, la vesce, les pois, le trèfle, la moutarde, le

colza, la navette d'hiver, conviennent aux terres argileuses. Le lupin, la « plante d'or des sables », sert à enrichir d'humus les sols légers, pauvres en calcaire. Dans les terres légères calcaires prospèrent les trèfles blanc et incarnat, le sarrasin, la spergule, les raves, les navets.

**Enfouissement.** — Pour effectuer l'enfouissement, on fait d'abord passer un fort rouleau sur la récolte, dans le sens du labour ; la charrue munie d'une rasette met ensuite l'engrais en terre. On peut encore faucher, épandre et labourer avec la charrue dépourvue de coutre.

Relativement au choix des espèces à cultiver comme engrais vert, il faut noter les particularités suivantes.

Les légumineuses enfouies constituent un excellent engrais : l'azote qu'elles renferment nitrifie rapidement. Dans le cas des graminées, il n'en est plus de même : leur matière azotée se décompose et nitrifie, mais les feuilles des herbes de la prairie sont couvertes de ferments dénitrifiants qui détruisent parfois les nitrates, et le défrichement d'une prairie de graminées ne constitue pas toujours une opération avantageuse. (Dehérain).

Les enfouissements de la fin de l'été et de l'automne donnent toujours de meilleurs résultats (navette, trèfle, moutarde). Les fumures vertes enfouies au printemps sont d'une influence moins nette ; le temps qui sépare l'enfouissement et le moment où les nitrates devraient être assimilés est trop court ; c'est seulement à l'arrière-saison, au moment où ils ont moins d'utilité, que les nitrates renfermant l'azote des fumures vertes apparaissent et risquent d'être entraînés par les pluies avant leur absorption par les cultures.

Les engrais verts peuvent exercer une action favorable, pendant plusieurs des années qui suivent l'enfouissement. La matière organique ainsi confiée au sol favorise le jeu des micro-organismes fixateurs d'azote, qui enrichissent la terre aux dépens de l'atmosphère.

En Allemagne, les lupins, les pois et la serradelle étaient ordinairement employés sur les terres légères, les vesces réservées aux terres moyennes ou fortes, ainsi que les trèfles, les féveroles. Ces dernières légumineuses peuvent être semées sur chaume, ou avec les céréales, ou sur une terre destinée à être laissée en jachère.

Les engrais verts sont efficacement enfouis lorsque, pour une raison quelconque, la terre doit être laissée en jachère. On estime que ce mode de fertilisation est le plus avantageux pour les cultures sarclées et pour l'avoine qui suivront ; il convient peut-être moins pour le froment et pour l'orge. Les

Fig. 119. — Préparation d'une fosse-compost.

pois, fèves et vesces employés comme engrais verts après l'orge de printemps ou d'hiver ont donné de bons résultats avec les betteraves, mais ils ont été moins profitables avec les pommes de terre.

Schultz-Lupitz était d'avis que les plantes doivent être enfouies à la charrue, assez profondément, mais certains agriculteurs assurent qu'un enfouissement léger est plus rationnel. Hittner est aussi de cet avis ; il explique que la décomposition des végétaux enterrés est d'autant plus rapide que l'action de l'air peut s'exercer plus facilement et qu'une plus faible épaisseur de terre est employée pour le recouvrement. Les bactéries qui jouent un rôle important dans la marche de la nitrification ont besoin d'oxygène ; un enfouissement trop profond, ou effectué en terre humide, non drainée, la formation d'une croûte superficielle, contrarieront donc la formation de nitrates, alors que l'admission d'air et l'addition de chaux au sol la favorisent. On a remarqué aussi que l'enfouissement doit être effectué plutôt à la fin qu'au début de l'automne. Si les expériences paraissent favorables à l'enfouissement plutôt superficiel des engrais verts et du fumier de ferme, le système contraire a aussi ses partisans, et les mérites comparatifs des deux méthodes doivent faire l'objet d'expériences culturales.

*Jachère.* — On a également étudié les avantages des engrais verts remplaçant la jachère nue. Deux parcelles de même grandeur furent ensemencées, l'une en fèves, lupins bleus, pois et vesces, l'autre labourée à la même époque. Les engrais verts furent enterrés à environ 20 centimètres de profondeur, et l'autre parcelle fut labourée de nouveau (Fruwirth). La récolte suivante (betteraves fourragères) de la première parcelle excéda de 5000 kilogr. par hectare celle de la seconde. Pourtant des résultats plus favorables avec la jachère nue qu'avec les engrais verts ont été obtenus dans certains cas. Des expériences précises devront fixer si la jachère favorise plus la fixation d'azote et l'activité des bactéries que les engrais verts ou toute autre méthode.

## VII. — PARCAGE.

*Disposition du parc.* — La pratique du parcage consiste à fumer le sol en y laissant séjourner pendant un certain temps un troupeau de moutons, maintenu dans une enceinte découverte au moyen de barrières mobiles (fig. 120).

Le parc, constitué par des claies, des treillages, des filets, des lattes, se compose ordinairement de deux parties égales.

Dans le Midi, on parque dès le mois d'avril ; sous le climat parisien, à la fin de mai seulement, et jusqu'à la fin d'octobre.

Au milieu de la nuit, le berger doit faire passer les moutons d'une partie du parc dans l'autre. On fait entrer le troupeau, dans la belle saison, une heure après le coucher du soleil, et on l'y maintient jusqu'à 9 ou 10 heures du matin. A l'automne, les moutons entrent au parc un peu avant que le soleil ne se couche ; le matin, on doit attendre que la rosée soit dissipée pour les faire sortir (1).

Il faut avoir soin de déplacer le parc régulièrement et

Fig. 120. — Parcage.

d'éviter les enceintes trop vastes : les moutons, se rassemblant toujours, fumeraient inégalement le terrain.

L'incorporation immédiate des engrais au sol est ainsi assurée ; les urines sont absorbées directement, et les déjections solides et enfouies par le piétinement des animaux. Le plus tôt possible on donnera un coup de scarificateur.

En évitant le séjour du fumier dans la bergerie, les manipulations, la mise en tas, le transport dans les champs, on fait

(1) Voy. P. DIFFLOTH, *Races ovines* (12e mille).

disparaître partiellement les causes de déperdition des matières fertilisantes du fumier.

Les pertes d'azote dans les bergeries, nous le savons, peuvent s'élever à 50 p. 100. Sur la terre meuble, ces déperditions se réduisent à 20 ou 30 p. 100.

La pratique du parcage, en usage depuis un temps immémorial, peut donc trouver sa raison d'être dans une diminution de ces causes de déperdition, sans compter l'économie de la litière et la résolution de la question du transport, souvent difficile dans les régions montagneuses.

*Pratique du parcage.* — On facilite ordinairement l'absorption des matières fertilisantes par un labour donné avant le parcage, et souvent on fait passer la charrue après le départ des moutons pour enterrer les déjections solides restées à la surface.

Un mouton laisse, dans ses déjections, 17 grammes d'azote, 7 grammes d'acide phosphorique, 22 grammes de potasse par jour. Si l'on donne à chaque mouton 2 mètres carrés, les animaux restant au parc la nuit, soit douze heures environ, la fumure obtenue correspondra, par hectare, à 85 kilogr. d'azote, 35 kilogr. d'acide phosphorique, 110 kilogr. de potasse, quantités appréciables. Notons cependant que, dans cette fumure, l'acide phosphorique est relativement peu abondant.

Le parcage est parfois pratiqué après les semailles : il exerce alors sur le sol un léger plombage. Dans ce cas, il est impossible de labourer la terre pour enfouir l'engrais ; on se contente de choisir pour le parcage l'époque où le champ n'est pas durci par la sécheresse ou lavé par les eaux pluviales.

Une parcelle de terre est regardée comme fumée lorsqu'un mouton a séjourné pendant six heures sur une surface d'un mètre carré ; une forte fumure consisterait à laisser le mouton durant douze heures, c'est-à-dire l'espace d'une nuit, sur la même surface. En laissant le parc le double de ce temps, on obtiendrait une fumure énergique.

D'après des expériences précises, on a pu calculer que le séjour d'un mouton sur un mètre carré pendant douze heures équivalait à une fumure moyenne de 15 000 à 20 000 kilogr. de fumier de ferme.

# CHAPITRE III

## LES ENGRAIS CHIMIQUES

*Généralités*. — Les engrais chimiques apportent aux plantes de précieuses ressources nutritives. Ils comprennent les engrais azotés, phosphatés, potassiques, auxquels il faut ajouter le soufre, les engrais catalytiques, radio-actifs, etc... Ces engrais sont fournis aux végétaux concurremment avec le fumier de ferme.

Quels sont les rapports réciproques des engrais ainsi mis en contact au sein du sol ? On a émis la loi suivante, dite *loi du minimum* : « La quantité de récolte fournie dépend de la quotité disponible de l'élément nutritif que *le sol renferme en moindre quantité* ». Si la fumure comporte une faible quantité d'azote associée à un apport abondant d'engrais phosphatés et potassiques, la récolte sera faible. Cet principe paraît parfois en défaut. Des expériences récentes de M. Mazé montrent que ce n'est pas la quantité minimum de tel élément essentiel qui règle l'abondance de récolte, mais les *rapports de concentration* des éléments entre eux.

## I. — DISTRIBUTEURS D'ENGRAIS.

Il existe divers modèles de distributeurs d'engrais, types à hérisson, à tablier sans fin, à fond oscillant, etc. (1).

Les distributeurs fonctionnent suffisamment bien avec des engrais pulvérulents et secs ; souvent leur marche est gênée avec des engrais humides. Les doses d'engrais chimiques les plus fortes correspondent à un poids faible par mètre carré ; 1.000 kilogr., par exemple, à l'hectare, représentent 100 grammes par mètre carré. Lorsqu'on veut appliquer un engrais actif

(1) Voy. COUPAN, *Machines de culture*.

à petite dose, du nitrate, à raison de 50 kilogr. par hectare, ce poids correspond à 5 grammes par mètre carré : il n'existe pas de distributeur mécanique capable de répandre régulièrement sur le sol une aussi faible quantité de matière, surtout de nitrate. On mélange alors les engrais avec de la terre ou d'autres substances ; mais le mélange n'est pas toujours homogène, et la répartition peut être encore irrégulière.

On facilite le fonctionnement des distributeurs d'engrais en conservant convenablement les matières à répandre. Les superphosphates absorbent moins d'humidité et deviennent moins pâteux quand on les maintient non en sacs, mais en tonneaux.

Les engrais, dans les distributeurs, se comportent de façons différentes. Les secousses n'ont presque pas d'influence sur le nitrate de soude, dont le poids par unité de volume varie peu. Les phosphates naturels et, surtout, le sulfate d'ammoniaque se tassent beaucoup par l'effet des secousses ; le poids par unité de volume augmente de plus du tiers. Le coefficient de frottement de l'engrais sur les principaux matériaux des distributeurs est plus faible pour la tôle que pour le bois, et surtout que pour le verre. Dans ce dernier cas, même, la grosseur des grains joue un certain rôle lorsque l'engrais est de la kaïnite, du chlorure de potassium ou du nitrate. L'hygroscopicité augmente le coefficient de frottement sur le verre. Ce sont ces difficultés qui ont motivé l'abandon des organes de distribution en verre moulé.

Pour que l'engrais contenu dans le coffre s'amasse sans s'écouler vers les surfaces de distribution, il faut qu'il rencontre partout des parois suffisamment inclinées. L'inclinaison minima doit être de 45° environ ; les secousses d'ailleurs facilitent beaucoup l'écoulement.

Les agitateurs rotatifs à mouvement continu jouent, au bout de peu de temps, le rôle de malaxeurs : l'engrais adhère parfois aux organes de l'agitateur et forme une sorte de mortier très dur. L'agitateur absorbe ainsi, en pure perte, une quantité appréciable d'énergie.

Les agitateurs à mouvement rectiligne alternatif présentent moins d'inconvénients, si leur course est faible. Cependant les broches, ou les pièces analogues, augmentent, en se déplaçant, le tassement naturel de l'engrais, et, si le semoir débite peu, on arrive très rapidement au tassement limite correspondant à la réduction maxima des vides entre les particules d'engrais. Dès lors, si l'engrais est humide, cas malheureusement fréquent,

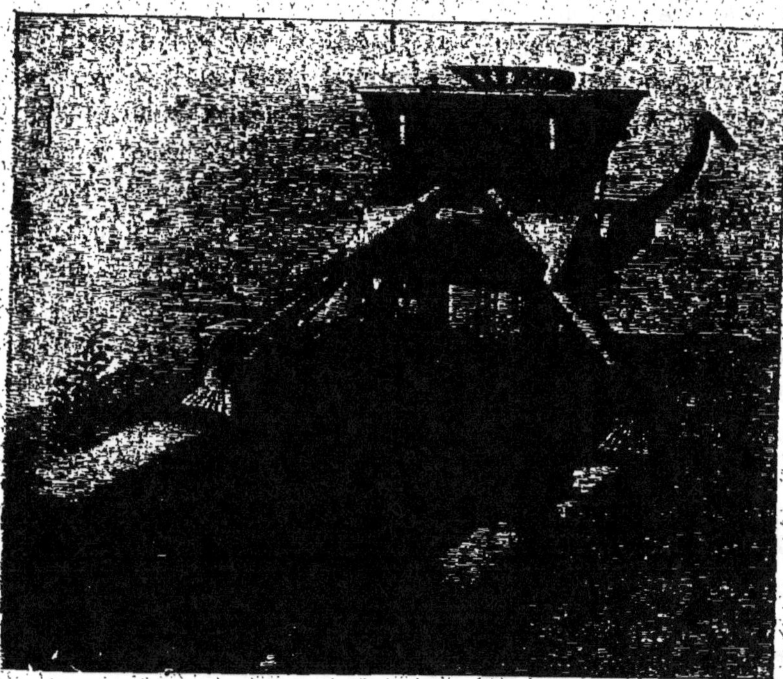

Fig. 121. — Épandeur d'engrais en bandes discontinues.

la distribution n'est plus uniforme ; l'engrais tombe par petites masses irrégulièrement distantes.

C'est avec des distributeurs du type *hérisson* que l'on constate les plus faibles causes d'irrégularité d'épandage.

La section des orifices d'écoulement joue un rôle important dans la régularité du débit. Les divers engrais commerciaux se comportent, à ce sujet, de façons différentes. Ainsi le diamètre minimum d'un tube de verre par lequel a pu s'effectuer spontanément l'écoulement d'un engrais tassé était : de 16 millim. pour le sang desséché, 30 millim. pour le nitrate de soude, 46 millim. pour le superphosphate et 55 millim. pour les sulfates de potasse et d'ammoniaque. Les vannes de réglage permettent d'employer la même machine pour épandre différents engrais.

Les épandeurs d'engrais pulvérulents distribuent ces engrais soit *à la volée*, soit *en lignes* ou *en bandes* continues ou discontinues (poquets).

Les machines à disques (fig. 122), qui utilisent la force centrifuge, peuvent être employées avec les engrais habituels, et avec les substances caustiques comme le sulfate de fer déshydraté; elles servent même de semoirs pour répandre les graines à la volée. La largeur de la nappe d'épandage varie de 4 à 10 mètres, suivant qu'on distribue des substances pulvérulentes ou des graines plus ou moins volumineuses. On doit les employer surtout par temps calme.

*Épandage en lignes et en bandes continues.* — On constitue facilement un épandeur d'engrais en lignes ou en bandes continues en accrochant sous le distributeur, au lieu de la planche éparpilleuse, une planche sur laquelle on cloue des planchettes de bois, larges de 8 à 10 centimètres et disposées obliquement, en les réunissant à la partie supérieure, de façon à former un V renversé. En les espaçant convenablement, on arrive à déposer l'engrais dans l'intervalle des lignes de racines ou de tubercules. Un principe analogue a d'ailleurs été appliqué pour quelques épandeurs construits spécialement dans ce but.

*Réglage et entretien d'un distributeur d'engrais.* — L'attention de l'agriculteur doit se porter avant tout sur la régularité de distribution de l'appareil. Le meilleur moyen de s'en rendre compte consiste à faire fonctionner le distributeur sur une route ou sur une surface plane, soigneusement balayée avant l'expérience. On voit facilement sur le sol comment l'engrais est réparti. Il est bon de réaliser trois expériences successives, à faible, à moyen et à fort débit. Parfois on étale une bâche sur le trajet du distributeur, mais les animaux hésitent alors à marcher sur cette étoffe; leur passage, la marche des roues du distributeur impriment en outre à la bâche des secousses qui modifient la répartition de l'engrais.

L'agriculteur doit procéder avec soin au réglage de son distributeur, c'est-à-dire le disposer de façon à répandre sur le sol
la quantité nécessaire. Les constructeurs fournissent toujours un
tableau de réglage indiquant la quantité d'engrais distribuée
lorsqu'on emploie tels engrenages, telle levée de vanne, etc.
Ces indications ne peuvent être que très approximatives,
puisque les engrais ne sont jamais semblables.

Chaque agriculteur, d'ailleurs, compose ses mélanges. En fait

Fig. 122. — Distributeur d'engrais permettant de le répandre
à la volée ou en lignes.

on règle par tâtonnements, en partant des indications fournies par le constructeur. Connaissant la largeur de l'instrument, la quantité d'engrais à épandre, il est aisé de calculer
le poids d'engrais correspondant à un déplacement donné de
l'appareil. Un distributeur de $2^m,50$ de largeur, par exemple,
déplacé de 100 mètres, aura couvert une superficie de
250 mètres carrés; s'il doit distribuer 1 200 kilogr. d'engrais
par hectare, c'est-à-dire sur 10 000 mètres carrés, il devra
épandre, pendant ce trajet de 100 mètres :

$$\frac{1\,200 \times 250}{10\,000} = 30 \text{ kilogrammes.}$$

Le praticien réglera ainsi l'appareil; on suspend, au-dessus du distributeur, un fragment de bâche, formant sac, pour recueillir l'engrais distribué ; on pèse cet engrais et on agit sur les organes de réglage jusqu'à ce que l'on ait obtenu le poids exact. Il importe de faire fonctionner le distributeur en plein champ, et sur une route, en raison de l'influence des secousses.

On peut aussi peser la quantité d'engrais mise dans le coffre, faire fonctionner le distributeur sur 100 mètres et peser le résidu. La différence des deux pesées donne le poids répandu.

Il faut, dès que l'épandage des engrais est terminé, vider le coffre, en renversant la machine, ou en basculant la caisse, le panneau mobile, laver à grande eau le distributeur, démonter les organes, les brosser, les essuyer et les faire sécher rapidement au soleil. Les pièces sont ensuite graissées à fond et remises en place.

## II. — ENGRAIS AZOTÉS.

Les engrais azotés tiennent la première place en agriculture. Les plantes ont en effet un vif besoin d'azote : plus une cellule est active, plus elle renferme d'azote. Ce sont les tissus les plus jeunes qui sont les plus riches en cet élément. On rencontre plus d'azote dans les grains que dans les balles et plus dans les balles que dans le chaume. L'azote est toujours accompagné dans le végétal par l'acide phosphorique et le soufre.

Sauf pour les légumineuses, les engrais azotés imposent donc au cultivateur plus de sacrifices que les autres engrais. Une récolte de 40 hectolitres de blé exporte en effet :

$$40 \text{ kilogrammes d'acide phosphorique.}$$
$$50 \quad — \quad \text{de potasse.}$$
$$100 \quad — \quad \text{d'azote.}$$

Il importe donc de bien connaître la valeur théorique et pratique de ces engrais azotés occasionnant, à côté de bénéfices indéniables, des dépenses élevées. On les classe en engrais *minéraux* fournis par le commerce et en engrais *organiques* livrés par la ferme.

## I. — ENGRAIS AZOTÉS MINÉRAUX.

*Généralités.* — Ces engrais sont très nombreux. En dehors des engrais azotés extraits du sol ou produits industriellement, il faut citer les engrais azotés produits récemment par synthèse : la cyanamide, le nitrate de chaux, etc... Ces engrais azotés sont d'une richesse variable. Nous résumons ici leur teneur en azote :

|  |  | Richesse en azote p. 100. |  |
|---|---|---|---|
| | Nitrate de soude | 15 à 16 | |
| Engrais minéraux azotés | Nitrate de potasse | 13,5 | et en outre 44 p. 100 de potasse. |
| | Sulfate d'ammoniaque | 20 à 21 | |
| | Crud ammoniacal | 5 à 15 | |
| | Cyanamide de calcium ou haux-azote (Frank et Carol) | 15 à 20 | |
| | Nitrate de chaux synthétique (Birkeland et Eyde) | 13,00 | |

### Nitrate de soude.

*Gisements.* — Si l'on néglige quelques faibles gisements aux États-Unis (Utah, Nevada, Californie), en Égypte, en Afrique, le nitrate de soude, en grande partie, est importé du Chili.

Le minerai natif est le *caliche*. Il est composé de nitrate de soude, de sulfates, de chlorures, de matières terreuses. Le caliche, suivant sa nature (blanco, rosado, negro, azufrado, macizo, poroso, etc...), renferme 15 à 35 p. 100 de nitrate de soude. L'origine de ces immenses gisements n'est pas encore clairement expliquée, malgré les théories diverses qui font intervenir le guano des côtes, les varechs, les ferments nitrifiés, l'électricité atmosphérique.

Transporté à l'usine, le caliche est épuré par dissolution et cristallisation. On obtient ainsi le nitrate de soude agricole à 95 p. 100 de pureté.

*Commerce.* — L'exportation du nitrate du Chili progressa rapidement à partir de 1830. De 341 384 quintaux importé à cette date, le Chili monte à 760 000 quintaux en 1839;

1 600 000 quintaux en 1844 ; 3.200.000 quintaux en 1870 ; 7 000 000 de quintaux en 1875 ; 10.000.000 de quintaux en 1882 ; 27.000.000 de quintaux en 1889 ; 30.000.000 de quintaux en 1902 ; 44.000.000 de quintaux en 1908 ; 50.700.000 quintaux en 1910.

La France en importait 2 millions de quintaux en chiffre rond.

*Caractères.* — Le nitrate commercial se présente sous forme de cristaux grisâtres d'apparence cubique, légèrement humides. Il dose de 15 à 16 p. 100 d'azote et doit être acheté sur analyse. Il est très hygroscopique ; on le conservera en magasin sec. Les sacs en absorbent jusqu'à 1 kilogr. Ces sacs entassés peuvent même s'enflammer. On les lavera en veillant à ce que le bétail ne boive pas ces eaux de lavage.

Le nitrate de soude demande à être réparti avec régularité : un épandage peu soigné déterminerait une inégalité de végétation, nuisible au développement des végétaux et pouvant amener la verse des céréales, l'abaissement de la richesse saccharine des betteraves, etc.

Il faut réduire en poudre les agglomérations de cristaux qu'on rencontre fréquemment dans les sacs de nitrate, en les brisant sur une aire plane et sèche à l'aide de battes, de pilons, ou en utilisant les *broyeurs de nitrate*.

*Épandage.* — Afin de faciliter la répartition de cet engrais sur toute la surface du champ, on peut le mélanger avec des matières inertes : sable, terre sèche, plâtre ou même chaux. Si l'on veut répandre sur la même parcelle d'autres engrais, on pourra les mélanger avec le nitrate de soude, sauf avec le superphosphate de chaux, qui provoquerait, par l'action de ses acides libres, le dégagement de vapeurs nitreuses et le départ de l'azote.

A cause de sa grande solubilité qui détermine son départ par les eaux d'infiltration, on n'épandra cet engrais qu'exceptionnellement avant l'hiver, époque pluvieuse, mais bien au printemps, en été et par doses fractionnées. L'action du nitrate n'est pas prolongée ; c'est un engrais annuel, le pouvoir absorbant du sol ne le retient pas.

L'engrais est répandu soit au moyen des distributeurs méca-

niques (fig. 121 et 122), soit à la volée, à la main, la matière
fertilisante étant placée dans un semoir en toile ou, mieux,
un semoir métallique.

Le nitrate de soude est épandu ordinairement à la dose
de 100 à 150 kilogr. sur les céréales et de 100 à 300 kilogr.
sur les betteraves, la répartition de l'engrais ayant lieu, dans ce
dernier cas, en plusieurs fois. Ces évaluations quantitatives

Fig. 123. — Exploitation du caliche au Chili.

sont évidemment des proportions moyennes; la dose d'engrais
à fournir dépend de multiples facteurs.

L'ouvrier qui épand ces engrais à la volée doit avoir les
mains saines : les coupures, les écorchures, les plaies de toute
nature seraient avivées par le nitrate de soude.

Le nitrate, étant très soluble, est rarement enfoui. On le sème
en couverture : si le sol est humide, le nitrate ira au devant du
végétal. On ne doit pas l'épandre par un temps pluvieux.

Si la sécheresse survient, le nitrate remonte avec l'eau par
capillarité ; la sécheresse se prolongeant, le nitrate s'accumule
à la surface du sol. Sur les terres argileuses, le nitrate de
soude augmente même les défauts de l'argile : on voit se former
une croûte superficielle qu'il faut détruire par des binages. Le
praticien évite d'épandre le nitrate avec du fumier pailleux,

qui, riche en microbes dénitrifiants, déterminerait le départ de l'azote.

C'est un engrais très actif qui donne de la vigueur aux plantes maladives (*jaunisse* du blé) et pousse à la production des organes végétatifs, feuilles, tiges, paille. Sous son action, la betterave développe ses feuilles, durcit et s'appauvrit en sucre, la pomme de terre en fécule. Les plantes sont très avides de nitrate, elles en absorbant à l'excès. Cet excès de nitrate favorise la verse et prédispose les plantes à l'attaque des maladies cryptogamiques, l'épiderme des végétaux gorgés de nitrate étant moins résistant. La végétation se trouve retardée, le grain se forme tard, le blé peut être échaudé.

Quelques effets nuisibles constatés avec le nitrate de soude (épis ne sortant pas de leur gaine) tiennent à la présence, dans ce sel, du perchlorate de potasse, très rare aujourd'hui.

La soude du nitrate peut remplacer en partie la potasse, si le sol est pauvre en ce second élément (pays de Caux).

## Sulfate d'ammoniaque.

On distingue le *sulfate blanc* ou sulfate d'ammoniaque proprement dit et le *sulfate noir* ou crud ammoniacal.

*Sulfate d'ammoniaque*. — On prépare le sulfate d'ammoniaque en saturant par l'acide sulfurique l'ammoniaque contenue dans les eaux ammoniacales provenant de la préparation du gaz d'éclairage, du coke, du traitement des eaux-vannes, etc.

La production française, malgré sa progression (40 000 tonnes en 1900 ; 50 000 tonnes en 1908 ; 57 000 tonnes en 1910), ne pouvait suffire à la consommation (80 000 tonnes environ en 1910). Aussi devons-nous importer cet engrais notamment d'Angleterre, pays gros producteur.

Ce sel ne se comporte pas, dans le sol, comme le nitrate de soude. Bien qu'il soit soluble dans l'eau, il reste dans le sol. Il est en effet décomposé par le calcaire du sol, donne du sulfate de chaux peu soluble et du carbonate d'ammoniaque, qui est retenu par le pouvoir absorbant du sol. Conclusion importante : ce sel ne partira pas dans les eaux de drainage, entraîné par les pluies ; *on peut donc l'enfouir directement* dans le sol.

Quelle est la vitesse de nitrification du sulfate d'ammoniaque? L'expérience suivante, due à Dehérain, fixe le praticien à cet égard :

*Vitesse de nitrification du sulfate d'ammoniaque (Dehérain).*

|  | Eau de drainage. | | Azote nitrique recueilli. | |
|  | Témoin. | Terre fumée avec sulfate d'ammoniaque. | Témoin. | Terre fumée avec sulfate d'ammoniaque. |
| --- | --- | --- | --- | --- |
|  | c. c. | c. c. | mgr. | mgr. |
| Du 5 au 14 janvier.......... | 2 900 | 1 910 | 52 | 112 |
| Du 24 janvier au 3 févri r.. | 1 840 | 3 150 | 27 | 178 |
| Du 3 février au 5 mai....... | 1 960 | 1 930 | 68 | 129 |
| Du 5 mai au 31 mai......... | 3 330 | 2 680 | 124 | 153 |
| Du 3 juin au 15 juillet...... | 7 850 | 6 820 | 375 | 2 039 |
|  | 17 880 | 16 510 | 646 | 2 611 |

*Différence en faveur de la terre fumée au sulfate d'ammoniaque : (2 611 — 646 =) 1 965 mgr.*

On voit qu'au mois de juin seulement l'engrais commençait à nitrifier activement (2 039 mgr. d'azote). Le praticien peut donc enfouir le sulfate d'ammoniaque à l'automne sans crainte d'entraînement par les eaux pluviales.

Le sulfate d'ammoniaque dose ordinairement 20 à 21 p. 100 d'azote ; il ne présente aucune causticité et peut être manié sans inconvénient. On écrase simplement les cristaux agglomérés pour réduire la masse totale à l'état de matière pulvérulente. Cet engrais peut être mélangé à des matières inertes, terre fine et sèche ou substances diverses, *à l'exception de celles qui pourraient occasionner une déperdition d'azote :* la chaux notamment provoquerait un dégagement d'ammoniaque. Le calcaire produit un effet analogue, mais moins sensible, lorsque la masse totale n'est pas humectée d'eau. Les scories de déphosphoration sont basiques, agissent comme la chaux et ne doivent pas être mélangées au sulfate d'ammoniaque.

On l'emploie à la dose de 100 à 150 kilogr. par hectare sur les céréales, 100 à 300 kilogr. sur les betteraves.

**Crud ammoniacal.** — Ce sel est un résidu d'épuration du gaz d'éclairage ; sa couleur brune tient au goudron qu'il renferme. Il contient, en proportions diverses, des sulfates, des ferrocyanures et des sulfocyanures. Le cultivateur devra donc l'acheter sur analyse et exiger une teneur en azote de 20 à 21 p. 100.

La présence des cyanures indique la toxicité de cet engrais. On devra l'employer à une date éloignée des semailles : les sels nocifs auront le temps de s'oxyder ; on l'épandra par exemple à l'automne pour les semis de printemps.

La présence des sels toxiques peut conseiller son emploi pour la destruction des mauvaises herbes dans les allées, la destruction des insectes, des vers.

### Nitrate de potasse.

Ce sel, pur, se présente sous forme de cristaux blancs (prismes droits à base rhombe) ; il dose 13,5 p. 100 d'azote.

A cause de son prix élevé, on emploie seulement le sel impur mélangé de 5 à 20 p. 100 d'impuretés. On ne devra donc acheter cet engrais que sur analyse. Il dose, outre l'azote, 41 à 45 p. 100 de potasse. Le nitrate de potasse agit à la fois comme engrais azoté et potassique.

### Cyanamide.

Ce nouvel engrais synthétique s'obtient par synthèse en faisant passer un courant d'azote sur un mélange de chaux et de charbon ou, mieux, sur du carbure de calcium maintenus au rouge blanc dans un four électrique (fig. 124).

L'azote nécessaire est emprunté à l'air, qu'on débarrasse de son oxygène en le faisant passer sur de la tournure de cuivre chauffée au rouge ou obtenu par les appareils G. Claude ou Linde (1).

La cyanamide de calcium se présente sous forme de poudre brune contenant soit 15 à 16 p. 100 d'azote, soit 17 à 20 p. 100 d'azote (deux dosages). On y dose en outre 55 à 70 p. 100 de chaux, 10 p. 100 de charbon, 9,5 p. 100 de fer et alumine, etc.

On incorpore cet engrais par un coup de herse, huit à

_______
(1) Voy. PLUVINAGE, *Industrie et Commerce des Engrais.*

quinze jours avant les semailles ou la plantation, afin que la dicyanamide qu'elle contient n'agisse pas défavorablément.

Cet engrais ne doit donc jamais être employé en couverture comme les nitrates et le sulfate d'ammoniaque.

La cyanamide renferme également de la chaux. Conservée dans un local humide, la chaux de cet engrais foisonne, et les sacs crèvent ; en outre, l'ammoniaque se dégage.

S'il reste dans cet engrais comme impureté du carbure de calcium, il peut se dégager, sous l'influence de l'humidité, de l'acétylène. Pour ces diverses raisons, on devra donc utiliser la cyanamide dès réception.

Comme ce sel contient, outre l'azote, 55 à 70 p. 100 de chaux, c'est un engrais intéressant qu'on essaiera avantageusement par des expériences culturales.

La guerre a favorisé le développement de son usage, et l'agriculture possède ainsi une nouvelle source de fertilisation capable de concurrencer les nitrates du Chili. Commencée en 1908, la production de la cyanamide était parvenue pour la France à 5 000 tonnes.

## Nitrate de chaux.

MM. Birkeland et Eyde ont obtenu ce nouvel engrais azoté par voie électrique. L'azote est emprunté à l'air grâce à des effluves produits dans un four spécial par des courants de haute fréquence. On obtient ainsi des gaz nitrés, qui sont conduits dans un appareil où s'achève leur oxydation. L'acide nitrique formé est condensé et recueilli dans des tours de maçonnerie remplis de fragments de quartz et traversés par un courant d'eau en sens inverse qui dissout et retient l'acide nitrique formé. Cet acide nitrique agit ensuite sur du carbonate de chaux ; par concentration, on obtient du nitrate de chaux livré au commerce à l'état pulvérulent. Divers procédés dus à Harry Pauling, Kowalsky et Schlasing, peuvent être appliqués industriellement.

Cette industrie, extrêmement intéressante, est liée, comme la production de la cyanamide, au concours de forces hydrauliques puissantes.

Le nitrate de chaux (13 p. 100 d'azote), le nitrite de chaux, sels hygroscopiques, sont expédiés dans des caisses de sapin doublées de papier ou dans des tonneaux de 50 kilogr. ; on devra utiliser totalement tout tonneau entamé.

Apportant à la fois azote et chaux, le nitrate de chaux est un excellent aliment pour les plantes.

D'après les expériences récentes, cet engrais est très efficace; son action est légèrement inférieure à celle du nitrate de soude, probablement parce que l'influence sur les propriétés physiques du sol est différente. Le nitrate de soude favorise l'ascension de l'eau du sol et restreint la perméabilité. Les nitrates et les nitrites de chaux développent au contraire la perméabilité (Garola).

Signalons encore le nitrate d'ammoniaque (procédé Oswald), l'azoture d'aluminium (procédé Serpek), etc.

### Valeur des engrais azotés minéraux.

La comparaison des cours et des effets culturaux doit indiquer l'engrais azoté le plus avantageux à employer.

Le nitrate de soude, très soluble, sera employé à une époque où les drains ne coulent pas. Il existe, en fait, trois périodes de semailles correspondant aux cultures d'automne, de printemps, d'été. C'est tout à fait exceptionnellement qu'on épandra le nitrate avant l'hiver, en petite quantité (50 kilogr. à l'hectare), si la végétation semble languissante.

En règle générale, nous l'avons vu, on épand le nitrate au début de la végétation, quand les plantes commencent à partir. Pour les cultures de printemps, on peut l'utiliser immédiatement avant les semailles (betteraves, en profondeur) ou sur les jeunes plants (blé, en couverture).

Sur les cultures d'été, la partie superficielle du sol serait trop sèche pour que le nitrate pénètre : on l'enfouit par le labour de semailles (sarrasin, moutarde blanche).

Il est prudent de ne pas employer trop de nitrates, l'excès d'engrais azoté soluble retarde la végétation, fait craindre la verse, l'échaudage. Il est toujours excellent de fractionner l'épandage en choisissant le moment où le sol est légèrement humide. Par exemple, pour les betteraves, on épand 300 kilogr.

de nitrate en trois fois, 100 kilogr. aux semailles, 100 kilogr. au premier binage, 100 kilogr. au deuxième binage. Sur le blé, on peut épandre la totalité en couverture. Cependant si, au tallage, on s'aperçoit que le nombre des tiges est insuffisant (1), un apport de nitrate est avantageux au moment où le chaume commence à monter. Ainsi surveillé et contrôlé, l'emploi de nitrate ne risque pas de favoriser la production de la paille

Fig. 124. — Usine pour la fabrication de la cyanamide à Notre-Dame de Briançon (Savoie).

au détriment du grain. Des expériences de Wagner ont montré que du nitrate épandu judicieusement jusqu'en juin ne nuisait pas à la production du grain (blé et avoine). L'emploi rationnel du nitrate exige la connaissance exacte du sol et des exigences de la plante. On se réglera, d'autre part, sur la rigueur de saisons : en hiver doux, le nitrate peut amener la verse.

La supériorité du nitrate de soude sur le sulfate d'ammoniaque dépend de la nature des saisons, comme le montre l'expérience suivante exécutée à Rothamstedt :

(1) Sur une bonne terre, on doit compter 400 chaumes au mètre carré.

| | Blé. | |
|---|---|---|
| | 1882. Année pluvieuse. Hectolitres. | 1887. Année sèche. Hectolitres. |
| I. Nitrate et engrais minéraux. | 29,34 de grains. | 36,30 de grains. |
| II. Sels ammoniacaux | 31,68 — | 26,83 — |
| III. Nitrate (quantité double) | 32,24 — | 39,42 — |
| IV. Sels ammoniacaux (quantité double) | 39,23 — | 32,92 — |

En année sèche, le nitrate se montre supérieur au sulfate; en année humide, un phénomène inverse se produit.

En employant du nitrate de soude et du sulfate d'ammoniaque absolument purs de germes nitrificateurs, on a vu que la récolte était la même, mais les plantes fumées au nitrate, par suite de la diffusion de cet engrais, possédaient, aux racines, un chevelu bien plus abondant que les plantes fumées au sulfate d'ammoniaque. Si l'année est sèche, les racines des végétaux fumés au nitrate s'enfonçant plus profondément vont puiser l'eau plus loin, la récolte reste satisfaisante; avec les racines relativement courtes des plantes fumées au sulfate, la récolte souffre de la sécheresse et se montre inférieure.

Si l'année est humide, le sulfate montre une certaine supériorité pour deux raisons : 1° parce que le nitrate s'en va par les eaux de drainage ; 2° parce que les racines longues ne présentent plus aucun avantage, les plantes s'abreuvant abondamment dans les assises superficielles du sol ; enfin, avec le sulfate, les inconvénients de l'excès de nitrate ne sont pas à craindre. Il ne faut pas oublier, au surplus, les considérations économiques et faire entrer en ligne de compte dans les essais les cours de ces deux engrais.

Sous un climat sec, sur des terres légères, on emploiera de préférence le nitrate de soude. Sur les terres fortes, il sera avantageux d'associer le nitrate au sulfate; on assurera ainsi une action plus régulière, plus continue. Cette association des deux engrais azotés est souvent avantageuse. On mettra un quart ou un tiers de l'engrais total en sulfate, si la terre est sèche ; la moitié si le sol est argileux.

Il faut également tenir compte de la valeur marchande des plantes auxquelles on applique le nitrate. C'est ainsi que l'emploi de cet engrais, rémunérateur pour le blé, la betterave, peut se trouver contre-indiqué pour le foin. On épandra du nitrate sur les prairies les années seules où le foin se vend très cher. Son emploi sert à régler la flore des prairies : le nitrate de soude favorise la propagation des graminées, les engrais potassiques favorisent l'extension des légumineuses. On a ainsi deux facteurs capables d'agir dans un sens déterminé.

Le nitrate de soude est délicat à employer : il faut connaître les terres, raisonner sur les faits observés, s'inspirer des circonstances, de la nature des plantes cultivées. C'est par une suite d'observations, de remarques qu'on arrivera à son emploi judicieux. Le praticien avisé doit, suivant une image exacte, due à M. Schribaux, se promener sur son domaine « avec du nitrate dans sa poche ».

### Exigences des plantes cultivées en azote.

Les plantes sarclées réclament en principe plus d'azote que les végétaux cultivés pour leurs grains.

*Légumineuses.* — Les légumineuses peuvent puiser l'azote de l'air, et cette faculté rend difficile l'utilisation rationnelle du nitrate de soude. Pour le blé, la quantité de matière sèche obtenue est proportionnelle à la quantité d'azote accordée, il n'en est plus de même avec les légumineuses. Après la période germinative, les légumineuses traversent une période critique un mois environ (trois semaines pour le lupin), pendant laquelle la légumineuse utilise l'azote du sol. Ce délai dépassé, la plante, organisée, absorbe l'azote atmosphérique grâce aux bactéries des nodosités de ses racines. Pendant la période critique, les légumineuses ont donc besoin d'azote. Si la végétation paraît languissante, on épandra alors un peu de nitrate (50 kilogr. à l'hectare). Il faut enfin se souvenir que la légumineuse, d'après la loi du moindre effort, préférera toujours l'azote du sol à celui de l'air ; en sol riche, les nodosités des racines sont moins développées qu'en terrain pauvre.

La luzerne, ensemencée dans le sable, jaunit jusqu'à six semaines, puis elle se fane, développe ses nodosités et se remet ensuite à pousser vigoureusement. On ne peut donc dire, en lait, que les engrais azotés sont peu utiles aux légumineuses.

Cependant un apport de 100 kilogr. de nitrate sur des pois augmente la récolte de 40 p. 100. Quand la sole de légumineuse paraît souffrir, une petite quantité de nitrate assure un nouveau départ de la végétation.

*Vieilles prairies.* — Ces cultures possèdent de fortes réserves d'azote représentées par les détritus organiques qui s'accumulent à leur surface, mais cet azote organique est immobilisé. Un apport de chaux, de scories, mettra en circulation cet azote qui nitrifiera activement. Le nitrate n'est indiqué, nous l'avons dit, que si le foin se vend cher. Dans les tourbières hautes, cependant, le nitrate de soude donne parfois de bons résultats.

*Céréales.* — Le blé, dans les cultures intensives du Nord et des environs de Paris, vient après betteraves et profite des abondantes fumures de cette plante sarclée. On emploiera une faible dose d'engrais azotés (150 kilogr. à l'hectare) les années mauvaises, lorsque la céréale souffre.

Si la terre cultivée manque de tous les éléments fertilisants, il faudra d'abord épandre des phosphates et des engrais potassiques.

**Quantité de nitrate de soude à employer.** — Pour estimer approximativement les doses à employer, on consultera le tableau suivant :

*Cent kilogrammes de nitrate de soude, dans les conditions les plus favorables, peuvent déterminer une augmentation de rendement d'environ :*

| | | |
|---|---|---|
| 300 kilogrammes de blé, plus la paille correspondante | | |
| 300 — de seigle — — |
| 400 — d'orge — — |
| 400 — d'avoine — — |
| 180 — de navette — |
| 1 800 — de pommes de terre, plus les fanes |
| 3 200 — de betteraves à sucre, plus les feuilles |
| 2 700 — — fourragères, plus les feuilles |
| 2 600 — de carottes fourragères, plus les feuilles |

Ce tableau permet de déterminer le poids de nitrate nécessaire pour obtenir l'augmentation de récolte désirée.

Ces chiffres sont évidemment approximatifs, car nous supposons que tout le nitrate est utilisé, ce qui dépend du temps, de l'abondance des pluies ; d'autre part, d'après la loi du minimum, c'est l'élément fertilisant existant en moindre quantité

Fig. 125. — Une usine de nitrate au Chili.

qui régirait la productivité du sol. La règle précédente ne s'appliquera donc que si la terre est abondamment pourvue d'acide phosphorique, de potasse. Il faut, de plus, tenir compte des principes nutritifs que possède la terre par elle-même et des ressources en eau que le sol met à la disposition des plantes.

On peut enfin se reporter aux indications suivantes :

*Quantité d'azote nitrique ou ammoniacal à répandre par hectare.*

|  | Azote nitrique ou ammoniacal |
|---|---|
| Céréales | 15 à 40 kilogr. |
| Pommes de terre | 25 à 30 — |
| Betteraves | |
| Carottes | 25 à 75 — |
| Chanvre | |
| Betteraves fourragères | 25 à 75 — |
| Colza, navette, pavot | |
| Lin et chanvre | 25 à 45 — |
| Tabac | 15 à 30 — |

Connaissant la teneur en azote des principaux engrais azotés, on aura une indication précieuse sur la proportion des engrais à épandre. Les divers engrais azotés doivent représenter ensemble environ la moitié de l'azote fixé par la récolte.

## II. — ENGRAIS AZOTÉS ORGANIQUES.

Ces engrais sont très nombreux. Leur valeur dépend de leur richesse en azote et de leur *vitesse de nitrification.*

On a recherché la quantité de nitrate fournie par ces engrais dans un temps donné ; ainsi a-t-on pu établir le classement suivant (Müntz et Girard, Petermann, Wagner) :

1° Corne torréfiée.
2° Engrais verts.
3° Sang desséché.
4° Tournure de corne.
5° Fumier de vache.
6° Poudrette, etc.

Dans leur estimation il faut tenir compte, en outre de l'humus qu'ils apportent, de leur influence sur les propriétés physiques des terres ; on évaluera leur teneur en acide phosphorique, potasse, etc.

En règle générale, ces engrais livrent l'azote à un prix relativement élevé : on les utilise lorsque le fumier est en quantité restreinte.

Les tourteaux, les déchets de meunerie sont parfois dangereux : ils contiennent des spores de diverse nature, des semences de mauvaises herbes. Dans l'achat des engrais azotés organiques on aura toujours recours à l'analyse.

La richesse des engrais azotés organiques est la suivante :

| | Azote. p. 100. | Acide phosphorique. p. 100. | Potasse. p. 100. |
|---|---|---|---|
| Sang desséché............. | 12 | 1 | » |
| Viande desséchée..... | 8 à 10 | » | » |
| Corne torréfiée........... | 13 | » | » |
| Guano de poisson azoté. | 8 | 4 | » |
| Déchets de laine,...... | 4 | 0,5 | » |
| Cuir torréfié............. | 7 | » | » |
| Tourteaux de sésame sulfuré............. | 7 | 2 | 1,5 |
| Colza exotique........... | 5,5 | 2 | 1,2 |

*Épandage des engrais azotés organiques.* — Les engrais azotés organiques se présentent sous des apparences très diverses, soit à l'état de copeaux (râpures de cornes, déchets de cuir), de filaments (laine brute, poils, tontisses, crins, plumes), de fragments (chiffons, rognures de sabots, marcs de colle, déchets de boyaux, engrais de poisson, débris d'insectes, cretons, etc.), de masses pulvérulentes (sang desséché, chair desséchée, guanos, poudre de poisson). On devra les diviser et les réduire en poudre.

On épand ces engrais en nature, en ayant soin de les disséminer le plus régulièrement possible. Il est bon de faire suivre l'ouvrier qui sème ces engrais d'un homme armé d'un râteau qui égalise les amas de substances fertilisantes et empêche les amoncellements.

Les engrais azotés organiques pulvérulents sont répartis facilement et peuvent être mélangés à des substances inertes. La chaux n'a d'action nuisible que lorsque l'engrais azoté contient de l'ammoniaque provenant de fermentations. Il faudra donc éviter de mélanger la chaux au guano, une certaine partie de l'azote de cet engrais restant à l'état ammoniacal.

En règle générale, les engrais azotés organiques doivent être épandus à l'automne, la nitrification ayant besoin d'agir pour rendre leur azote assimilable. Le guano seul, en raison de sa composition, pourra être employé aux mêmes époques et dans les mêmes conditions que le sulfate d'ammoniaque.

## III. — ENGRAIS PHOSPHATÉS.

### Phosphates de chaux.

Les différents engrais phosphatés sont livrés par le commerce sous forme de fines poussières. Le degré d'assimilation des phosphates insolubles dépendant de leur état de ténuité, il y a grand intérêt à exiger du vendeur la notification du degré de finesse. Par suite de la diversité de leurs origines, phosphorites, scories, sables et craies phosphatés, superphosphates, les phosphates présentent une agrégation moléculaire et une finesse bien différentes.

L'importance de ces engrais s'explique par ce fait que, sur 50 millions d'hectares de terres cultivées en France, 40 millions demandent des engrais phosphatés.

On distingue parmi ces engrais : 1° les phosphates naturels ; 2° les phosphates d'origine organique ; 3° les phosphates métallurgiques (scories) ; 4° les superphosphates ; 5° les phosphates précipités.

1° **Phosphates naturels**. — Ces phosphates tricalciques sont extraits directement du sol. Divers étages géologiques en renferment sous forme d'apatite, de nodules, de sables, craies phosphatées, etc.

Insolubles dans l'eau, leur emploi direct est peu répandu ; ils servent pour la plupart à fabriquer des superphosphates.

On peut cependant recommander leur utilisation lorsque le cultivateur les obtient sur place à très bas prix. Il est indispensable de les faire analyser et de procéder à des essais culturaux.

L'*apatite* est une combinaison du phosphate de chaux (58 à 79 p. 100) avec du fluorure de calcium (5 à 6 p. 100), du chlorure de calcium. On y dose également une certaine quantité de silice, oxyde de fer, carbonate de chaux, etc.

Par suite de sa structure cristalline, l'apatite est difficilement assimilable par les végétaux et ne sert ordinairement qu'à fabriquer les superphosphates.

Parmi les phosphates minéraux amorphes, on rencontre les

*phosphorites* du Lot, du Gard, dosant 45 à 50 p. 100 environ de phosphate de chaux tribasique, 11 p. 100 de carbonate de chaux, associés en outre à des oxydes de fer et d'alumine.

Les *nodules phosphatés* contiennent environ 35 à 50 p. 100 de phosphate de chaux et 4 à 10 p. 100 de carbonate de chaux. Moulus en poudre fine, ces phosphates sont employés directement pour la fumure des sols granitiques ou acides. On

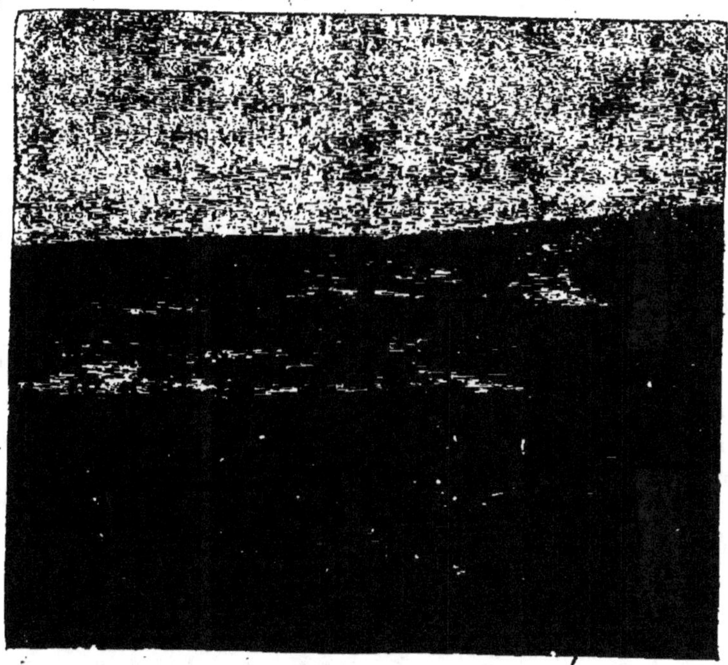

Fig. 126 — Mine de phosphate en Tunisie.

rencontre ces nodules dans les Ardennes, la Meuse, la Marne, l'Aube, l'Yonne, le Cher, l'Ain, l'Ardèche, la Drôme, le Gard, les Vosges, la Côte-d'Or, etc...

Les *phosphates arénacés* ou *sables phosphatés* de la Somme, du Pas-de-Calais, dosent de 80 à 85 p. 100 de phosphate de chaux (variété blanche), 50 à 70 p. 100 (variété jaune) ou 50 p. 100 (variété rouge). Desséchés et broyés, ces sables sont employés généralement à la fabrication du superphosphate.

Les *craies phosphatées*, broyées puis soumises à la lévigation, arrivent à doser 40 à 53 p. 100 de phosphate tribasique. Calcinées, ces craies donnent le *thermo-phosphate*, très assimilable et contenant une certaine quantité de chaux vive.

A Gafsa, dans le Sud-tunisien, des gîtes importants de phosphates (55 à 60 p. 100 de phosphate de chaux tribasique) sont exploités (fig. 126), ainsi qu'à Nassor-Allah, Djebel-Jando, dans la province de Constantine.

On *enrichit* ces phosphates par séparation (grilles classeurs, tables à secousses), par lavage, par triage, par divers procédés chimiques.

**2° Phosphates organiques. — Phosphates d'os.** — Les os bruts sont constitués par des matières organiques, azotées et grasses, unies à du phosphate de chaux (48 à 57 p. 100), à du carbonate de chaux (2 à 5 p. 100 environ), du phosphate de magnésie (2 p. 100), des sels alcalins, etc...

Il est très difficile de concasser les *os verts* naturels ; on doit les dégraisser par ébullition dans l'eau, sécher, torréfier légèrement et broyer.

L'industrie nous offre divers produits. Les *poudres d'os* présentent dans leur composition de notables différences et doivent être achetées sur titre garanti, en exigeant un état de finesse convenable.

Ces poudres d'os dosent en général 54 p. 100 de phosphate de chaux, 5 à 6 p. 100 de carbonate de chaux, 27,5 p. 100 de matière organique, 10 p. 100 d'eau.

On recommande d'employer cet engrais après l'avoir laissé fermenter quelque temps, mais il faut, pour éviter les déperditions d'azote, mélanger avec 5 ou 10 p. 100 de son poids de plâtre cuit, ajouter de la terre fine, en arrosant le tas avec de l'eau et du purin. La quantité employée est de 500 à 600 kilogr. par hectare sur céréales, 200 à 500 kilogr. sur prairies. On épand assez longtemps avant les semailles et l'on enterre par un scarifiage.

Les *cendres d'os* proviennent de gisements d'os de ruminants accumulés au pied de la chaîne des Andes (Amérique). Carbonisés, puis moulus, ils renferment 66 à 78 p. 100 de phosphate de chaux et de magnésie, 10 p. 100 de carbonate de chaux.

Les *os dégélatinés*, très friables, sont pulvérisés, et donnent une poudre fine dosant 60 à 70 p. 100 de phosphate de chaux, 1 à 2 p. 100 d'azote. On les utilise surtout pour la fabrication des superphosphates.

Ces os dégélatinés livrent l'acide phosphorique sous une forme aussi assimilable que celle des scories, mais leur prix est en général sensiblement plus élevé.

Fig. 127. — Fabrication des scories.

Le *noir animal* provient de la calcination des os en vase clos. Le noir animal des raffineries se présente sous forme de poudre fine, homogène, dosant 45 à 67 p. 100 de phosphate de chaux, 1 à 3 p. 100 d'azote, 32 à 40 p. 100 d'eau ; on le fraude souvent.

Les noirs de sucrerie, en grains plus ou moins gros, dosent 65 à 75 p. 100 de phosphate, 5 à 10 p. 100 d'eau, sans trace de matière azotée.

Les noirs azotés ou noirs de raffinerie conviennent aux

terres épuisées sablo-argileuses (5 à 10 hectolitres par hectare).

Pour les défrichements, l'azote étant inutile, on emploie le noir de sucrerie. Sauf les cas de défrichement, il est préférable de mélanger les noirs au fumier de ferme, au purin.

**3° Phosphates métalliques ou scories de déphosphoration.** — Les scories sont un résidu de la fabrication de l'acier et du fer doux. La présence d'une trace de phosphore rendrait le métal cassant. On pratique la déphosphoration de la fonte en introduisant dans le convertisseur Bessemer, porté à 1.800 ou 2 000° C., 20 p. 100 de chaux vive, et en projetant par le fond perforé un violent courant d'air. Au bout de quinze minutes le convertisseur, en basculant, déverse dans des wagonnets les scories, broyées, blutées ensuite de manière à se présenter dans un état de ténuité extrême (75 à 80 p. 100 au tamis n° 100).

On dose, dans les scories, 12 à 14 p. 100 d'acide phosphorique, 50 p. 100 en moyenne de chaux, 3 à 20 p. 100 de magnésie, sans compter de la silice, des protoxydes de fer, de manganèse, etc.

Le phosphate des scories est un phosphate quadricalcique très soluble dans les acides faibles et par conséquent assimilable et actif.

Cet engrais est excellent à cause de la chaux qu'il contient (50 p. 100 environ). Au début, on remarqua que les cultivateurs au voisinage des pays de l'Est enrichissaient rapidement leurs terres au moyen de ces résidus. Ils les exposaient à l'air : la chaux caustique se délitait et laissait un engrais pulvérulent.

Les résultats obtenus déterminèrent un vif mouvement en faveur des scories de déphosphoration, dont le commerce prit bientôt une ampleur considérable, et les prix augmentèrent. Depuis quelques années, les cours restaient fixes ; les métallurgistes se sont d'ailleurs associés pour régulariser la vente des scories.

Livrées en poudre impalpable, les scories se divisent encore dans le sol, grâce à la présence de la chaux. Les scories provenant des fours Martin sont moins estimées que celles des fours Bessemer. Certains maîtres de forge ajoutent dans le convertisseur Bessemer des phosphates naturels pour augmenter le taux en phosphore des scories. On doit toujours connaître la teneur des scories achetées : il faut que 80 p. 100 du phosphate soient solubles dans le réactif de Wagner et que 75 à 80 p. 100 de la matière passent au tamis n° 100.

Il importe de se défier de certaines fraudes. On ajoute parfois aux scories des craies phosphatées, des phosphates arénacés.

4° **Superphosphates.** — Afin d'obtenir un phosphate de chaux plus assimilable, un phosphate acide de chaux, soluble dans l'eau, on traite par l'acide sulfurique les phosphates tricalciques.

On obtient ainsi les *superphosphates* qui sont, en réalité, par suite de réactions complexes, un mélange de phosphate monocalcique soluble dans l'eau, de phosphate tricalcique inattaqué, de phosphate bicalcique, de phosphate de fer, d'alumine, d'acide phosphorique libre, etc. Le phosphate acide peut même, en réagissant sur le phosphate de chaux ou le carbonate de chaux, *rétrograder* à l'état de phosphate bicalcique (insoluble dans l'eau, mais soluble dans les citrates, et par conséquent actif sur la végétation), ou encore à l'état de phosphate de fer et d'alumine insolubles.

On peut employer, pour solubiliser les phosphates, l'acide phosphorique au lieu de l'acide sulfurique En fait, cet acide phosphorique est obtenu en traitant les phosphates par une quantité d'acide sulfurique, juste suffisante pour saturer toutes les bases ; le produit obtenu, le *superphosphate enrichi,* dose de 30 à 40 p. 100 d'acide phosphorique soluble.

Les superphosphates ordinaires dosent environ 14 p. 100 d'acide phosphorique soluble dans l'eau ou le citrate, selon leur origine, c'est-à-dire selon qu'ils proviennent d'apatites, de phosphorites, de phosphate d'os, d'os dégraissés et de noir animal, de guano, etc.

On distingue, suivant leur origine, les *superphosphates minéraux* et les *superphosphates d'os verts* ; tous deux dosent 14 p. 100 environ d'acide phosphorique. Le superphosphate d'os vaut plus cher que le superphosphate minéral ; il faut tenir compte en effet de la proportion de matière azotée qu'il renferme.

En outre, il ne contient ni fer ni aluminium et sa rétrogradation paraît moins à craindre. Malgré ces avantages, en principe on préfère souvent les superphosphates minéraux, à cause de leur teneur en sulfate de chaux, en plâtre, amendement précieux.

Le superphosphate acheté doit être bien sec, sans excès d'acide qui brûlerait les sacs, qu'il faut d'ailleurs toujours vider.

**5° Phosphates précipités.** — En traitant les os par l'acide chlorhydrique étendu, qui dissout les phosphates et les carbonates, et en précipitant par un lait de chaux, on obtient un mélange de phosphates bi et tricalciques.

Il faut ensuite essorer, laver à la turbine, sécher à basse température. Après pulvérisation, il reste une poudre blanche très fine, dosant 36 à 40 p. 100 d'acide phosphorique.

Ces phosphates sont surtout intéressants pour l'exportation aux colonies, à cause de leur richesse sous un faible poids. Ils contiennent de l'acide phosphorique bicalcique très fin. L'assimilabilité de cet engrais peut cependant être faible si sa fabrication est défectueuse.

Signalons enfin le phosphate de potasse, qui contient deux engrais, acide phosphorique et potasse, mais est réservé, à cause de son prix, à la floriculture.

### Emploi des engrais phosphatés.

*Influence du sol.* — *Sols tourbeux.* — Sur les terres tourbeuses, sur les terres de bruyères, les vieilles prairies, sols qui se caractérisent par leur acidité, on emploiera des doses massives de scories (1 500 kilogr. à l'hectare). Les acides humiques de ces terres fabriqueront, avec les scories, des superphosphates. Le même fait se produirait avec les phosphates naturels, mais les scories offrent l'avantage d'apporter de la chaux qui aide à la nitrification.

*Sols calcaires.* — Les sols calcaires, au contraire, ne présentent pas de réaction acide ; l'acide carbonique qu'ils peuvent renfermer se combine au calcaire pour former du bicarbonate de chaux. On épandra donc des superphosphates, en se bornant à rapporter aux parcelles un peu plus que ce que la récolte a exporté.

*Sols intermédiaires.* — Sur les terres qui ne sont ni calcaires ni acides, le praticien emploie en tête d'assolement (betteraves), sur un labour profond d'automne (30 à 35 centim.), un « phosphatage de fond » avec des scories (1 000 à 1 500 kilogr. à l'hectare). Les années suivantes, sur les soles de blé, d'avoine, on pratique un « phosphatage d'entretien » avec des superphosphates (300 kilogr. avant les semailles). La jeune plante traversant la période critique au début de sa végétation trouvera ainsi l'acide phosphorique directement assimilable des superphosphates. Plus tard elle puisera à l'acide phosphorique des scories immobilisées dans le sol, grâce au pouvoir absorbant, dans les couches profondes.

*Quantités à employer.* — Il n'y a aucun inconvénient à forcer les doses, l'acide phosphorique étant fixé dans le sol par le pouvoir absorbant. On épandra à l'hectare, la première année, 1 500 kilogr. d'engrais phosphatés et même plus si les terres sont acides. En sol calcaire, le phosphate monocalcique se transforme en acide bi et tricalcique insoluble et donne avec le fer, l'alumine, des phosphates non assimilables. On emploiera donc modérément de superphosphates, un peu plus que ce que réclament les récoltes.

Pour les sols ordinaires, on pratique, nous l'avons dit, un phosphatage de fond et des phosphatages d'entretien accordant au sol ce que la récolte prélève (betterave, blé, avoine : 50 kilogr. d'acide phosphorique environ à l'hectare). On enfouira donc environ 300 kilogr. de superphosphate chaque année par un labour léger.

Au bout de combien de temps peut-on cesser les phosphatages de fond ? Au bout de quinze à vingt ans, c'est-à-dire après quatre ou cinq phosphatages, la terre possède un fond d'acide phosphorique précieux. Aux environs de Paris, sur des terres jadis pauvres, grâce à ces phosphatages de fond, l'acide phosphorique « ne manque plus ». Dans la vallée de la Moselle, des sols stériles ont été totalement modifiés en trois ans par des apports annuels de 1 500 kilogr. de scories, pour une dépense relativement faible.

L'action des scories, malgré la rétrogradation que l'on enraye par un actif travail du sol, se fait sentir plusieurs années : cinq ou six ans. Le tableau suivant documente avec précision ces faits.

*Excédents de récolte obtenus sur une prairie ayant reçu 300 kilogr. de scories.*

| | |
|---|---|
| Un an après l'épandage.................... | 700 kilogr. |
| Deux ans après l'épandage .......... | 2 300  — |
| Trois ans après l'épandage.. ...... | 2 600  — |
| Quatre ans (année sèche) après l'épandage.................... | 1 450  — |
| Cinq ans après l'épandage.......... | 2 950  — |

Cette excellente action des scories se fait surtout sentir sur les vieilles prairies : pour une dépense modique d'engrais, on peut avoir un excédent de récolte de 10 000 kilogr. de foin. Les bonnes espèces fourragères se développent, les légumineuses prédominent surtout si l'on ajoute également des engrais potassiques.

Voici quelques indications à ce sujet :

*Flore des prairies.*

| | Parcelle sans engrais. p. 100. | Parcelle phosphatée (1 000 kilogr. de nodules à l'hectare). p. 100. |
|---|---|---|
| Légumineuses............ | 10 } 25 | 29 } 56 |
| Bonnes graminées ..... | 15 } | } |
| Graminées des terrains humides............ | 26 | 13 |
| Plantes indifférentes... | 13 | 8 |
| — nuisibles ...... | 36 | 23 |
| | 100 | 100 |

On obtient donc 56 p. 100 de bonnes espèces au lieu de 25 p. 100, et 23 p. 100 de plantes nuisibles au lieu de 36 p. 100.

Dans la vallée de la Meuse, les scories ont fait disparaître les scabieuses remplacées par la gesse des prés. Il est recommandable de ne pas couper la première coupe afin de ne pas compromettre la pousse active des légumineuses qui sont en train d'étouffer, par leur végétation luxuriante, les espèces médiocres ou mauvaises.

De plus, la qualité du foin s'améliore. L'acide phosphorique est inséparable de l'azote dans les tissus végétaux ; l'herbe des prairies phosphatées est plus riche en azote, en acide phosphorique : trois tonnes de foin phosphaté valent quatre tonnes de foin non phosphaté. L'acide phosphorique de ces fourrages est très assimilable et joue un rôle utile dans la guérison de l'ostéomalacie, la production d'un lait riche en lécithines, etc.

Sur une parcelle de blé on a épandu 500 kilogr. de scories chaque année pendant dix ans, une parcelle voisine a reçu un apport global de 5 000 kilogr. de scories : la culture du blé s'est montrée plus rémunératrice sur la seconde parcelle.

*Chaulage.* — Le phosphatage doit-il précéder le chaulage ? Aux envions de Nantes, le noir animal s'employait largement, par suite du voisinage des raffineries ; lorsqu'on chaula parallèlement les terres, le noir ne produisit plus aucun résultat. « La chaux brûle le noir, » disent les Bretons.

Il ne faut pas pratiquer simultanément ces deux opérations. On commence par phosphater avec des scories qui effectuent un chaulage partiel. On cultive des plantes peu exigeantes en chaux (betteraves, carottes, céréales). Puis, quand l'engrais phosphaté est bien diffusé, on fait quelques essais de chaulage. En principe, on ne doit pas mélanger de chaux avec des engrais phosphatés quelconques, par crainte de rétrogradation.

*Mélanges.* — Le cultivateur évite de mélanger des superphosphates au nitrate de soude : au contact prolongé, l'acide sulfurique du superphosphate donne de l'acide hypoazotique. Cette perte d'azote est à redouter, surtout si le mélange est exposé à l'air pendant quelques jours.

On se gardera également de mélanger des phosphates avec des sels ammoniacaux, la chaux des phosphates libérerait l'ammoniaque. Avec le fumier, les engrais azotés organiques, avec la cyanamide, il faut craindre également des pertes d'ammoniaque si l'on y associe des engrais phosphatés riches en chaux.

Mélangéés avec les engrais potassiques pulvérulents, les scories se prennent en masse, il faut employer rapidement ce mélange.

*Date de l'épandage.* — On n'applique jamais ces engrais en couverture, sauf sur les prairies. Les superphosphates sont épandus au moment des semailles, car leur assimilabilité décroît rapidement. Les scories s'emploient longtemps avant, de préférence avant l'hiver, car leur courbe d'assimilabilité monte pendant plusieurs années. On enfouit ces engrais épandus le plus tôt possible.

Les engrais enfouis, la plante ira au devant de l'engrais. Parfois des praticiens ont recommandé de semer les engrais en ligne (méthode Schlœsing), mais les racines se localisent parfois suivant certaines directions au lieu de développer uniformément leur chevelu.

Si le sol n'est pas caillouteux, la capillarité s'exercera aisément, et les racines, même localisées, pourront s'abreuver. Mais sur les sols caillouteux où les engrais localisés rassemblent les racines en certains points, les plantes pourront souffrir de la sécheresse.

Les engrais phosphatés sont des plus précieux. Leur emploi a permis la conquête des landes incultes et a autorisé l'établissement des plantes impossibles à cultiver autrefois : le trèfle, la luzerne. Les sols tourbeux, siliceux, se sont améliorés d'une manière inattendue. Les betteraves, plus précoces, sont plus riches ; la végétation se montre plus active ; le blé plus hâtif ne craint pas la verse.

## Épandage des engrais phosphatés.

Les *phosphates naturels* sont épandus à l'automne ; leur action n'étant pas immédiate, ils doivent rester longtemps au contact du sol et subir les actions complexes préparant leur solubilisation et leur absorption par les plantes.

C'est toujours avant le labour qu'on pratique l'épandage à la main ou à l'aide de distributeurs mécaniques (fig. 128), en choisissant un temps calme ou même pluvieux. Les doses de phosphates étant, en général, très élevées, il est inutile de les mélanger à des matières inertes. Les phosphates naturels ne sont jamais appliqués en couverture sur les plantes en cours de végétation, sauf sur les prairies humides et marécageuses.

l'engrais est enfoui à l'aide de la charrue ou du scarificateur.
On peut épandre en même temps le fumier et les phosphates
naturels enterrés par un même labour. Il est également avantageux de pratiquer simultanément l'enfouissement du phosphate et celui des engrais verts.

Les *phosphat s naturels* ou *minéraux* (apatite, phosphates
amorphes, phosphorites, nodules, sables) sont réservés de
préférence aux terres acides, aux sols tourbeux, aux terres de

Fig. 128. — Distributeur d'engrais.

bruyères, aux landes, aux terrains argileux et même aux
terres franches.

Les *phosphates d'os* (poudre d'os, cendres d'os, os dégélatinés,
noir animal, phosphate précipité), les *scories de déphosphoration*
se présentent également sous forme de poussières faciles à
épandre. La poussière des scories renfermant des particules de
silice aiguës pouvant provoquer dans les poumons des dé-
sordres graves, il est recommandable de les épandre à l'aide
d'un distributeur d'engrais.

Le *superphosphate de chaux* ayant un effet plus rapide peut
être répandu au moment du labour précédant les semailles.
Cependant on pourrait encore le donner longtemps avant,
au commencement de l'hiver par exemple. L'emploi trop
tardif, au printemps, peut retarder d'une année l'action de
l'engrais, si, après son épandage, des sécheresses surviennent.

Une certaine liberté est donc laissée au cultivateur pour

répandre le *superphosphate* ou les *phosphates d'os précipités*.

Ces engrais sont toujours enfouis d'autant plus profondément que les plantes sont plus pivotantes. Après avoir semé le phosphate en couverture sur le sol, on fait passer la charrue. S'il s'agit de plantes à racines superficielles, il est avantageux d'opérer en deux fois : une moitié de l'engrais est enfouie par un labour ; l'autre moitié, semée sur ce labour, sera enterrée par un fort coup de herse ou de scarificateur donné en travers du labour. L'emploi des superphosphates en couverture, sur les céréales au printemps ou sur les plantes sarclées en cours de végétation, n'offre pas d'avantages sensibles ; ces engrais ne peuvent être mis en couverture que sur les prairies naturelles et artificielles, soit avant l'hiver, soit au commencement du printemps, selon les climats.

L'épandage doit avoir lieu par un temps calme et un peu humide, pour éviter l'enlèvement, par le vent, de l'engrais réduit en fine poussière. Le maniement des superphosphates est souvent pénible pour les ouvriers ; l'acidité de ce produit rend obligatoire l'emploi de distributeurs mécaniques ou l'usage de gants en cuir, dans le cas de l'épandage à la volée. La conservation du superphosphate en sacs est difficilement assurée pour la même raison ; il est recommandable de vider les sacs d'engrais en un lieu sec où dans des tonneaux.

Les graines peuvent être semées avec le superphosphate, et cette opération paraît même favoriser la levée des graines de betteraves.

## IV. — ENGRAIS POTASSIQUES.

Ces engrais présentent pratiquement moins d'intérêt, mais leur usage bien établi permet d'accroître nettement les rendements, et il serait à désirer qu'on y apportât en France plus d'attention.

*Rapports avec le sol.* — Malgré leur solubilité, les engrais potassiques sont retenus dans le sol par le pouvoir absorbant, à condition qu'il y ait de la chaux dans les terres.

Si l'on place du chlorure de potassium dans un vase contenant de la terre, riche en chaux, arrosée d'eau, on recueillera, dans l'eau qui s'écoule du chlorure de calcium. Il reste dans la terre du carbonate de potasse fixé par les colloïdes humiques humus et argile.

Comme conclusion pratique, nous voyons donc : 1° qu'il faut chauler en cas de nécessité avant d'épandre des engrais potassiques ;

2° Qu'il ne faut jamais employer ces engrais en couverture mais les enfouir à la charrue pour les mettre à la portée des racines ;

3° On peut augmenter sans crainte les doses de potasse épandues, l'excès restera dans le sol et gardera son assimilabilité, contrairement à ce qui se passe pour l'acide phosphorique ;

4° On peut enfouir sans inconvénient ces engrais à l'avance.

*Rapports avec la plante.* — Ces engrais potassiques sont caustiques ; on les enfouit donc quinze jours ou un mois avant les semailles s'il s'agit d'engrais raffinés, un mois avant, au moins, si l'on utilise des engrais non raffinés.

A partir de la floraison, la plante rejette dans le sol une certaine quantité de potasse, si bien qu'une récolte de seigle-fourrage épuise plus le sol en potasse qu'une récolte de seigle-grain.

A la maturité du blé, du colza, si l'on analyse les graines et les organes végétatifs, on constate que la potasse se localise presque exclusivement dans les organes végétatifs, c'est-à-dire dans les parties qui servent de fourrages ou de litières. Ces principes fertilisants resteront donc à la ferme et feront, en majorité, retour au sol avec le fumier.

En examinant le tableau des exigences des récoltes, il est aisé d'observer que les plantes fourragères exportent plus de potasse que les plantes récoltées sèches.

La potasse favorise la formation des hydrates de carbone. Elle intéressera donc la production du sucre (betterave), de l'amidon (orge), de la fécule (pomme de terre), de la cellulose (textiles), de l'huile (oléagineux).

Au point de vue industriel, ce sont donc des engrais intéressants.

*Rapports avec l'animal.* — La potasse est un poison pour

la cellule animale : de fortes proportions de ce principe occasionnent la cirrhose du foie.

L'organisme l'élimine par la sueur (suint des moutons). L'animal rejette la potasse par ses déjections, surtout par l'urine : le purin, nous l'avons vu, est riche en potasse.

En fait, peu de potasse sort de la ferme par les végétaux ; les animaux en exportent une certaine quantité. C'est, si le fumier est bien soigné, une faible déperdition, qu'on récupérera facilement par les engrais potassiques.

*Origine des engrais potassiques.* — Autrefois la seule source des sels potassiques était les cendres de bois. Ballard réussit à extraire la potasse des eaux mères des marais salants (Salins du Midi). Mais bientôt les sels de Stassfurth se placèrent en tête des sources d'engrais potassiques. Ces sels potassiques renferment 18,1 p. 100 de sulfate de potasse ; 19,8 p. 100 de sulfate de magnésie ; 14 p. 100 de chlorure de magnésie ; 20,7 p. 100 de chlorure de sodium.

Aux temps géologiques passés, une lagune existait sur l'Allemagne du Nord, en relation avec la Baltique. Cette lagune desséchée a fourni des bancs de sel gemme autrefois exploités. Au-dessus se trouvaient des sels de déblai. Frank montra la richesse de ces déchets en sels potassiques. Aujourd'hui, on utilise largement les sels de Stassfurth comme engrais potassiques. Peu à peu d'autres gisements ont été découverts en Alsace, en Galicie, etc.

Depuis 1910, le nombre des usines allemandes passait de 77 à 142. La production totale, qui était de 800 000 tonnes en 1908, atteignait 950 000 tonnes en 1914. Les pays les plus forts consommateurs étaient les États-Unis (253 000 tonnes), l'Allemagne (480 000 tonnes), la Hollande, la Suède, pays riches en sols tourbeux. En France, la culture consommait 50 000 tonnes d'engrais potassiques, chiffre évidemment insuffisant.

*Historique.* — Au milieu du siècle dernier, Liebig démontra que les betteraves demandaient des sels potassiques. On fuma largement ces cultures aux sels de Stassfurth, surtout aux environs de ce centre de production. Le résultat fut une désillusion, la qualité sucrière des betteraves baissa sensiblement.

C'est que les terres de cette région étaient riches en potasse ;

en outre, les agriculteurs avaient utilisé des sels très impurs, les sels purs étant réservés à la fabrication de la poudre. En outre, par sélection, les betteraves avaient changé leur mode d'alimentation.

En réalité, les sels potassiques ne peuvent déprimer ni les rendements ni la richesse des betteraves à sucre lorsqu'ils sont judicieusement employés ; le quotient de pureté reste à peu près fixe.

Les expériences suivantes de Maercker le prouvent nettement.

*Action des engrais potassiques sur les rendements et la richesse des betteraves à sucre.*

| ENGRAIS. | RENDEMENT à l'hectare. | TENEUR des racines en sucre. | QUOTIENT de pureté. |
|---|---|---|---|
| | kilog. | p. 100. | p. 100. |
| Sans engrais............... | 33 060 | 15,04 | 85,6 |
| 1 000 kilogrammes de kaïnite à l'hectare... | 33 480 | 15,06 | 85,4 |
| 1 800 kilogrammes de kaïnite à l'hectare... | 34 380 | 15,18 | 85,5 |
| 2 200 kilogrammes de kaïnite à l'hectare... | 33 240 | 15,20 | 85,3 |

Le rôle des chlorures a longtemps arrêté l'attention des praticiens. On a montré que la proportion de chlore n'augmente pas sensiblement dans les racines, mais elle s'accroît dans les feuilles. Les données suivantes résument ces assertions.

*Teneur des betteraves en chlore.*

| ENGRAIS. | RACINES. Richesse en chlore. | FEUILLES. Richesse en chlore. |
|---|---|---|
| | p. 100. | p. 100. |
| Sans engrais I................ | 0,05 | 0,08 |
| — II............... | 0,21 | 0,19 |
| Avec kaïnite I................ | 0,13 | 3,68 |
| — II............... | 0,25 | 3,68 |

Les racines et surtout les feuilles de betteraves contiennent de l'acide oxalique nuisible à l'organisme. Or la kaïnite fait baisser la proportion de cet acide oxalique et améliore donc les qualités alimentaires des feuilles et des collets.

*Teneur des betteraves en acide oxalique déduite de la quantité d'acide carbonique renfermée dans les cendres.*

|  | Racines p. 100. | Feuilles p. 100. |
|---|---|---|
| Sans engrais | 0,56 | 2,25 |
| Avec kaïnite | 0,43 | 1,32 |

L'action des sels potassiques se montre efficace sur les sols pauvres en potasse, les terres tourbeuses, siliceuses. Des expériences précises effectuées sur ces sols ont montré, les premières, l'influence de la potasse alliée à l'acide phosphorique, et les secondes, l'utilité de la potasse, de l'acide phosphorique associés aux engrais verts.

Rimpau obtenait, sur un domaine de 1 200 hectares, en tourbière de vallée, 7 hectolitres de graines de colza. L'épandage d'engrais phosphatés fit monter les récoltes à 12 hectolitres ; l'emploi d'engrais potassique donna 13 hectolitres, mais l'association de la potasse à l'acide phosphorique accusa des rendements de 43 hectolitres.

Cependant, en France, l'utilisation des engrais potassiques est réduite. On croit les terres françaises suffisamment pourvues de potasse, et cependant nos sols siliceux, tourbeux, calcaires, bénéficieraient largement de cet apport. Sur les terres argileuses même, sur les sols granitiques riches en silicate de potasse, les engrais potassiques donnent d'excellents résultats. Cela tient à ce que la potasse de ces sols, nous l'avons vu, est souvent passive et engagée dans une combinaison peu assimilable.

L'emploi des engrais potassiques mériterait donc d'être généralisé en France.

**Engrais potassiques.** — Les principaux engrais potassiques peuvent être réunis dans le tableau suivant :

### Engrais potassiques.

#### I. — *Sels bruts.*

| | | P. 100. | Teneur en potasse p. 100. |
|---|---|---|---|
| Carnallite pure. | Chlorure de potassium | 15,5 | |
| | Chlorure de magnésium | 21,4 | |
| | Eau | 26,1 | |
| | Carnalitte pure | 61 | |
| Carnallite du commerce. | Chlorure de sodium | 23 | 9 à 10 |
| | Kieserite (sulfate de magnésie hydraté) | 12 | |
| | Anhydrite (sulfate de chaux anhydre) | 2 | |
| Sylvine. | Chlorure de potassium | 50 | |
| Sylvinite. | Chorure de potassium | 26,3 | |
| | — de magnésium | 2,6 | 17,4 à 12,4 |
| | — de sodium | 56,7 | |
| | Sulfate de magnésie | 2,4 | |
| Polhylmalite. | 2 CaSO⁴, MgSO⁴, K²SO⁴ + H²O | | 15,62 |
| Krugite. | 4 CaSO⁴, MgSO⁴, K²SO⁴ + H²O | | 10,05 |
| Kaïnite pure. | Sulfate de potasse | 24 | |
| | — de magnésie | 16,5 | 12 à 14 |
| | Chlorure de magnésium | 13 | |
| Kaïnite du commerce. | Kaïnite pure | 60 à 70 | 12,4 |
| | Chlorure de sodium | 31 | |

#### II. — *Sels raffinés.*

| | Teneur en potasse p. 100. |
|---|---|
| Chlorure de potassium (type normal à 80°) | 50 |
| Sulfate de potasse (type normal à 90°) | 48 à 51 |
| Nitrate de potasse | 44 |
| Carbonate de potassium brut | 40 |
| Phosphate de potasse (36 à 38 p. 100 de P²O⁵) | 27 |

Comme autres sources de potasse, citons les *cendres végétales* que l'on peut raffiner par tamisage, lessivage, évaporation et calcination, les *cendres de varechs*, les *salins de betteraves*, la potasse du *suint* des toisons de mouton, les *salins de mer*, les *salins du Bengale* où le nitrate de potasse affleure pendant la sécheresse, les *gisements de Stassfürth*, les *mines de Kalusz* (Galicie), enfin les *gisements d'Alsace* que la victoire nous a rendus.

**Sels bruts.** — Parmi les sels bruts, la carnallite est trop pauvre pour supporter des frais de transport; la sylvinite est sensiblement plus riche. L'engrais le plus répandu actuellement est soit la sylvinite alsacienne à base de chlorure de potassium, soit la kaïnite, mélange de sulfate de potasse, sulfate de magnésie, chlorure de magnésium (1).

La kaïnite est un mélange de sulfate de potasse (24 p. 100), de sulfate de magnésie (16,5 p. 100), avec des quantités variables de chlorure de magnésium (13 p. 100), de sel marin (31 p. 100), de gypse, etc.

La potasse y entre à raison de 12 à 14 p. 100, mais le chlorure de magnésium contenu est nuisible à la végétation. On peut employer de préférence la kaïnite calcinée, qui ne contient plus que de la magnésie.

Utile par ses sels potassiques, la kaïnite renferme en outre du chlorure de magnésium et du chlorure de sodium. Ces deux derniers sels peuvent nuire à certaines cultures. De plus, ils sont hygroscopiques, et la kaïnite, expédiée à l'état pulvérisé, arrive à l'état de blocs compacts qu'il faut broyer. Pour éviter cet inconvénient, on y ajoute 2 p. 100 de poussière de tourbe de montagne, qui absorbe l'humidité.

La sylvinite est un chlorure de potassium (26 p. 100 environ) avec des traces de sulfate de magnésie, de chlorure de sodium, etc. Elle dose de 12,4 à 17,4 de potasse pure.

On emploie en général la sylvinite ou kaïnite comme sel impur, et, comme sels raffinés, le chlorure et le sulfate de potasse. Les autres sels raffinés (nitrate, phosphate) sont trop chers. Le carbonate de potasse est caustique.

*Chlorure de potassium.* — Très soluble, ce sel, chimiquement pur, est un cristal blanc renfermant 47,6 p. 100 de chlore, 50 p. 100 de potasse.

Les chlorures du commerce, retirés des salins de betteraves ou des cendres de varech, sont impurs ; ils dosent de 47 à 50 p. 100 de potasse.

(1) Vant'Hoff a cependant déclaré récemment que, dans la kaïnite la potasse est non pas à l'état de sulfate, mais à l'état de chlorure associé au sulfate de magnésie (KCl, MgSO⁴, H²O). La formule de Precht serait donc inexacte. Le sulfate de potasse existe dans la Schonite (K²SO⁴, MgSO⁴, 6H²O) et la Leonite (K²SO⁴, MgSO⁴, 4H²O) extraits en faible quantité de Stassfurth.

Les chlorures des marais salants de Camargue ne contiennent que 75 p. 100 de chlorure de potassium pur, soit 47 p. 100 de potasse.

*Sulfate de potasse.* — Moins soluble que le chlorure, ce sel, pur, se présente sous forme de prismes droits à base rhomboïdale, dosant 45,9 p. 100 d'acide sulfurique anhydre, et 60 p. 100 de potasse.

Les sulfates du commerce sont extraits des salins, des cen-

Fig. 129. — Extraction des sels potassiques.
Forage de trous de mine.

dres de la kaïnite. Ils dosent 90 à 96 p. 100 de sel pur, soit 48 à 51 p. 100 de potasse. Il convient de se méfier des fraudes fréquentes et de faire analyser cet engrais.

Les sels de potasse, en dissolution concentrée, étant caustiques, on les épandra un certain temps avant les semailles pour que les pluies les diffusent, sans qu'il y ait d'ailleurs à craindre de déperdition, par suite du pouvoir absorbant du sol. Dans une terre franche, un cinquième seulement de la potasse dépasse la profondeur de 22 centimètres, et cette fraction est absorbée avant que la solution n'ait atteint 50 centimètres de profondeur.

Les sols peuvent absorber 1 à 3 grammes de potasse par kilogramme, soit environ 3 000 kilogrammes par hectare.

**Potasse d'Alsace.** — Nos gisements d'Alsace renferment de la sylvine (chlorure de potassium), soit presque pure, soit mélangée avec du sel gemme et constituant alors la sylvinite. La teneur moyenne de chlorure de potassium est de 30 à 44 p. 100 pour la première couche et de 29 à 30 p. 100 pour la seconde couche. On n'y trouve aucune trace de carnallite, sel difficile à utiliser par suite de son mélange avec des sels de magnésie (1). Il faut souhaiter que la culture emploie généreusement ces engrais alsaciens.

A Kalusz (Galicie), on rencontre de la kaïnite et de la sylvine.

### Épandage des engrais potassiques.

Les sels potassiques doivent toujours être enfouis, sauf lorsqu'on applique ces engrais sur des prairies. L'enfouissement par la herse ou le scarificateur n'est même pas suffisant ; il y a tout intérêt à enterrer les engrais potassiques aussi profondément que possible, au voisinage des racines (Müntz et Girard).

On constate souvent dans ces engrais la présence d'une certaine quantité de sels magnésiens très hygroscopiques, qui absorbent l'humidité ambiante et déterminent la formation de masses de cristaux agglomérés qu'il faut réduire en poudre. Il est possible d'éviter en partie ce durcissement en incorporant à la masse, nous l'avons vu, une certaine quantité de poussière de tourbe. Les salins de betteraves se présentent également sous la forme de rognons : on écrase la masse à l'aide du rouleau, du maillet ou de la batte.

Pour faciliter l'épandage, on mélange ces produits avec des matières inertes : sable, terre sèche ; le maniement des sels potassiques caustiques est ainsi rendu moins pénible.

(1) Voy. PLUVINAGE, *Industrie et Commerce des Engrais* (ENCYCLOPÉDIE AGRICOLE).

Les autres engrais, phosphates, nitrates, plâtre, matières organiques, peuvent être incorporés sans danger, sauf lorsque les matières fertilisantes contiennent la potasse à l'état de carbonate ; on ne doit alors faire entrer dans le mélange aucun engrais contenant de l'azote ammoniacal ou de l'azote organique facilement décomposable ; une notable proportion de l'ammoniaque pourrait ainsi se dégager. On évitera d'y asso-

Fig. 130. — Vue d'une exploitation de potasse.

cier des scories si ce mélange doit rester longtemps avant son emploi.

Les engrais potassiques semblent exercer une action préservatrice contre la gelée (fig. 131).

*Influence du sol. — Terres légères.* — Pour les terres légères, sèches, siliceuses ou calcaires, pour les sols tourbeux, on s'adressera aux engrais qui livrent la potasse au prix le plus bas. Les sels bruts offrent encore l'avantage — par suite de leur teneur en chlorures de magnésium et de sodium, hygroscopiques — de réduire légèrement la sécheresse de ces terres.

Le sulfate de magnésie exerce sur ces sols une heureuse action.

Sur les sols tourbeux, les sels bruts, de prix inférieur, donnent les mêmes résultats que les sels raffinés ; de plus, la soude des sels bruts peut dans certains cas remplacer la potasse.

*Terres argileuses.* — Il faut ici proscrire les sels bruts à cause de leur richesse en chlorures. Les chlorures exagèrent les défauts des terres argileuses qui se délaient, « s'encroûtent » avec encore plus de facilité. On emploiera le sulfate de potasse.

Pour les terres à sous-sol imperméable, les chlorures sont particulièrement dangereux. Le chlorure de potassium, en effet, sous l'influence du carbonate de chaux du sol, donne du carbonate de potasse et du chlorure de calcium.

Le carbonate de potasse est retenu par le pouvoir absorbant ; le chlorure de calcium, soluble, tend à s'infiltrer dans le sous-sol, mais, retenu par la couche imperméable, il exerce sur les végétaux ses propriétés caustiques et nocives. Le chlorure de calcium est un poison pour la plante ; de plus, il retarde la nitrification.

*Influence des cultures.* — Les betteraves à sucre ou fourragères s'accommodent bien de tous les sels de potasse, peut-être mieux des sels bruts. La betterave est, en effet, d'origine maritime ; elle a donc besoin de chlore, et les sels bruts apportent des chlorures.

Sur les céréales, on peut employer les sels bruts recommandables dans la culture des plantes fourragères, mais il faut tenir compte de la nature du sol, léger, argileux ou tourbeux.

On proscrit les sels bruts pour la pomme de terre : le chlore des chlorures détermine un abaissement de la richesse en fécule ; le sulfate doit être utilisé. Le chlore modifie aussi fâcheusement la combustibilité des feuilles de tabac. Les praticiens emploient sur le tabac le sulfate de potasse ou mieux la martellite, silicate de potasse.

*Époque d'épandage.* — On laisse écouler un certain temps entre l'épandage de ces engrais et les semailles. Le chlorure de potassium doit être épandu avant l'hiver ; le chlorure de calcium formé aura le temps de disparaître dans le sous-sol. Si l'on craint l'action des engrais sur les semis, il est préférable de recourir au sulfate de potasse. Les sels bruts sont épandus un mois avant les semailles, les engrais raffinés quinze jours avant. Ces engrais sont toujours enfouis.

*Quantités à employer.* — La quantité d'engrais épandu dépend de la richesse du sol, des exigences des cultures et de leur capacité d'absorption. La betterave est très avide de potasse. Des betteraves furent cultivées dans du sable privé de potasse par lavage à l'acide chlorhydrique et absorbèrent néanmoins les traces de potasse qui avaient subsisté (Hellriegel).

La potasse en excès, retenue par le pouvoir absorbant du sol, n'est pas perdue. Si une récolte demande 50 kilogr. de

Fig. 131. — Résistance des parcelles fumées aux engrais potassiques contre la gelée. Les parcelles sombres sont les parcelles fumées.

potasse, on peut en accorder 150 kilogr. Un fumier de ferme de richesse moyenne renferme 5 p. 1 000 de potasse. Pour une sole de betterave, on enfouira donc 30 000 à 40 000 kilogr. de fumier, et on accordera en outre 200 kilogr. de potasse à un état assez assimilable.

Wagner employait avec succès jusqu'à 1 200 kilogr. de kaïnite sur des terres excellentes supportant des betteraves fourragères ; la récolte augmenta de 10 000 kilogr. et, l'année suivante, les rendements du blé s'accrurent sensiblement.

L'orge absorbe difficilement la potasse, qui se montre favorable à la production des hydrates de carbone (orge de brasserie). Les légumineuses comptent, avec les pommes de terre, parmi les végétaux avides de potasse. La kaïnite épandue sur une prairie augmente la proportion de légumineuses : trèfles violets, blanc, hybride, lotier, minette, etc...

Même sur des terres riches, les sels potassiques donnent d'heureux résultats ; l'accroissement de récolte peut atteindre quatre fois la valeur de l'engrais (expérience de Wagner, Léchartier, etc...). L'excès d'engrais potassique peut cependant donner des foins un peu toxiques pour le bétail.

Le tableau ci-contre résume les exigences en potasse des principales récoltes (Voy. p. 379).

## V. — ROLE DE LA MAGNÉSIE.

La magnésie a été parfois citée avec l'acide phosphorique, la potasse et l'azote, au rang des éléments essentiels, ou laissée de côté comme inutile dans les fumures. Il est intéressant de résumer les expériences récentes précisant le sens des résultats acquis.

*Rôle alimentaire de la magnésie.* — La présence de la magnésie en quantité élevée est constante dans les organes végétaux, surtout ceux en voie de croissance, et aussi dans les graines. Si le chiffre des exportations est fort irrégulier suivant les plantes considérées, il est, dans certains cas, au moins égal à celui de l'acide phosphorique, ainsi que le montre le tableau suivant (Müntz) :

*Exportations à l'hectare.*

| PLANTE. | QUANTITÉ récoltée. | ACIDE phosphorique. | MAGNÉSIE. |
|---|---|---|---|
| | | Kilogr. | Kilogr. |
| Betterave à sucre........... | 30 000 kilog | 45 | 60,60 |
| Maïs-fourrage ............ | 60 000 — | 42 | 54 |
| Trèfle rouge,............. | 8 000 — | 44,80 | 53,20 |
| Vigne (Midi)............. | (foin sec). 197 hectol. | 16,42 | 18,40 |

*Engrais potassiques nécessités par les cultures.*
*(Terres pauvres en potasse, bonnes récoltes) (Schribaux).*

| RÉCOLTES. | QUANTITÉ de potasse à l'hectar. Kilogr. | DATE de leur application. | OBSERVATIONS. |
|---|---|---|---|
| Blé.......... | 50 à 80 | 15 jours à 1 mois avant les semailles. | Absorbe difficilement la potasse du sol. |
| Seigle......... | 50 à 80 | — | — |
| Orge......... | 80 à 100 | — | |
| Avoine...... | 60 | — | Absorbe plus facilement la potasse que les autres céréales. |
| Légumineuses.... | 70 à 150 | — | — |
| Pommes de terre........ | 100 | sous forme de sulfate, de préférence à l'automne, en appliquer de fortes doses aux cultures précédentes. | Absorbe facilement la potasse ; les sels bruts, les chlorures diminuent la richesse en fécule. |
| Betteraves fourragères et plantes-racines ... | 150 | au moins 1 mois avant les semailles. | Les sels bruts paraissent préférables aux sels raffinés. |
| Betteraves industrielles. | 100 | à l'automne. | |
| Betteraves porte-graines.......... | 100 | — | |
| Maïs-fourrage........ | 100 | au moins 1 mois avant les semailles. | Les sels bruts paraissent préférables aux sels raffinés. |
| Prairies...... | 120 à 150 | à l'automne. | Employer les sels qui livrent la potasse le moins cher. |
| Cultures horticoles...... | 200 | à l'automne. | Employer toujours des sels raffinés et de préférence le sulfate. |

La magnésie a donc une importance incontestable quantitativement. Son action se relie d'une part à la circulation de l'acide phosphorique, à l'assimilation de l'azote dans les organes jeunes, et à l'activité de la fonction chlorophyllienne, d'autre part. Le phosphate bimagnésien, très instable, peut se dissocier facilement en libérant le phosphore pour la formation des nucléines.

*Rapports de la magnésie et de la chlorophylle.* — En 1906, Willstatter, signalant la présence constante de magnésie dans la chlorophylle, suggéra l'idée qu'elle pourrait être une combinaison organo-magnésienne et proposa une nouvelle théorie de la synthèse chlorophyllienne.

Le magnésium serait l'élément catalyseur de la fonction chlorophyllienne, et Willstatter montre le parallélisme du magnésium, élément catalyseur de la synthèse végétale, et du fer, élément catalyseur (dans l'hémoglobine) de l'analyse animale, dans le cycle vital.

Parmi les plantes qui se montrent les plus exigeantes en magnésie figurent la betterave à sucre et la vigne. Il faut insister sur l'action remarquable de la magnésie comme antichlorosant. M. Chauzit a signalé dans le Gard que, sur les terres dolomitiques à 42 p. 100 de calcaire, la présence de la magnésie suffisait à empêcher la chlorose du Riparia, qui ne supporte pas 15 p. 100 de calcaire en conditions ordinaires. En 1900, M. Ranchier a pu guérir la chlorose d'une vigne par une aspersion sur les feuilles d'une solution à 1 p. 100 de sulfate de magnésie. Les pins maritimes du Ventoux supportent sans chlorose 6 p. 100 de calcaire dans les terres dolomitiques, alors qu'une dose de 3 p. 100 est pratiquement maximum. M. Lefèvre a observé, sur vigne, la disparition de la chlorose à la suite d'une application de *chaux-magnésie* (dolomie calcinée : 40 p. 100 de CaO, 30 p. 100 de MgO) ; l'action était particulièrement remarquable dans ce dernier cas, puisque la magnésie neutralisait et la chaux surabondante du sol et celle qui était apportée en outre par l'engrais.

*Rapports de la magnésie avec la chaux.* — Lœw émet l'hypothèse d'une relation étroite de rapport optimum entre la magnésie et la chaux, et Schültz-Lupitz remarquait que la magnésie en excès des sels de Stassfürth perdait toute nocivité en présence de chaux dans certaines proportions. Après May, les élèves japonais de Lœw reprirent ces études et fixèrent dans certains cas la valeur du rapport $R = \dfrac{\text{Chaux}}{\text{Magnésie}}$ (R = 1 pour les céréales; R = 3 pour les légumineuses).

Enfin Bernardini et Corso concluent : « *Un excès de chaux ou un excès de magnésie sont défavorables à la végétation; pour le développement normal de la plante, il est nécessaire qu'entre les quantités de chaux et de magnésie que la plante assimile dans le sol il existe un rapport défini...* »

Bernardini remarque que l'acide phosphorique assimilé varie en fonction du rapport chaux-magnésie et estime que « *l'assimilation de l'acide phosphorique dans l'économie végétale est en fonction du rapport chaux-magnésie; la quantité d'acide phosphorique assimilé varie d'une manière inversement proportionnelle à ce rapport* ».

Pour les applications agricoles, il est bon d'ajouter à ces considérations que la magnésie-oxyde possède une action *coagulante*, plus énergique et plus prolongée que celle de la chaux, sur l'argile, soit une plus grande valeur d'amendement. En outre, le carbonate de magnésie agit très vivement comme excitant de la nitrification. Il semble donc intéressant de s'adresser à cette forme de la magnésie, en utilisant de préférence les dolomies riches calcinées.

# CHAPITRE IV

# NOUVELLES THÉORIES DE LA FERTILISATION DES TERRES

## I. — L'INTOXICATION DES SOLS.

Au rôle exclusivement alimentaire que l'on reconnaissait à certains principes nutritifs : azote, acide phosphorique, potasse ; à l'ancienne conception de la restitution au sol des substances exportées par les récoltes, se sont opposées récemment des hypothèses nouvelles qui les ont modifiés et qui laissent peut-être entrevoir l'avènement de méthodes culturales différentes.

Ce furent d'abord les découvertes de la microbiologie indiquant la part considérable que prennent, dans la productivité des terres, les microorganismes. La décomposition des roches, la mise en activité des réserves azotées inertes, la fixation de l'azote atmosphérique et l'enrichissement du sol en principes alimentaires sont parmi les heureuses conséquences de leur activité. Mais, d'après des théories nouvelles, les bienfaits réalisés par les microbes utiles (*Azotobacter*, *Clostridium*, *Rhizobium*, *Nitrosomonas*, *Nitrobactérie*, *Nitragine*, *Alinite*, etc.) seraient contrariés par l'influence de certaines bactéries et diminués par l'action antagoniste d'une « microfaune » récemment étudiée et qui serait la cause de l'improductivité des terres.

*Protozoaires.* — D'après Russel et Hutchinson, les protozoaires constitueraient les adversaires les plus néfastes des bactéries auxiliaires de l'agriculture, et certaines pratiques, telles que la stérilisation des terres par la chaleur ou par l'emploi d'antiseptiques variés (toluène, sulfure de carbone, cuivre, soufre, etc.), deviendraient nécessaires pour les détruire et redonner aux sols leur fertilité première. Cette asepsie aurait fourni, ces dernières années, dans certains cas, d'excellents résultats et permis d'augmenter les rendements des cultures dans des proportions parfois considérables.

*Toxines du sol*. — D'un autre côté, l'ancienne conception de Humboldt, de Candolle, Macaire, des excrétions radiculaires, décriée puis oubliée, a été reprise d'une façon plus scientifique par Molihs, Mazé, Raciborsky, Gain et Brocq-Rousseu, etc., qui on démontré leur existence réelle, bien qu'encore discutée.

Les chimistes du *Bureau des sols* de Washington attribuent à ces substances engendrées par les racines, les microbes ou les résidus des récoltes, des propriétés spécifiques et toxiques pour les plantes cultivées, et Milton Withney établit même une théorie de la fertilité, basée sur la purification des terres souillées par ces toxines.

Les recherches de plusieurs savants, Jensen, Livingstone, Pouget et Chouchack, Cameron, etc., corroboraient bientôt ces hypothèses, en montrant que toutes les terres, fertiles ou non, possèdent une constitution chimique semblable ; les différences de leur fécondité ne résideraient pas dans leur richesse plus ou moins grande en éléments fertilisants, mais dans ce fait que les extraits des sols fatigués ou peu productifs seraient nuisibles aux végétaux cultivés.

La végétation précédente accumule sans doute dans le sol des poisons qui peuvent s'opposer au développement de la végétation ultérieure. Un jeune plant de froment qui s'est développé dans l'eau pure sera plus vigoureux que celui qui a grandi dans l'extrait d'un sol ayant porté plusieurs récoltes de froment. L'expérience le vérifie aisément. Enlève-t-on par le noir animal les substances toxiques, la plante par son développement se rapproche de celle qui s'est développée normalement.

Quelques substances ont déjà été isolées du sol, et les propriétés vénéneuses de certaines d'entre elles, comme l'acide dihydroxystéarique, la coumarine, le quinone, ont été mises en évidence (Skinner, Schreiner). La fertilisation des terres ne consisterait donc plus dans leur enrichissement en principes nutritifs — dont elles contiendraient, toujours d'après ces auteurs, des quantités suffisantes, — mais dans la destruction de ces matières nuisibles. Le rôle *alimentaire* des engrais serait donc supprimé au profit du rôle *purificateur* que cette théorie leur accorde.

*Engrais catalytiques.* — Puis vint la découverte de l'existence normale, dans les tissus végétaux, de corps auxquels, jusque-là, on n'avait pas attaché d'importance et qu'on appela des *éléments rares.*

L'étude de plus en plus rigoureuse des diastases et de leur constitution intime a indiqué (Bertrand, Porchet, Jacob, etc.) le rôle important et imprévu que jouaient les minéraux et les colloïdes dans l'élaboration des fonctions essentielles de la vie animale et végétale, et elle a conduit à la notion des engrais catalytiques. Ce pouvoir stimulant exercé par les éléments rares (cœsium, manganèse, fer, zinc, bore, lithium), strontium, etc...) ou fertilisants (potassium, calcium...) sur les phénomènes vitaux et, par suite, sur le développement et les rendements des plantes, serait également mis en œuvre, d'après

Fig. 132. — Forcage de légumes.

les récents travaux d'Amstrong, par d'autres substances qu'il qualifie d'*hormones*, et qui sont précisément celles qui ont été employées avantageusement comme antiseptique (toluène, chloroforme, etc.). Le principe de l'intoxication des sols réapparaît donc ici d'une façon inattendue.

Ces mêmes substances ont d'ailleurs été utilisées avec succès, depuis longtemps, pour le forçage des végétaux, sans que leur mode d'action fût, il est vrai, bien défini.

Enfin, d'autres problèmes importants ont encore été récemment posés, dont la solution modifierait considérablement les méthodes actuelles de fumure des terres. Telle est, par exemple, l'influence réductrice de certains éléments (pyrogallol, phénols, soufre, etc.) et de sa répercussion sur l'alimentation des plantes, etc.

Ces conceptions nouvelles ne sont pas encore définitivement vérifiées. Faut-il, malgré les résultats incontestables qu'il a donnés, abandonner l'emploi des engrais ordinaires azotés, phosphatés, potassiques? Faut-il leur substituer des substances nouvelles : engrais radioactifs ou catalytiques? Est-il préférable de stériliser les terres, ou convient-il d'associer ces différentes méthodes? Quelle part attribuer à chacune d'elles, dans quelle mesure respective faut-il adopter ces procédés, quelle influence peuvent-ils exercer sur l'assainissement du sol et la prophylaxie des maladies du règne végétal? C'est ce que des expériences nouvelles doivent fixer.

D'ailleurs, certains corps, comme le soufre, sont susceptibles d'agir, à la fois, comme catalytiques, comme antiseptiques, comme antitoxiques, comme réducteurs, comme aliment, etc., cumulant, dans une synthèse curieuse, les différents modes d'action qu'on a cru pouvoir attribuer récemment aux substances fertilisantes. De même, quelques matières, le chloroforme, le sulfure de carbone, l'éther,... sont considérées, suivant les auteurs, comme des stimulants et des régulateurs de l'activité bactérienne, comme des antiseptiques, des antiparasitaires, des éléments de forçage, etc.

Cette complexité d'actions d'un même élément permettra peut-être de jeter quelque lumière sur le problème de la fertilisation des terres.

*Conclusions pratiques.* — Tout d'abord, ces théories montrent l'utilité des assolements.

Faire succéder à du froment une nouvelle récolte de froment constitue un non-sens, la première de ces deux plantes ayant laissé dans le sol des poisons, nuisibles surtout pour la céréale de même espèce. Pour détruire les toxines accumulées par une série de plantes identiques pendant une longue période, il faut plusieurs années de travaux aratoires appropriés, précédant l'application rationnelle d'engrais.

Les théories nouvelles expliquent donc la raison des doses anormales d'engrais que nous appliquons parfois aux cultures. Si une très faible partie des engrais est seulement utilisée, c'est parce que, en outre de leur insolubilisation et de leur mise en réserve dans le sol, l'absorption totale serait entravée par la présence des toxines du sol.

Ces poisons seraient oxydables. L'air les détruit. Favoriser l'accès de l'air, par les façons les plus énergiques ou les plus fréquentes, est donc une pratique recommandable.

*Rôle du sous-sol.* — Les poisons entraînés dans le sous-sol sont soustraits à l'oxydation. C'est peut-être une des raisons pour lesquelles il ne faut pas ramener brusquement ce sous-sol à la surface. Il sera prudent d'attendre que l'action de l'air ait neutralisé les pernicieux effets d'une terre intoxiquée.

Ainsi expliquerait-on encore l'influence de l'électro-culture; l'électricité agit le plus souvent comme un moyen puissant d'oxydation (ozone). Il est intéressant de constater que, dès l'instant où apparaît nettement une cause de stérilité du sol, l'intoxication du sol par les plantes, on découvre parallèlement un moyen efficace de réveiller sa fertilité.

## II. — LES ENGRAIS CATALYTIQUES.

*Diastases.* — Les plantes, comme les animaux, respirent. Ce phénomène, qui est masqué pendant le jour par l'assimilation chlorophyllienne, se produit en réalité constamment. L'oxygène absorbé par les végétaux se fixe sur certaines matières organiques. Or, tous les physiologistes savent aujourd'hui que ces oxydations intimes ont lieu par l'intermédiaire de ferments particuliers, de *diastases* qui ont le pouvoir de s'emparer de l'oxygène de l'air pour le fixer sur les substances qui les entourent. Parmi ces ferments, les plus répandus sont la laccase, la tyrosinase, etc...

En étudiant la laccase, M. Gabriel Bertrand a remarqué

qu'elle renferme toujours du manganèse ; il a constaté que
la quantité d'oxygène fixée par une préparation diastasique
de laccase est d'autant plus grande que celle-ci contient une
plus forte proportion de manganèse.

D'autres expérimentateurs montrèrent que non seulement
la manganèse, mais le bore, l'aluminium, le zinc, le radium,
le soufre, etc., étaient susceptibles d'influencer favorablement
ces phénomènes. Le côté intéressant de ces substances, c'est
qu'elles ne s'usent pas dans les transformations auxquelles elles
président ; comme elles ne restent pas engagées en combinaison et se régénèrent constamment, elles peuvent produire les
mêmes réactions d'une manière indéfinie, et il suffit d'en apporter au sol des quantités minimes. Elles agissent simplement
par leur présence, par leur action de contact, par catalyse ; on
leur a donc donné le nom d'*engrais catalytiques*.

Dans les cendres de végétaux, on trouve parfois, à côté
des éléments ordinaires : potasse, soude, chaux, magnésie,
acide phosphorique, acide sulfurique, chlore, etc., un ensemble
d'autres éléments en proportions extrêmement petites, constituées surtout par de l'oxyde de fer, de l'oxyde de manganèse,
de l'alumine, de l'iode, du brome, du fluor, de l'arsenic, du
bore, du zinc, du cuivre, de l'argent, du rubidium et du
cœsium, du lithium, du strontium, du baryum, du vanadium,
du cérium, etc...

Ces derniers éléments pénètrent-ils dans la plante par simple
osmose et ne jouent-ils aucun rôle dans le développement des
végétaux ?

Les diastases oxydantes, par exemple, qui renferment
beaucoup de manganèse, exercent une action physiologique
importante dans la formation des principes immédiats de
la cellule végétale : le manganèse intervient donc directement
dans les phénomènes de la vie des plantes. De nombreuses
expériences avec les sels de manganèse, les sels d'alumine,
montrèrent qu'on peut obtenir des résultats très favorables
sur la végétation quand on incorpore au sol de faibles quantités de ces sels. D'où la théorie de l'utilité des *engrais catalytiques*. Les engrais catalytiques activent, à très faible dose,
certaines réactions de la vie des plantes et entraînent ainsi des

modifications parfois importantes de végétation et de rendement (E. Boullanger).

*Manganèse.* — Les premières expériences effectuées avec le manganèse ont été réalisées par MM. G. Bertrand et Thomassin. Avec une addition de 50 kilogr. de sulfate de manganèse à l'hectare, sur une culture d'avoine, ces expérimentateurs obtinrent une augmentation de récolte en faveur du manganèse de 22,5 p. 100 pour l'ensemble de la récolte (17,4 p. 100 pour le grain et 26 p. 100 pour la paille).

M. Garola, en 1907, effectuant des expériences sur la betterave, en casiers renfermant environ 1 mètre cube de terre, obtient avec le chlorure et le sulfate de manganèse une augmentation de récolte de 24 à 46 p. 100 pour le poids total des racines et de 25 à 55 p. 100 pour le sucre produit. Des essais effectués par Stoklasa dans la pratique agricole, en présence de fortes quantités d'engrais chimiques, ont montré également une plus-value de récolte en racines et en sucre.

De nombreuses expériences ont été entreprises dans ces dernières années avec les engrais manganésés et avec d'autres engrais catalytiques en France, en Allemagne, en Suède, en Belgique, en Hollande, en Italie, au Japon. Ainsi a-t-on pu établir que, dans la grande majorité des cas, ces substances exercent une action très favorable sur les récoltes.

En horticulture, l'action du manganèse est nette sur la carotte, le céleri, la laitue et l'oseille ; elle est sensible sur l'épinard ; elle est douteuse ou nulle sur l'oignon, la chicorée et le haricot.

Stoklasa, en 1911, dans des expériences en solutions nutritives, en caisses et en pleine terre, reconnut l'efficacité des nitrate, chlorure et sulfate de manganèse sur le blé, le seigle, l'avoine, l'orge, le sarrasin. Prandi et Civetta prouvèrent que les vins du Piémont étaient d'autant plus fins qu'ils renfermaient plus de manganèse ; c'est ce qui a été trouvé également pour les houblons (mangano-superphosphates de Bohême). Smaghi obtint de bons résultats sur les tomates. Boullanger, à Lille, constata l'efficacité des différentes formes de manganèse sur des cultures variées, répétées pendant plusieurs années, et il signala l'influence favorable que paraissent avoir les engrais potassiques sur l'action du manganèse.

La dose à employer est en moyenne de 50 kilogr. à l'hectare, et l'application se fait en automne ou au printemps, avant les labours de semailles.

Cependant, certaines plantes semblent insensibles vis-à-vis de ce corps, et MM. Berthault et Brétignière sont arrivés aux mêmes conclusions dans leurs essais à Grignon (18 résultats positifs et 32 négatifs). Enfin, dans leurs expériences, Pfeiffer et Blauck obtinrent, avec le carbonate et le sulfate de manganèse, des excédents de rendement sur la betterave, mais ne constatèrent aucune influence sur l'avoine.

Les hypothèses émises sur le rôle du manganèse dans la fertilisation sont très variables. D'après Bernardini, ce corps agirait en libérant la magnésie et la chaux de leurs combinaisons. Stoklasa lui reconnaît une action directe dans les phénomènes d'assimilation et de désassimilation et un rôle important dans la synthèse photochimique. Masoni le considère comme déprimant, et n'étant utile que par les acides ou les sels qu'il apporte avec lui ; Boullanger croit que, si le manganèse peut agir par lui-même comme engrais, il intervient surtout comme stimulant, en favorisant une utilisation plus complète des éléments nutritifs du sol. Pfeiffer et Blauck estiment que ce corps augmente l'assimilation de l'azote en particulier, et celle des matières fertilisantes en général. Enfin, le manganèse interviendrait utilement dans les fonctions diastasiques de la plante ou dans celles des bactéries du sol, et il serait également susceptible d'agir comme une antitoxine bienfaisante (E. Miège). La question n'est pas encore élucidée.

*Aluminium.* — L'alun, essayé par Yamano à Tokio, fournit des résultats encourageants sur le lin et l'orge, lorsqu'il est employé à doses faibles. Les essais furent repris, avec le sulfate d'alumine, par Boullanger.

Cet auteur constata une influence favorable, considérable sur certaines plantes (pomme de terre, carotte...), mais incertaine sur d'autres (haricots, oseille...).

Stoklasa a signalé l'influence du sulfate d'alumine sur la betterave.

L'action du sulfate d'alumine serait considérable sur la

carotte, le céleri, la pomme de terre ; elle est faible sur la chicorée, l'oignon ; douteuse sur le haricot, l'oseille, etc.

Stoklasa, utilisant l'aluminium, seul ou concurremment avec le sulfate de manganèse, reconnut que ces engrais sont plus actifs lorsqu'ils sont associés en très petites quantités.

Kaserer a reconnu que l'aluminium était nécessaire aux bactéries fixatrices d'azote et, en particulier, à l'*Azotobacter*.

*Bore.* — Agulhon, en 1910, étudia l'action du bore sur la végétation et montra que l'emploi d'acide borique provoquait des excédents de récoltes de 21 p. 100 pour le colza, 32 p. 100 pour le navet, 50 p. 100 pour le maïs (dose de $0^{gr},5$ au mètre carré). Les plantes traitées pouvaient subir une véritable accoutumance au bore et, dans leur descendance, en supporter des doses plus élevées et même toxiques.

Avec le bore, A. et P. Andouard ont obtenu une diminution de rendements de 6 p. 100 avec des haricots et, au contraire, une augmentation de 8 p. 100 avec des oignons.

*Zinc.* — Les travaux de M. Javillier ont prouvé l'influence favorable du zinc sur le développement des végétaux inférieurs.

Le manganèse s'accumule dans la plante, en proportions plus forte lorsqu'il est associé au zinc que lorsqu'il est seul ; l'emploi de ces deux éléments augmente l'assimilation globale des matières minérales.

Cependant, les essais de zinc en grande culture, effectués par Nakamura, n'ont pas donné de résultats.

*Uranium.* — MM. Ray et Pradier, avec le nitrate d'uranium, obtinrent en arboriculture des résultats favorables (jeunes cerisiers arrosés à leur base et à plusieurs reprises de solutions à 0,0002 p. 100). Boullanger a constaté l'influence bienfaisante du sulfate d'uranium sur la betterave.

M. Molliard a noté, de son côté, le rôle avantageux des sels d'uranium dans la tubérisation des pommes de terre (1).

*Cuivre.* — Les expériences de M. Porchet sur le rôle catalytique du cuivre ont montré l'action excitatrice de ce métal sur les végétaux inférieurs (*Saccharomyces* ou levure

_______________

(1) *Comptes rendus Acad. des sciences.*

alcoolique) et sur les plantes supérieures dont il active les réactions biochimiques. Le cuivre hâte la maturité des fruits, augmente la richesse en sucre ou en amidon, etc.

MM. Bréal et Giustiniani ont reconnu que le sulfatage des semences, en dehors de son action anticryptogamique, accroît la faculté germinative des graines et la récolte des produits qu'elles fournissent (excédent sur le maïs de 85 p. 100).

Montemartini a montré que les sulfates de manganèse et de cuivre stimulent la végétation de la vigne, à très petites doses. Ils sont nuisibles à doses plus élevées. En particulier, les haricots et les pommes de terre sont activement stimulés par l'emploi, toujours à petites doses, de ces deux sels.

*Lithium.* — Les sels de lithium se sont montrés avantageux dans les essais auxquels ils ont donné lieu. Nakamura, par l'emploi de carbonate de lithium à doses très faibles (0,0001 à 0,00001 p. 100 de terre), a obtenu, sur le riz, une augmentation de récolte de 7 à 14 p. 100. Ravenna et Zamorani ont constaté que le sulfate de lithium a pu être absorbé par des plants de tabac.

*Brome, fluor, iode.* — Le brome et le fluor n'ont rien donné à Hollrung, dans des expériences sur la betterave, mais ils se sont montrés favorables, au Japon, sur des cultures de riz et de haricot. L'action du fluor a été expérimentée par Alvisi, qui a reconnu la présence de cet élément dans le blé. Cet auteur a utilisé comme engrais un fluosilicate de calcium dont il préconise l'emploi. L'iode, à l'état d'iodure de potassium et en quantités infinitésimales (25 grammes par hectare), est utile (Aso et Susuki, plantes variées : pois, avoine, riz). A l'état pur, il a donné à M. Miège des résultats excellents sur le sarrasin.

Le *chrome* a montré une action stimulante dans les essais de Kœnig ; le *cérium* dans ceux d'Aso, le *cœsium* dans ceux de Nakamura, etc.

*Sels de lithium.* — Ciro Ravenna et A. Mangini ont étudié l'action des sels de lithium sur un certain nombre de végétaux. Ils ont rangé les plantes dans l'ordre suivant de résistance croissante au sulfate de lithium : la tomate, la moutarde, le chanvre, le tournesol, le lin, la vesce, le maïs, le tabac. Sauf pour la tomate, le sel n'est pas toxique, comme on le suppose habituellement. Pour le tabac, cet élément est susceptible de se substituer au potassium dans une certaine mesure. Ces résultats ne paraissent pas avoir jusqu'ici d'utilité pratique.

*Métaux divers.* — D'après M. Manuel Rocas, beaucoup de corps considérés comme poisons peuvent être regardés comme des stimulants de la végétation lorsqu'on les emploie à petites doses, en particulier le fer, le nickel, le cobalt, le zinc, le manganèse et le bore.

Il est à présumer que ces divers corps doivent avoir des actions non pas individuelles, mais pouvant donner des effets intéressants pour une espèce ou un genre déterminé. Certains des éléments chimiques employés en très petite proportion agiraient comme certains médicaments, ou poisons, l'arsenic par exemple pris à petite dose, sur l'homme. Il est nécessaire d'employer ces stimulants de la végétation à bon escient, en suivant une méthode qui n'est pas encore bien connue et évidemment variable suivant les espèces et les sols.

Les éléments qui paraissent actuellement les plus dignes d'attirer l'attention du cultivateur sont, en résumé, le manganèse, le zinc et le bore, ces deux derniers devant être employés à des doses ne dépassant pas 5 kilogrammes à l'hectare (2 à 4 kilogrammes). Les corps employés sont le sulfate de zinc et l'acide borique ou le borax. Le manganèse peut sans inconvénient être employé à des doses équivalant à 50 kilogrammes de sulfate de manganèse à l'hectare.

*Actions spécifiques.* — Le fer interviendrait dans les oxydations, le calcium dans les phénomènes de coagulation, le magnésium dans la transformation diastasique du glycose par la zymase, etc...

D'après certains auteurs, les plantes n'absorberaient pas ordinairement les engrais sous leur forme d'apport, mais à l'état d'*ions* qui circulent ainsi dans les tissus et qu'on retrouve dans les sucs végétaux, dans les extraits, tant qu'ils n'ont pas été transformés et incorporés à la matière vivante.

C'est sous cette forme éminemment active que les éléments minéraux agiraient dans la plante, peut-être comme agents catalyseurs. Cependant, M. Bertrand ne les considère pas comme de simples excitants énergétiques du protoplasma. Il leur reconnaît un rôle plus important, celui « d'intermédiaires indispensables aux transformations chimiques, dont la cellule vivante est le siège ».

Quelques praticiens estiment, nous l'avons vu, que le sol serait en quelque sorte empoisonné par la plante qui y a vécu et par les microorganismes. Les engrais auraient en partie pour effet de détruire les toxines, les ferments nocifs ou de permettre à la plante de lutter avantageusement contre eux. Le rôle des engrais à ce point de vue serait insuffisant ; il faudrait encore faire appel à l'emploi de contrepoisons ou de traitements divers, notamment aux engrais catalytiques. On voit comme ces théories sont complexes et nécessitent des recherches spéciales.

## III. — ACTION DU SOUFRE.

Des expériences de MM. Chancrin et Desriot, Demolon, Boullanger, etc., ont établi que le soufre en fleur ajouté à faible dose au sol exerce une action très favorable sur la végétation de certaines plantes. Cette action se montre très faible si la terre est au préalable stérilisée, et cette constatation semble bien indiquer que le soufre n'agit qu'indirectement, en activant sans doute dans le sol le travail de certains microbes utiles.

Le soufre n'agit pas sur les ferments nitreux, mais favorise à faible dose le travail des ferments nitriques (Boullanger et Dugardin). Mais l'action favorable du soufre se manifeste surtout vis-à-vis des ferments ammonisants, qui transforment dans le sol les matières azotées complexes en ammoniaque.

Le travail des microbes ammonisants du sol est considérablement activé par la présence du soufre. On trouve, au bout de dix jours, moitié plus d'ammoniaque dans la terre soufrée que dans la terre ordinaire. Les nitrates ont légèrement diminué, et ce fait peut provenir de l'action paralysante bien connue que l'ammoniaque exerce sur le ferment nitrique. L'azote total n'a pas varié ; les bactéries fixatrices d'azote libre (*Azoto-bacters, Clostridium pasteurianum*, etc.) ne sont donc pas influencées par le soufre. D'autres expériences ont montré qu'il en est de même des ferments dénitrificateurs.

Ces observations établissent que le rôle favorisant du soufre en fleur est dû à l'influence activante qu'il exerce sur les bactéries qui dégradent les matières azotées complexes à l'état d'ammoniaque. La plante trouve, en présence du soufre, de plus grandes quantités de sels ammoniacaux directement assimilables, et cette modification de l'alimentation azotée se traduit ordinairement par une augmentation de rendement. L'exagération de cette action, dans certaines terres très riches en matières organiques azotées, peut entraîner une formation trop abondante d'ammoniaque et conduire ainsi à des résultats défavorables. Ainsi s'expliquent certains insuccès dans des terres recevant de fortes doses d'engrais. Il importe de remarquer en outre que l'ammoniaque mise à la disposition des plantes par les bactéries ammonisantes provient exclusivement de la matière azotée du sol. Une addition de soufre amène donc une consommation plus abondante des réserves azotées et il est nécessaire de contre-balancer cette consommation par des apports correspondants, sous peine d'appauvrir rapidement ces réserves. Ainsi envisagée, la question perd de son intérêt : elle aurait été bien plus importante si l'action favorisante du soufre s'était manifestée vis-à-vis des bactéries fixatrices de l'azote de l'air.

En résumé, le soufre n'est pas un engrais catalytique : ce n'est qu'un modificateur de la flore microbienne du sol ; il peut rendre des services dans certains cas, mais son action vis-à-vis des réserves organiques azotées des sols doit être bien élucidée avant que son emploi se généralise en agriculture (E. Boullanger).

D'après M. Demolon, le soufre s'oxyde dans le sol et se transforme en acide sulfurique ; ce phénomène est lié en partie à l'intervention de microorganismes. Cet auteur a expérimenté le soufre sur la betterave en comparaison avec l'acide sulfurique, l'acide sulfureux et le sulfure de carbone. Le soufre seul a donné des résultats supérieurs au témoin sans soufre et supérieurs à l'acide sulfurique ; mais les rendements obtenus par l'emploi de l'acide sulfureux et du sulfure de carbone ont été supérieurs à ceux obtenus avec le soufre.

En grande culture, le soufre s'est montré favorable en mélange avec le fumier, mais son action a été nulle en présence d'autres engrais minéraux et organiques. La pomme de terre est surtout sensible au soufre et bénéficie de son apport ; mais, en terre légère, le soufre serait nocif. Enfin, associé aux engrais azotés, il a donné les mêmes résultats qu'une fumure minérale complète (superphosphate, plâtre, sulfate de potasse). Ces résultats montrent tout l'intérêt qu'il peut y avoir à expérimenter le soufre en grande culture.

## IV. — LES ENGRAIS RADIOACTIFS.

Un corps radioactif est un corps qui se comporte comme le radium, c'est-à-dire qui est capable d'émettre une certaine catégorie de rayons, en même temps qu'une substance gazeuse appelée *émanation*, sans que les expérimentateurs les plus habiles aient pu jusqu'ici déceler la moindre diminution de son poids. C'est un corps qui fournirait de la matière à des doses impondérables et de l'énergie sans paraître s'altérer.

On distingue actuellement dans ce rayonnement trois catégories distinctes :

1° Les rayons $\alpha$, constitués par des particules matérielles de dimensions voisines des atomes tels qu'on en admet aujourd'hui l'existence, particules chargées d'électricité positive et déviable dans un sens déterminé par un champ magnétique défini ; ces particules seraient animées de vitesses de l'ordre de 10 000 à 20 000 kilomètres à la seconde ; malgré cela, une feuille de papier, quelques centimètres d'air les arrêtent ; 2° les rayons $\beta$, qui ne seraient plus constitués par de la matière, mais par de l'électricité négative, ce sont les électrons ; ils sont déviables par un champ magnétique en sens inverse des rayons $\alpha$ ; leurs vitesses variables seraient de *l'ordre de 20 000 kilomètres à la seconde* ; ils sont assimilés aux rayons cathodiques ; 3° les rayons $\gamma$, non chargés, par suite non déviables par le champ magnétique, seraient analogues aux rayons X si précieux en raison de leur aptitude à tout traverser, même les solides.

A côté de ces rayonnements, le radium émet à dose infinitésimale un gaz appelé *émanation* qui, en peu de temps, se transforme en hélium, gaz rare qu'on rencontre dans l'atmosphère de la terre. Il y a des corps radioactifs qui ne dégagent pas d'émanation. On a reconnu que les rayonnements du radium produisaient des effets physiques (échauffement) ; des effets chimiques (combinaisons et décompositions de corps tels que l'eau) ; enfin, comme conséquence, des effets physiologiques, quelquefois nuisibles.

La radioactivité apparaît comme un phénomène naturel et général. En particulier, l'atmosphère des sols et les sols eux-mêmes sont plus ou moins radioactifs ; on conçoit donc l'intérêt pour l'agriculteur à examiner ces questions.

On pressent toute la difficulté que comportent de pareilles études, d'autant que le radium n'est pas la seule substance radioactive connue ; il y en a d'autres : le thorium, l'uranium, etc. Or, ces divers éléments radioactifs présentent des différences considérables dans leurs propriétés, en particulier dans leur rayonnement.

Actuellement les matières radioactives ne sont pas abondantes ; les plus actives sont déjà accaparées pour les besoins de la médecine, et l'agriculture, si elle utilise ces produits, devra s'adresser aux déchets que d'autres ne peuvent utiliser ; ces déchets sont encore coûteux.

*Action sur la végétation.* — Stoklasa a signalé, l'un des premiers, l'influence heureuse qu'exercent les corps radioactifs à petite dose sur la végétation. Dans l'eau de Joachimstal, l'une des plus actives qui existent, la germination se fait plus vite, et l: s plantes acquièrent un développement beaucoup plus considérable que dans l'eau ordinaire, à minéralisation égale.

On a pensé que l'addition au sol de minéraux radioactifs pourrait stimuler suffisamment la croissance des plantes et pour rendre leur emploi profitable en agriculture on a composé, avec les résidus d'extraction du radium, des produits auxquels on a donné le nom d'*engrais catalytiques radioactifs.*

Le radium se trouve en quantité infinitésimale dans un certain nombre de minéraux, mais c'est surtout de la pechblende qu'on l'extrait. La pechblende est un minerai d'oxyde d'uranium dans lequel on rencontre comme impuretés d'autres métaux : le fer, l'aluminium, le plomb, le bismuth, le cuivre, l'arsenic, l'antimoine, quelques éléments rares comme le cérium, le didyme, etc., et des matières radioactives en très petites quantités, parmi lesquelles on a pu isoler le radium, le paladium et l'actinium.

La complexité de la matière première, jointe à sa faible teneur en radium, rende l'extraction de ce dernier longue et difficile. On a pu obtenir, à la suite de traitements réitérés, des résidus servant à composer l'engrais catalytique radioactif dont nous donnons l'analyse :

| | |
|---|---|
| Silice. | 80,44 |
| Eau, matières organiques volatiles. | 10,54 |
| Oxyde de fer, alumine | 2,20 |
| Acide sulfurique total. | 5,40 |
| Acide phosphorique soluble. | 1,37 |
| Sels solubles, acides libres solubles. | 3,32 |
| Urane | Traces. |
| Activité | 0,03 V |
| Acidité. | 65 gr. $SO^4H^2$ par kilo. |

Cette composition donne l'impression d'une substance d'une valeur fertilisante très faible. Les matières inertes, comme l'eau et la silice, y entrent dans une proportion de 91 p. 100, et l'on ne trouve de réellement utile qu'un peu d'acide phosphorique soluble. En réalité, l'origine même du produit indique la présence d'éléments rares et de sels solubles au sujet desquels l'analyse ne peut donner aucune précision, mais qui jouissent de *pouvoirs ferments* capables d'agir utilement sur la végétation en favorisant les synthèses végétales.

On peut admettre que ces substances exercent non seulement une action catalytique, mais qu'elles interviennent en outre par leur *radioactivité.*

*Expériences culturales.* — M. Malpeaux a préparé un engrais complet renfermant 24 p. 100 de nitrate de soude, 64 p. 100 de superphosphate et 12 p. 100 de sulfate de potasse. Ce mélange fut réparti uniformément dans la couche supérieure des pots remplis de sable ou de terre végétale, après avoir été complété, pour une série d'essais, par 5 p. 100 d'engrais catalytique radioactif.

L'avoine a donné un excédent de grain de 9,4 p. 100 avec une dose normale d'engrais radioactif et de 17,6 p. 100 avec une dose double, lorsque cet engrais radioactif a été employé seul. Mélangé à l'engrais complet dans la proportion de 5 p. 100, l'engrais radioactif a produit un supplément de récolte de 15,4 p. 100 sur le grain et de 18,7 p. 100 sur la paille.

Le trèfle incarnat cultivé dans le sable a accusé un accroissement de rendement de 9,5 p. 100 avec 5 p. 100 d'engrais catalytique radioactif seul, de 13 p. 100 avec 10 p. 100 d'engrais radioactif et de 19 p. 100 avec 50 p. 100 du même engrais. L'action du produit apparaît donc bien comme étant d'ordre catalytique, puisque, de même que pour le manganèse, une dose minime détermine une augmentation de rendement. Mais, contrairement à ce qui se produit souvent avec les engrais catalytiques ordinaires, son emploi à dose massive n'a pas eu d'effets nuisibles. Il est vrai que l'excédent obtenu dans ces conditions peut être attribué à l'apport supplémentaire d'acide phosphorique soluble.

En grande culture, l'engrais catalytique radioactif, intimement mélangé aux engrais ordinaires, fut employé dans la proportion de 5 p. 100, ce qui, suivant les cultures, représente, par hectare, des quantités de 25 à 50 kilogrammes.

La culture de l'avoine donna à la récolte les résultats suivants :

|  | Rendement à l'hectare. | |
|---|---|---|
|  | Paille. kg. | Grain. kg. |
| 1. Témoin sans engrais catalytique. | 4 500 | 3 400 |
| 2. Engrais catalytique radioactif... | 4 400 | 3 910 |
| Différence.................. | — 100 | + 510 |
| — p. 100............ | » | 15 |

L'engrais catalytique n'a exercé aucune influence sur la paille, mais il a accru la production en grain de 15 p. 100. Cependant, sur des parcelles voisines, où l'on avait remplacé, dans l'engrais complet, les superphosphates par des scories, l'augmentation a été nulle.

Sur la pomme de terre, on n'a pas constaté d'action bien marquée de l'engrais catalytique radioactif. Avec la betterave fourragère on a obtenu des excédents de récolte (1 800 kilogr. à l'hectare en additionnant l'engrais complet de 5 p. 100 d'engrais radioactif). La betterave à sucre a donné 2 800 kilogrammes de plus à l'hectare (1 600 kilogr. de feuilles en moins), avec une teneur en sucre semblable.

A Grignon, l'engrais radioactif (3 p. 100 du superphosphate employé) a augmenté nettement les récoltes de blé, féverole, vesce, pois, lin. Les résultats sur l'orge furent moins nets. En Angleterre, la betterave et le turneps ont été favorablement influencés.

Un grand nombre d'essais ont été réalisés : les engrais radioactifs, employés seuls ou mélangés au superphosphate, ont donné parfois des résultats indécis ; mais ils augmentent presque toujours dans de sensibles proportions les rendements. Ils sont trop récemment connus pour qu'il soit possible d'expliquer avec certitude leur influence. On peut cependant admettre que leur action catalytique et radioactive a pour effet d'accélérer la décomposition et la solubilisation des engrais et des éléments minéraux contenus dans le sol. Ils agissent peut-être encore sur les ferments du sol, et leurs bons effet sur les légumineuses pourraient s'expliquer par l'activité qu'ils communiquent aux bactéries fixatrices d'azote.

Des expériences devront se poursuivre avant que l'on soit définitivement fixé sur l'efficacité de ces substances et sur le parti qu'on en peut tirer en agriculture.

## V. — STÉRILISATION PARTIELLE DU SOL.

D'après les théories précédentes, ce qu'il importe de connaître, c'est la proportion qui existe entre le nombre des bactéries et le nombre des protozoaires. Si la fertilité d'une terre est directement proportionnelle au nombre de ses bactéries, elle est inversement proportionnelle au nombre des protozoaires. Il est indispensable de connaître le nombre et la nature des protozoaires.

Pour les méthodes d'analyse, on opère exactement, en ce

qui concerne les protozoaires, comme pour les bactéries, les milieux de culture varient : la durée d'incubation est plus longue. Si l'analyse bactériologique d'une terre dure une semaine, pour effectuer une analyse protozoologique, il faut compter un mois.

Dans le sol les protozoaires existent :

1° A l'état de vie ralentie, sous forme de cystes que l'on peut considérer en quelque sorte comme des œufs. Ces cystes se segmentent dans des conditions favorables de développement (chaleur et humidité) et donnent naissance par division à des protozoaires actifs ;

2° Des protozoaires actifs.

L'analyse protozoologique distingue les formes actives et les formes à l'état de cystes ou de vie ralentie et permet d'identifier les amibes, les flagellés ou les ciliés.

Les amibes sont de petites masses de matière vivante, n'ayant aucune membrane et susceptibles de se déformer en toutes directions (G. Truffaut).

Les flagellés sont de très petits infusoires très agiles, très mobiles, munis de longs cils ou flagelles qui leur servent pour nager dans les liquides du sol.

Les ciliés sont des organismes beaucoup plus importants mesurant jusqu'à 150 millièmes de millimètre. Ces ciliés se nourrissent à la fois de petits protozoaires et de bactéries. Ils sont des plus nuisibles pour la fertilité du sol.

C'est ainsi qu'on peut expliquer les effets utiles de la stérilisation partielle des sols avec le toluène, le sulfure de calcium et les carbures aromatiques qui détruisent les protozoaires et assurent l'action heureuse des microorganismes producteurs d'azote.

Une terre qui contenait, au début de l'expérience, 8 millions et demi de bactéries par gramme et qui avait reçu 0$^{gr}$,20 de sulfure de calcium pour 100 grammes, décelait, à la fin de l'expérience, après trente jours, 42 millions de bactéries. La même terre ayant reçu le même poids d'acide sulfhydrique pendant le même temps, contenait à la fin de l'expérience 64 millions de bactéries.

Le sulfure de calcium et l'acide sulfhydrique sont donc

des stérilisants partiels énergiques (expériences de G. Truffaut). L'association des carbures aromatiques ou sulfure de calcium donne donc des résultats sensiblement supérieurs à ceux de ces corps employés séparément.

On ne peut terminer cet exposé de l'intérêt immense de la stérilisation partielle des sols pour l'avenir de l'agriculture et de l'horticulture sans attirer l'attention sur le point qui semble capital : c'est la présence en quantité suffisante de carbonate de chaux dans le sol.

Les anciens horticulteurs, qui avaient essayé des engrais chimiques fabriqués généralement sans aucune connaissance scientifique, avaient très souvent constaté des résultats défavorables sur la végétation. Ces engrais chimiques « brûlent la terre » tout simplement, parce qu'ils étaient acides et qu'ils rendaient la terre acide, donc impropre à la vie des bactéries.

De même, on peut pratiquer la stérilisation partielle dans les sols acides ; les résultats seront négatifs tant qu'on n'aura pas ajouté, selon les cas, une quantité suffisante de carbonate de chaux ou de carbonate de magnésie pour saturer cette acidité.

Cette stérilisation du sol détruit en outre les spores des maladies cryptogamiques, les anguillules, les larves d'insectes, etc. Son action mérite d'être suivie attentivement.

## VI. — INCORPORATION AU SOL DE MATIÈRES HYDROCARBONÉES.

On a tenté récemment l'incorporation aux sols de matières hydrocarbonées, sucres, mélasses, amidons, dans le but de favoriser le développement d'espèces microbiennes aptes à fixer l'azote de l'air.

Ces théories sont d'une sûreté douteuse. S. Peck a constaté que l'incorporation de mélasses à des sols recevant les engrais habituels avait pour effet de produire une régression des formes utilisables de l'azote, comme les nitrates, en des formes plus complexes et moins assimilables. L'emploi de mélasse retarde la nitrification du sulfate d'ammoniaque ; cet effet nocif est dû aux matières organiques et non aux matières minérales qu'elle contient.

MM. Geth et Wright ont montré que le glucose et l'amidon incorporés au sol à la dose de 2 p. 100 disparaissaient du sol en une semaine, et qu'il en résultait une disparition consécutive des nitrates.

Des résultats moins rapides, mais également nets, sont obtenus par l'emploi de la cellulose, tandis que l'incorporation de 2 p. 100 de fumier de cheval ne cause qu'une diminution faible des nitrates dans la première semaine, pour produire ensuite une augmentation de cette forme utile de l'azote, les semaines suivantes.

## VII. — CHAUFFAGE DES SOLS.

D'après certains techniciens, les terres dont la fertilité diminuait vis-à-vis de telle ou telle plante acquéraient une nouvelle productivité après chauffage. L'influence bienfaisante du chauffage des sols fut attribuée à la destruction de micro-organismes nocifs des protozoaires, ou à la décomposition de principes nuisibles, par voie d'oxydation ou autre.

L'école anglaise, la première, avec Russell et Hutchinson, a préconisé cette pratique, et de nombreuses recherches se poursuivent actuellement sur ce sujet. Seaver et Clark ont reconnu qu'un bénéfice réel était tiré du chauffage de certains sols pour la culture de l'avoine ; la température optima de chauffage était comprise entre 90° et 120° C. ; au delà, le chauffage devenait nuisible.

H. Jensen a repris ces expériences, et Greig Smith a prétendu que la diminution de fertilité des sols était attribuable à l'enrobement des particules par des matières grasses ou résineuses. Jensen a constaté que le chauffage, pas plus que le traitement par les antiseptiques, sulfure de carbone, éther, chloroforme, n'avait pour effet d'accroître dans les sols la solubilité des éléments fertilisants : azote, phosphore, potasse. Ces faits plaident en faveur de l'hypothèse de Russell et Hutchinson, qui attribuent ces effets à la destruction de protozoaires et d'autres ferments et à la facile reproduction de la flore bactérienne transformant les substances azotées en ammoniaque.

Russell, poursuivant ses recherches, a observé que le chauffage des sols de serres où l'on cultive successivement dans une courte période un grand nombre de plantes donnait des résultats très favorables.

Cette opération permet de rétablir en grande partie la fertilité perdue ; la température usitée était d'environ 110° C. Il est probable que, si la pratique doit un jour tirer parti du chauffage de la terre, c'est dans le cas des cultures sur petites surfaces, comme dans la culture en serres ou sous châssis, plus généralement dans la culture maraîchère. Des essais pratiques devront être tentés pour examiner si ces traitements sont susceptibles de se généraliser.

L'école des agronomes anglais paraît très confiante dans l'avenir de ces pratiques de la stérilisation des sols. A.-D. Hall a émis l'opinion que le problème actuel le plus important qui se pose en agriculture intensive est la réduction des pertes d'azote dues à l'action des infiniment petits.

Admettant les idées et les conclusions de Russell et Hutchinson à la suite de leurs expériences poursuivies à Rothamsted, Hall assure que le chauffage des sols et leur traitement par les antiseptiques (chloroforme et toluène) éliminerait certains organismes qui tiennent en échec les bactéries utiles des sols, celles qui dégradent les composés azotés complexes jusqu'au stade ammoniacal, forme utile aux plantes. Ces procédés n'ont pas encore été appliqués en plein champ ; il faut réaliser des essais dans cette voie. Ces pratiques auraient pour effet « de domestiquer les faunes et flores inconnues du sol, les espèces utiles étant encouragées et les nuisibles châtiées ».

# TABLE DES MATIÈRES


Préface .................................................................... 9

Introduction .............................................................. 13

PREMIÈRE PARTIE. — AGROLOGIE ............................................. 17

Chapitre premier. — **Le sol** ........................................... 17

    I. — Formation et rôle du sol ..................................... 17
    II. — Le sous-sol ................................................ 38
    III. — Propriétés physiques des sols ............................. 43
    IV. — Propriétés chimiques des sols .............................. 64

Chapitre II. — **Régime des eaux** ....................................... 66

    I. — L'eau et la fertilité des sols .............................. 66
    II. — Terrains imperméables et perméables ........................ 69
    III. — Régime des eaux en France ................................. 79

Chapitre III. — **Analyse du sol** ....................................... 84

    I. — Prise des échantillons ...................................... 84
    II. — Analyse physique des terres ................................ 88
    III. — Analyse mécanique des terres .............................. 120
    IV. — Analyse géologique des terres .............................. 137
    V. — Analyse pétrographique des terres ........................... 150
    VI. — Analyse chimique des terres ................................ 152
    VII. — Analyses diverses des terres .............................. 169

Chapitre IV. — **Rapports du sol avec la plante** ........................ 177

    I. — Nitrification ............................................... 177
    II. — Dénitrification ............................................ 183
    III. — Humus ..................................................... 186
    IV. — Fertilité des terres ....................................... 196
    V. — Stérilité des sols .......................................... 201
    VI. — Nature des terres convenant aux principales plantes
    cultivées ........................................................ 216

DEUXIÈME PARTIE. — **AMÉLIORATION DES TERRES**...   233

**CHAPITRE PREMIER. — Les amendements.**................   233
  I. — Rôle des amendements..................   233
  II. — Amendements siliceux, argileux et humiques......   234
  III. — Amendements calcaires.................   236
    I. — Généralités....................   236
    II. — Chaulage...................   237
    III. — Marnage..................   250
    IV. — Amendements calcaires divers........   255
    V. — Plâtrage...................   258
    VI. — Cendres pyriteuses..............   260

**CHAPITRE II. — Les engrais. — Le fumier de ferme**........   262
  I. — Rôle des engrais.................   262
  II. — Production du fumier de ferme..........   266
  III. — Composition du fumier.............   301
  IV. — Épandage du fumier de ferme..........   304
  V. — Composts et tombes...............   318
  VI. — Engrais verts.................   320
  VII. — Parcage....................   330

**CHAPITRE III. — Les engrais chimiques**..............   333
  I. — Distributeurs d'engrais.............   333
  II. — Engrais azotés.................   338
    I. — Engrais azotés minéraux...........   339
    II. — Engrais azotés organiques.........   352
  III. — Engrais phosphatés..............   354
  IV. — Engrais potassiques..............   366
  V. — Rôle de la magnésie..............   378

**CHAPITRE IV. — Nouvelles théories de la fertilisation des terres.**   382
  I. — L'intoxication des sols.............   382
  II. — Les engrais catalytiques............   386
  III. — Action du soufre...............   393
  IV. — Les engrais radioactifs............   395
  V. — Stérilisation partielle du sol..........   399
  VI. — Incorporation au sol des matières hydrocarbonées.   400
  VII. — Chauffage des sols..............   401

8116-20. — CORBEIL. Imprimerie CRÉTÉ.